U0179115

"十二五"职业教育国家规划教材

经全国职业教育教材审定委员会审定

电梯电气系统安装与调试

主　编　石春峰

副主编　杨志全

参　编　张宗耀

主　审　梁洁婷　王贯山

本书是经全国职业教育教材审定委员会审定的“十二五”职业教育国家规划教材，也是北京市教育委员会实施的“北京市中等职业学校以工作过程为导向课程改革实验项目”电气运行与控制专业核心课程系列教材之一。本书是根据教育部于2014年公布的《中等职业学校电气运行与控制专业教学标准》，同时参考“北京市中等职业学校以工作过程为导向课程改革实验项目”电气运行与控制专业教学指导方案、电气运行与控制专业核心课程标准及相关国家职业标准和行业职业技能鉴定规范编写而成。

本书以项目为载体，分为主教材和工作页，主教材内容包括岗位初识和安装机房电气系统、安装井道电气系统、安装轿厢电气系统、安装底坑电气系统、电梯调试及试验、组装和调试控制柜六个项目。每个项目又分为若干个任务，每个项目的栏目设置为：项目引入（工程概况，作业条件，机具、材料），学习目标（知识目标、技能目标、职业素养目标），任务（任务描述、知识铺垫、任务施工、工程验收、错误情境解析、综合训练），对接国标和知识梳理。

本书可作为中等职业学校电气运行与控制专业电梯电气系统安装与调试课程专业教材，也可作为相关岗位培训教材。

为便于教学，本书配套有电子教案、助教课件、教学视频等教学资源，选择本书作为教材的教师可通过来电（010-88379195）、QQ号（2607947860）索取，或登录 www.cmpedu.com 网站，注册、免费下载。

图书在版编目（CIP）数据

电梯电气系统安装与调试/石春峰主编. —北京：机械工业出版社，2014.3（2023.7重印）

ISBN 978-7-111-45543-1

Ⅰ.①电…　Ⅱ.①石…　Ⅲ.①电梯-电气设备-设备安装-中等专业学校-教材②电梯-电气设备-调试方法-中等专业学校-教材　Ⅳ.①TU857

中国版本图书馆CIP数据核字（2014）第014182号

机械工业出版社（北京市百万庄大街22号　邮政编码100037）
策划编辑：赵红梅　责任编辑：高　倩　郑振刚　版式设计：霍永明
责任校对：申春香　封面设计：路恩中　责任印制：常天培
北京中科印刷有限公司印刷
2023年7月第1版第10次印刷
184mm×260mm · 19.5印张 · 477千字
标准书号：ISBN 978-7-111-45543-1
定价：49.80元

电话服务	网络服务
客服电话：010-88361066	机　工　官　网：www.cmpbook.com
010-88379833	机　工　官　博：weibo.com/cmp1952
010-68326294	金　　书　　网：www.golden-book.com
封底无防伪标均为盗版	机工教育服务网：www.cmpedu.com

前言

本书是根据教育部《关于中等职业教育专业技能课教材选题立项的函》（教职成司［2012］95号），由全国机械职业教育教学指导委员会和机械工业出版社联合组织编写的“十二五”职业教育国家规划教材，是根据教育部于2014年公布的《中等职业学校电气运行与控制专业教学标准》，同时参考相关职业资格标准编写的。

本书主要包括岗位初识、安装机房电气系统、安装井道电气系统、安装轿厢电气系统、安装底坑电气系统、电梯调试及试验、组装和调试控制柜等内容。本课程的主要任务是使学生能识读电梯电气系统原理图、安装图，熟悉电梯电气系统安装与调试相关的国家标准与操作规范，并按要求正确地参与电梯电气系统的安装与调试工作，培养学生协调合作、严谨的工作作风，树立安全生产、环保节能、成本控制意识。编写过程中力求体现以下的特色。

1. 贯彻以工作过程为导向的课程改革思想。
2. 借鉴电梯行业的实际工作过程，以电梯四大空间为依据划分单元。
3. 注重电梯国家标准和行业规范的渗透。
4. 工艺流程和质量验收均以图文并茂的方式呈现。
5. 对接考证，加强与电梯上岗证考试相关的知识和技能的训练。
6. 质量验收条款取自于电梯国家标准的内容或者行业规范的规定。

教学建议：

1. 采用理实一体化教学，把电梯真实设备引入课堂。
2. 采用丰富的图片，3D动画等教学资源。
3. 以小组形式组织教学，充分发挥学生主体性。
4. 采用多种评价机制，激发学生的学习兴趣，过程评价和结果评价相结合。
5. 渗透国家标准和行业规范。

学时分配建议：

项目名称	任务名称	建议学时
岗位初识	任务一　初识电梯	8
	任务二　剖析电梯系统	8
项目一　安装机房电气系统	任务一　安装机房电源箱	6
	任务二　安装控制柜	4
	任务三　机房布线	8
项目二　安装井道电气系统	任务一　安装呼梯盒及其控制单元	4
	任务二　安装井道电气设备	6
	任务三　井道布线	10

（续）

项目名称	任务名称	建议学时
项目三　安装轿厢电气系统	任务一　安装轿顶电气设备	6
	任务二　安装轿内、轿底电气设备	6
项目四　安装底坑电气系统	任务　安装底坑电气系统	8
项目五　电梯调试及试验	任务一　慢车/快车调试	8
	任务二　门联锁电路的调整	6
	任务三　平层准确度的测定及调整	6
	任务四　电梯称重装置开关的调整	6
	任务五　电梯平衡系数的测定及调整	6
项目六　组装和调试控制柜	任务一　组装和调试电源电路	14
	任务二　组装和调试呼梯、选层电路	6
	任务三　组装和调试传感器电路	6
	任务四　组装和调试检修运行电路	8
	任务五　组装和调试门联锁安全电路	8
	任务六　组装与调试 PLC 强电输出电路	8
	任务七　组装和调试 PLC 显示输出电路	6
	任务八　组装和调试门机电路及制动器电路	6
	任务九　组装和调试变频器电路	12

本书由北京铁路电气化学校石春峰任主编，杨志全任副主编，张宗耀参编。石春峰规划每个项目的体例结构并对全书进行了统稿和整理，杨志全编写了项目一、二、三，石春峰编写了项目四、五，张宗耀编写了项目六。

本书经全国职业教育教材审定委员会审定，北京市教科院职教专家刘燕君、苏友昌、孙雅均、陈昊、李玉琨等也参与教材前期评审，评审专家们对本书提出了宝贵的建议，在此对他们表示感谢！

由于编者水平有限，书中可能会有不正确或者不准确的地方，敬请同行批评指正。本书内容如果与相关技术规范或全国电梯标准化技术委员会通过的解释文件有悖，应以后者为准。

编　者

目 录

岗位初识

岗位简述

本专业毕业生面对的就业岗位主要是“电梯电气安装工”中级工和“电梯电气维修工”中级工。电梯电气安装工的主要工作是使用通用和专用工具、夹具、量具、检测仪器及设备对电梯电气系统进行安装、调试和检测。电梯电气维修工的主要工作是使用通用和专用工具、量具、检测仪器及检修装备对电梯电气系统进行维护、修理、检测、调试及改造。

“电梯电气安装工”中级工的典型工作流程：施工准备→电气辅件制作安装→电气设备安装调整→电气线路敷设→整梯调试前机械和电气检查→检修运行。

“电梯电气维修工”中级工的典型工作流程：维修准备→电梯设备检查与维护→单项性能测试与调整→故障诊断与排除。

岗位要求

一、职业守则

1. 爱岗敬业、忠于职守、履行职责、完成任务。
2. 认真负责、尽心服务、文明施工、安全第一。
3. 团结协作、维护集体、保证质量、保护环境。
4. 刻苦学习、钻研技术、精心安装、勇于创新。
5. 遵纪守法、实事求是、勤俭节约、爱护设备。

二、安全施工要求

1. 电梯安装维修人员必须经专业技术培训和考核，取得地市级以上质量技术监督行政部门颁发的特种设备的作业人员资格证书后，方可从事相应工作。

2. 电梯安装维修人员必须熟悉和掌握起重、电工、钳工、电梯操作方面的理论知识和实际操作技能，熟悉高空作业、电焊、气焊、防火等安全知识。

3. 非电梯安装维修人员严禁操纵电梯，不得单独进行电梯的安装、维修、保养等操作。

4. 电梯安装维修人员接到任务后，应会同本单位有关负责人员到施工现场，根据任务单要求和实际情况，采取切实可行的安全措施后，方可进入工地施工。

5. 施工现场必须保持清洁、畅通，材料和物件必须堆放整齐、稳固，以防倒塌伤人。

6. 施工操作时必须正确使用个人的劳动防护用品。

7. 进出轿厢，必须思想集中，看清轿厢的具体位置，方可用正确的方法进出。轿厢未停妥不准进出，严禁电梯层门一打开就进去，以防踏空下坠。

8. 在电梯调试过程中，必须有专业人员统一指挥，严禁载客。

9. 施工过程中如需离开，必须切断电源，关门并挂上“禁止使用”的警告牌，以防他人使用电梯。

三、安全作业要点

1. 进入井道施工必须戴好安全帽，登高作业应系好安全带；工具应放入工具袋内，大工具要用保险绳扎好，妥善处理。

2. 井道作业施工人员必须相互呼应，密切配合，井道内必须用 36V 低压照明行灯，并有足够的亮度。

3. 进入底坑进行施工时，轿厢内应派专人看管配合，并切断轿厢内的电源，拉开轿门和层门。

4. 轿厢内作业应有熟练操作技能的人员配合，并听从轿顶人员的指挥；工作人员应集中精神，密切注意周围环境的变化，下达正确的口令；当人员离开轿厢时，必须切断电源，关闭内外门，并挂好“有人工作，禁止使用”的警告牌。

5. 轿厢内人员必须集中精神，注意配合。

6. 在电梯将达到最高层站前工作人员要注意观察，随时准备采取紧急措施。

设备概况

一部有机房电梯，机房上置式，有齿轮曳引机，载重 10 人，梯速 0.63m/s；一部无机房电梯，无齿轮曳引机，载重 13 人，梯速 1m/s；一部液压电梯，载重 15 人，梯速 0.63m/s。

学习条件

1）电梯运行正常，无故障、无安全隐患。

2）电梯通过国家质量监督检验检疫总局特种设备安全监察局的年度质量检验。

3）有配套劳保用品。

机具、材料

万用表、常用电工工具及其他常用工具。

学习目标

知识目标

1）熟悉电梯机房、井道、层站、轿厢的基本结构部件的特点和作用。

2）熟悉电梯正常运行和检修运行的操作方法。

3）了解电梯的电气系统。

4）了解电梯的电气控制系统。

技能目标

1）会正常使用电梯。

2）会在机房、轿厢、轿顶检修运行电梯。

3）能识别电梯的各个重要部件。

职业素养目标

1）使用设备时，注意自身安全、他人安全和设备安全。

2）爱护工具、仪表、设备。

3）5S 管理意识。

任务一　初识电梯

任务描述

通过参观真实的电梯设备，初步认识电梯，掌握电梯的定义和分类，熟悉电梯的机房、井道、轿厢和层站以及各个结构部件的名称、特点、作用和安装位置，了解其工作原理，并能正确操作电梯设备。

知识铺垫

一、电梯的定义

《GB/T 7024—2008　电梯、自动扶梯、自动人行道术语》中电梯的定义：电梯 lift；elevator，服务于建筑物内若干特定的楼层，其轿厢运行在至少两列垂直于水平面或与铅垂线倾斜角小于 15°的刚性导轨运动的永久运输设备。电梯的主要作用如下：

1）输送人员；

2）输送人员与货物；

3）仅输送货物，但人员可以毫无困难地进入轿厢，且轿厢内装有人员易于触及的控制设备。

二、电梯的分类

1）根据不同的用途可将电梯分为表 0-1 所示的几类。

2）根据不同的运行速度可将电梯分为表 0-2 所示的几类。

3）根据不同的拖动方式可将电梯分为表 0-3 所示的几类。

4）根据不同的机房位置和大小可将电梯分为表 0-4 所示的几类。

表 0-1 按用途分类的电梯

序号	分类名称	特点	图例
1	乘客电梯	为运送乘客而设计的电梯。主要用于宾馆、饭店、大型商厦等客流量大的场合。轿厢的顶部有吊灯和排风机，在轿厢的侧壁上则有回风口以加强通风效果。一般轿厢宽度与深度比例为10:7~10:8；额定载重量有630kg、800kg、1000kg、1250kg及1600kg等；速度有0.63m/s、1.0m/s、1.6m/s、2.5m/s等多种；载客人数为8~21人。其运送效率高，在高层建筑应用时的速度可以超过3m/s，可达到5m/s、9m/s或10m/s	
2	载货电梯	这种电梯是为运送货物而设计的，通常有人伴随。它主要用于车间、仓库等场合，要求其结构牢固、安全性好。轿厢的面积通常比较大，并按载重量设计，一般轿厢深度大于宽度或两者相等。载重量有630kg、1000kg、1600kg、2000kg、3000kg及5000kg等多种；通常速度在1m/s以下	
3	客货两用梯	这是一种主要用于运送乘客，但也可运送货物的电梯，它与乘客电梯的区别在于轿厢内的装饰结构不同。统称此类电梯为服务梯，一般为低速	
4	杂物电梯	这是一种供图书馆、饭店、办公楼运送图书、食品、文件等，不允许人员进入的电梯。它由门外按钮控制，额定载重量有40kg、100kg及250kg等多种。轿厢的运行速度通常小于0.5m/s	
5	住宅电梯	这是一种供住宅楼使用的电梯。它的额定载重量为400kg、630kg及1000kg等，其相应的载客人数为5人、8人及13人等，速度在低、快速之间。其中，载重量630kg的电梯，轿厢还允许运送残疾人员乘坐的轮椅和童车；载重量为1000kg的电梯，轿厢还能运送“手把可拆卸”的担架和家具	

（续）

序号	分类名称	特　点	图　例
6	病床电梯	这是一种为运送病床而设计的电梯。其特点是轿厢窄而深，常要求前后贯通开门。对其要求是运行稳定性较高，运行中噪声应符合设计要求，一般有专职司机操作。载重量有1000kg、1600kg及2000kg等多种，运行速度为0.63m/s、1.0m/s、1.6m/s及2.0m/s	
7	特种电梯	这是一种为特殊环境、特殊条件、特殊要求而设计的电梯。如船用电梯、汽车用电梯、观光梯、防爆电梯及防腐电梯等	

表0-2　按运行速度分类的电梯

序号	分类名称	特　点
1	低速电梯	轿厢的额定速度小于等于1m/s的电梯，通常用于10层以下的建筑物，多为客货两用电梯或货梯
2	中速（快速）电梯	轿厢的额定速度大于1m/s且小于2m/s的电梯，如1.5m/s、1.75m/s，通常用于10层以上、16层以下的建筑物
3	高速电梯	轿厢的额定速度大于2m/s、小于3m/s的电梯，如2m/s、2.5m/s、3m/s等，通常用于16层以上的建筑物
4	超高速电梯	轿厢的额定速度大于等于3m/s的电梯，通常用于超高层建筑物

表0-3　按拖动方式分类的电梯

序号	分类名称	特　点
1	直流电梯	曳引电动机为电梯专用的直流电动机。电动机获得的供电方式是直流发电机组供电或是晶闸管供电两种形式

（续）

序号	分类名称	特　点
2	液压电梯	靠液压传动,根据柱塞安装位置有柱塞直顶式和柱塞侧置式。柱塞直顶式的油缸柱塞直接支撑轿厢底部,使轿厢升降;柱塞侧置式的油缸柱塞设置在井道侧面,借助曳引绳通过滑轮组与轿厢连接,使轿厢升降,梯速为 1m/s 以下
3	交流电梯	曳引电动机为交流电动机,速度一般在 0.5m/s 以下。双速,曳引电动机为交流电动机,并有高低两种速度,速度在 1m/s 以下;三速,曳引电动机为交流电动机,并有高、中、低三种速度,速度一般为 1m/s
4	交流调压调速电梯	曳引电动机为交流电动机,起动时采用闭环,减速时也采用闭环,通常装有测速发电机
5	交流调频调压电梯	又称为 VVVF 电梯,通常采用微机、逆变器、PWM 控制器以及速度电流等反馈系统。在调节定子频率的同时,调节定子电压,以保持磁通恒定,使电动机转矩不变,是一种新式电力拖动制动方法,其性能优越、安全可靠、舒适、平稳,速度可达 6m/s
6	齿轮齿条电梯	齿条固定在构架上,采用电动机-齿轮传动的机构,装于电梯的轿厢上,利用齿轮在齿条上的爬行来拖动轿厢运行,一般用在建筑工程中
7	螺杆式电梯	将直顶式电梯的柱塞加工成矩形螺纹,再将带有推动轴承的大螺母安装于液压缸顶,然后通过电动机经减速器(带传功)带动大螺母旋转,从而使螺杆顶升轿厢上升或下降
8	永磁无齿轮电梯	用永磁无齿轮曳引机作为动力源,是目前具有最新驱动方式的电梯

表 0-4　按机房位置和机房大小分类的电梯

序号	分类名称	特　点
1	上置式电梯	机房位于井道上部
2	下置式电梯	机房位于井道下部
3	旁置式电梯	机房位于井道旁边,一般为小机房电梯、液压电梯
4	侧置机房电梯	机房在井道侧面的房间。一般用于液压电梯
5	有机房电梯	机房在井道顶部的上方(个别亦有井道下部),机房面积符合常规要求
6	小机房电梯	机房也在井道顶部的上方,面积比常规的机房要小,与井道面积基本相同
7	无机房电梯	没有机房的电梯,驱动系统及控制器安装在井道上方或者下方,可节省机房,美化建筑物

5）此外，还有一些特殊电梯，可满足一些特殊场合的需求，见表 0-5。

表 0-5　特殊电梯种类

序号	分类名称	特　点
1	斜行电梯	轿厢在倾斜的井道中沿着倾斜的导轨运行,是集观光和运输于一体的输送设备。特别是由于土地紧张而将住宅移至山区后,斜行电梯发展越来越迅速
2	立体停车场用电梯	根据不同的停车场可选配不同类型的电梯
3	建筑施工电梯	采用齿轮齿条啮合方式(包括销齿传动与链传动,或采用钢丝绳提升),使吊笼作垂直或倾斜运动的机械,用以输送人员或物料,主要应用于建筑施工与维修。它还可以作为仓库、码头、船坞、高塔及高烟囱长期使用的垂直运输机械

载客电梯所载乘客数按下列公式计算：

$$乘客人数=电梯额定载重量\div 75kg$$

乘客体重按75kg计算。计算结果向下近似整数。

观察电梯

电梯整体结构如图0-1所示。

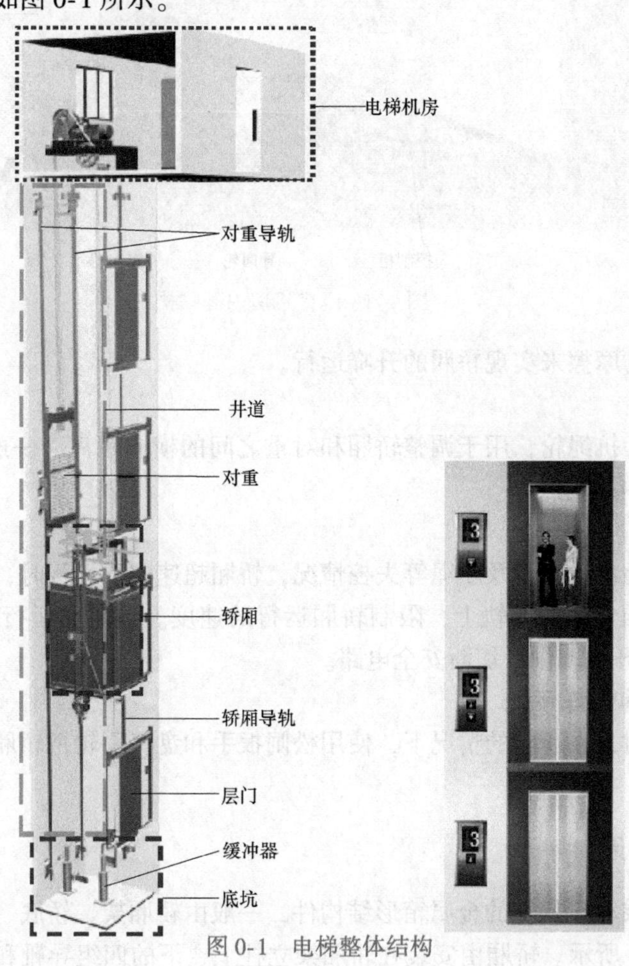

图0-1 电梯整体结构

一、电梯机房

电梯机房的内部结构如图0-2所示。

1. 电源箱

电源箱用于为电梯主电路、控制电路、照明电路等提供电源。

2. 控制柜

控制柜内部装有电子元件和电气元件，以及电梯的控制电路，控制电梯的起动、运行、停止，以及所设置的安全动作。

3. 曳引机

曳引机是电梯的驱动机构，包括电动机、制动器、减速器、曳引轮及底座等，依靠钢丝

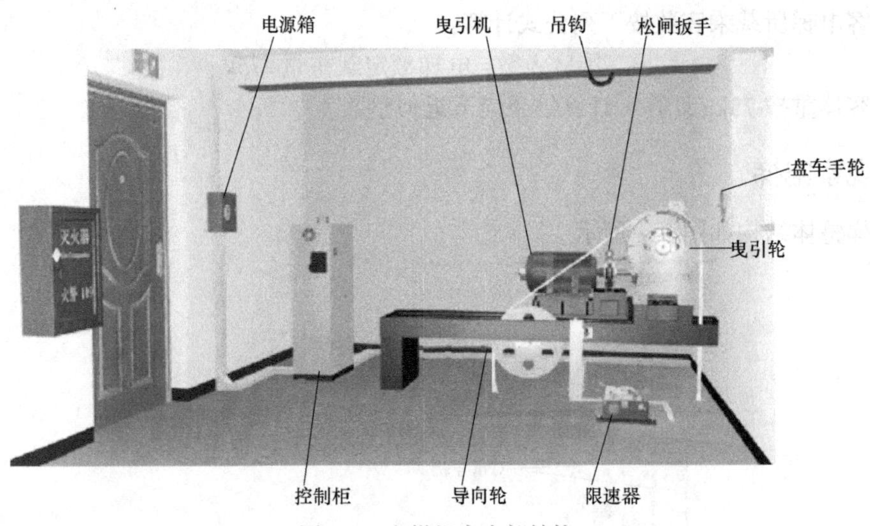

图 0-2 电梯机房内部结构

绳与曳引轮之间的摩擦来实现轿厢的升降运行。

4. 导向轮

导向轮也称为抗绳轮，用于调整轿厢和对重之间的横向距离，一般装在机房的钢梁上，绳槽对着对重的中心。

5. 限速器

当电梯由于超载、打滑及断绳等失控情况，轿厢超速向下运行时，限速器以机械动作带动安全钳，将轿厢卡停在导轨上，限制轿厢运行的速度。当轿厢运行速度超过额定速度的115%时，限速器开关动作，切断安全电路。

6. 松闸扳手和盘车手轮

当电梯困人时，在断电的情况下，使用松闸扳手和盘车手轮把轿厢移动到较近楼层，放出被困乘客。

二、电梯轿厢

轿厢是装载乘客或货物的金属箱形结构件，一般由轿厢架、轿底、轿壁、轿顶和轿门组装而成，如图 0-3 所示。轿厢由安装在轿厢架立柱上、下的四组导靴和固定在上梁绳头板上的钢丝绳或反绳轮牵引，沿导轨做垂直升降运动，完成装载任务。

轿厢内装有轿内操纵箱，轿顶装有自动开关门机。自动门机装在轿顶靠近轿门处，由电动机通过齿轮、涡轮或 V 带传动减速，带动曲柄摇杆机构或链条传动机构来开、关轿门。

轿厢导靴是使轿厢和对重沿着导轨移动的导向和定位组件。轿厢导靴安装在轿厢上、下横梁两端，对重导靴安装在对重架两端，轿厢和对重各装四套导靴。常用的导靴有固定滑动导靴、弹性滑动导靴及弹性滚动导靴等，使用时可根据电梯的额定速度进行选取。

安全钳安装在轿厢架两立柱下端，通过拉杆、杠杆、钢丝绳与限速器相连。安全钳是以自身形状，借助一定外力，能夹持在电梯导轨两工作侧面的安全装置。当下行超速时，限速器动作，通过钢丝绳、杠杆、拉杆，拉起安全钳，使钳体卡在导轨上，轿厢不能再下降。与此同时，挤压轿厢架上的安全钳开关，切断电梯的交、直流控制电源，使电动机和制动器电

磁线圈断电，制动瓦抱住制动轮，使电动机断电。

平层感应器装在轿顶适当位置，当电梯运行进入平层区域时，固定在井道内的平层感应钢板插入轿厢上的平层感应器，平层感应器发出信号，使电梯自动平层。

轿顶检修盒装在轿顶上，为检修人员在轿顶检修时使用。轿顶检修盒上装有不能自动复位的急停开关，正常/检修状态转换开关，检修状态的慢上、慢下点动开关，门机开关，照明开关和插座。

超载装置可以装在轿底、轿顶及机房等部位，其作用是对电梯轿厢的载重实行限制。超载装置一般在载重量达额定载重量的110%时发生动作，切断电梯控制电路，使电梯不能起动。对于集选电梯，当载重量达额定载重量的80%~90%时，接通直驶电路，运行中的电梯不应答厅外截梯信号，直驶预定楼层。

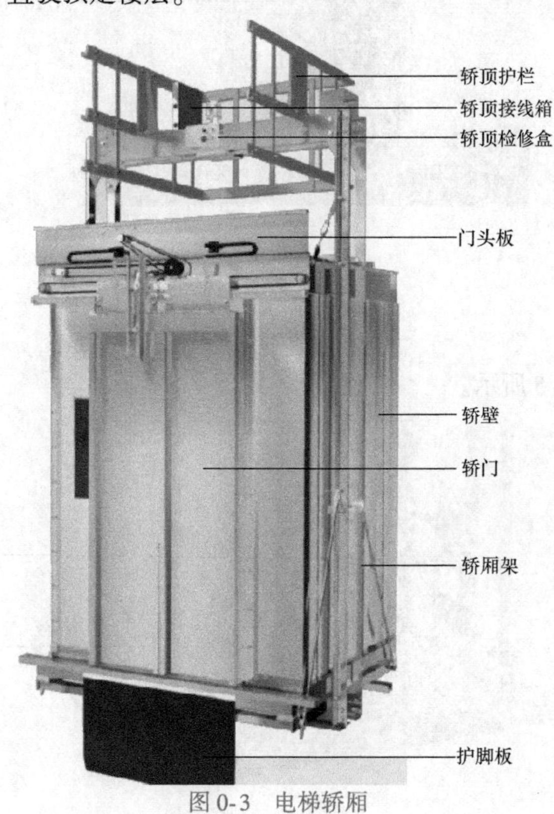

图0-3　电梯轿厢

三、电梯层站

电梯层站如图0-4所示。

层站是各楼层用于出入轿厢的地点。层门宽度是指层门完全开启后的净宽。呼梯盒、呼梯按钮是指设置在层门一侧，召唤轿厢停靠在呼梯层站的装置。层站指示灯是指设置在层门上方或一侧，显示轿厢运行层站和方向的装置。轿厢运行方向指示灯是指设置在层门上方或一侧，显示轿厢运行方向的装置。层门地坎是指层门入口处的地坎。消防开关盒是指发生火灾时，可供消防人员将电梯转入消防状态使用的电气装置，一般设置在基站。

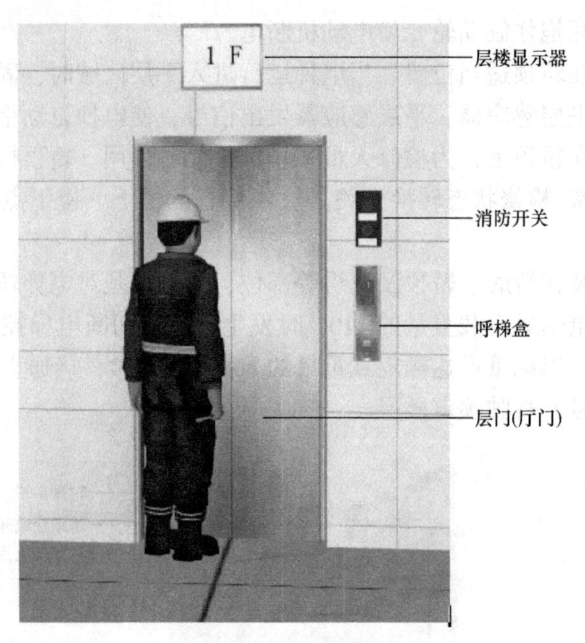

图 0-4　电梯层站

四、电梯底坑

电梯底坑如图 0-5 所示。

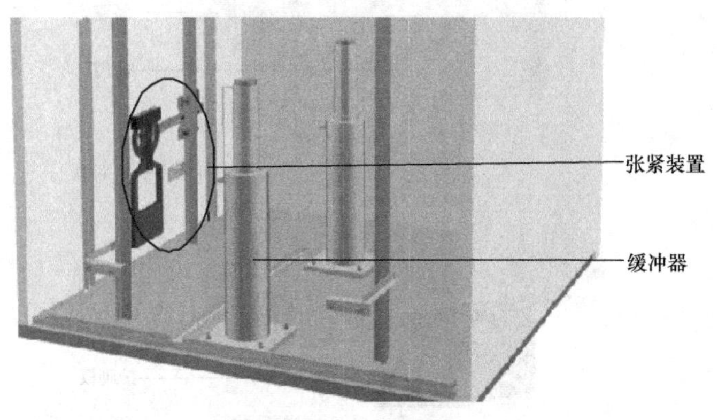

图 0-5　电梯底坑

电梯底坑内的设备主要有缓冲器及其开关、限速器张紧装置、防松绳和断绳开关以及底坑停止开关等。

1. 缓冲器

缓冲器应设置在轿厢和对重的行程底部极限位置。一般缓冲器均设置在底坑内，如果缓冲器随轿厢或对重运行，则在行程末端应设有与其相撞的支座，支座高度至少为 0.5m。缓冲器有蓄能型缓冲器、耗能型缓冲器和聚氨酯缓冲器。

当电梯轿厢到下端站时，虽然端站停车、限位、极限开关都已动作，但是，由于电梯超载、钢丝绳打滑或制动器失灵等原因，轿厢未能在规定的距离内制停，发生失控后下冲撞底，这时，底坑内的轿厢缓冲器就与轿厢接触，衰减轿厢重量对底坑的冲击，并使其制停；

当电梯轿厢行驶到顶部端站时，由于顶部极限开关失灵，形成冲顶，这时对重落到底坑内的对重缓冲器上，对重缓冲器即起到缓冲作用，使轿厢避免冲击楼板。

蓄能型缓冲器是指弹簧缓冲器，其构造通常由缓冲器橡胶、缓冲器、弹簧、弹簧座组成，如图 0-6a 所示，主要用于额定速度小于或等于 1m/s 的电梯。蓄能型缓冲器达到的总行程应至少等于相应于 115%额定速度的重力制停距离的 2 倍。在任何情况下，此行程不小于 65mm。蓄能型缓冲器的行程应能承受轿厢质量与额定载重量之和（或对重质量）的 2.5~4 倍的静载荷。

当缓冲器受到冲击后，使轿厢或对重的动能和势能转化为弹簧的弹性形变能，由于弹簧的反力作用，使轿厢或对重减速。

耗能型缓冲器是指液（油）压缓冲器，如图 0-6b 所示，可用于任何额定速度的电梯。耗能型缓冲器达到的总行程应至少等于相当于 115%额定速度的重力制停距离。当载有额定载荷的轿厢自由下落，并以设计缓冲器时所取的冲击速度作用到缓冲器上时，平均减速度不应大于 1g，减速度超过 2.5g 以上的作用时间不应大于 0.04s。

聚氨酯缓冲器是一种新型缓冲器，如图 0-6c 所示。它具有体积小、重量轻，软碰撞无噪声、防水、防腐、耐油、安装方便、易保养、好维护、可减少底坑深度等特点，近年来在中低速电梯中得到广泛应用。

a）蓄能型缓冲器

b）耗能型缓冲器

c）聚氨酯缓冲器

图 0-6　缓冲器

2. 限速器张紧装置

限速器张紧装置由张紧轮和配重组成，如图 0-7 所示。张紧装置的作用是使绳索与绳轮之间具有足够的压紧力，使绳索能准确反映电梯的实际运行速度。为此，限速器绳的每一部分的张力应不小于 150N。预张紧是靠张紧装置实现的。张紧装置一般分为悬挂式和悬臂式两种。

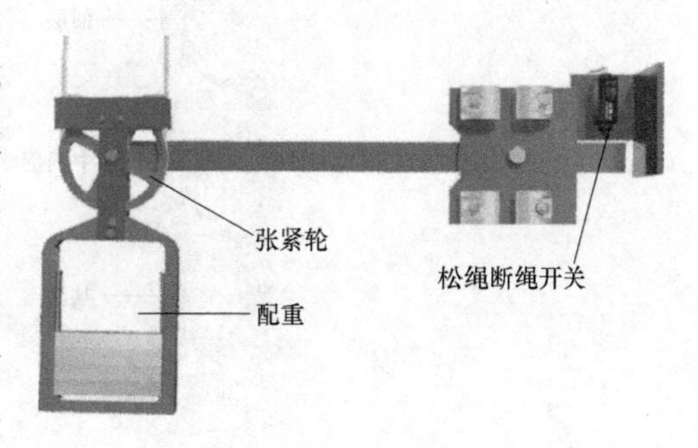

图 0-7　张紧装置

为了防止限速器绳过分伸长使张紧装置碰到地面而失效，张紧装置底部距底坑应有合适的高度：低速电梯为 400mm±50mm，快速电梯为 550mm±50mm，高速电梯为 750mm±50mm。张紧轮安装在张紧装置支架轴上，可以灵活地转动。调整重坨的数量就可以调整限速器绳的张力。要求限速器动作时，限速器绳的张力大于安全钳起动时所需力的 2 倍，且不小于 300N。

3. 底坑停止开关

底坑应设有停止电梯运行的非自动复位的红色停止开关，如图 0-8 所示。与底坑停止开关同在的还有底坑照明开关、井道照明开关、底坑照明灯、AC220V 插座及 AC36V 插座。

图 0-8　底坑停止开关

操作电梯

一、正常运行电梯

1. 起动电梯

用锁梯钥匙把基站的锁梯开关打开，电梯将开关门一次，此时电梯可以运行。

2. 呼梯

（1）厅外呼梯

按下电梯层站呼梯盒上的按钮，如图 0-9 所示，电梯即可上行或下行。

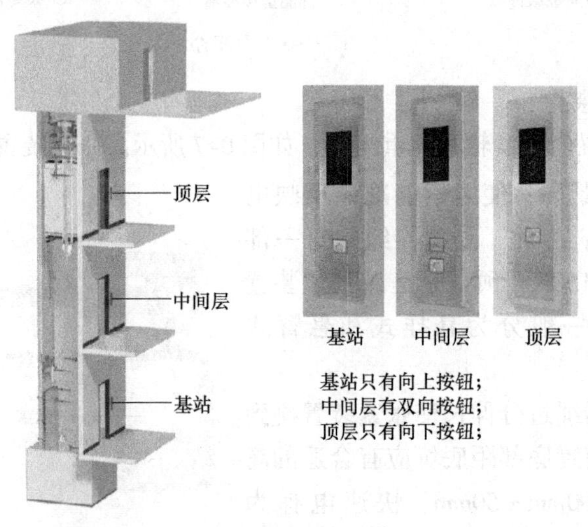

图 0-9　层站呼梯

情境一：如图0-10所示，电梯应是直达一层，一层乘客进入轿厢，内选三层，电梯上行，到达二层，二层外呼乘客进入轿厢，同样内选三层，电梯上行，到达三层，两名乘客走出电梯。

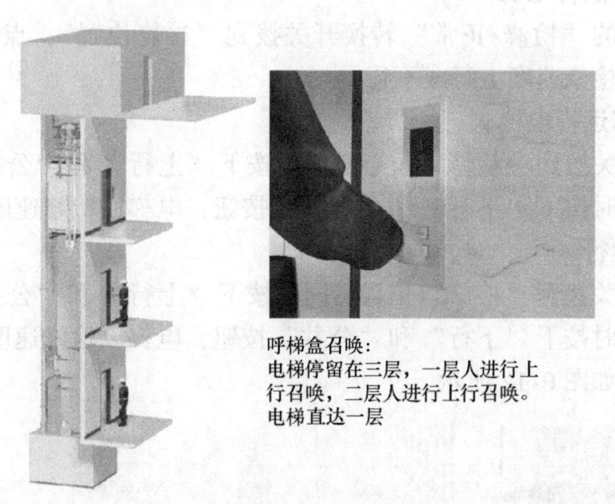

图0-10　情境一图示

情境二：电梯在三层，二层乘客选择下行，一层乘客选择上行，此时电梯到二层停车，二层乘客进入轿厢，内选一层，电梯下行，到达一层，轿厢内乘客出来，一层乘客进入轿厢，电梯再响应内选，继续上行。

（2）轿内选层

按下轿内选层按钮，电梯即可上行或下行，如图0-11所示。

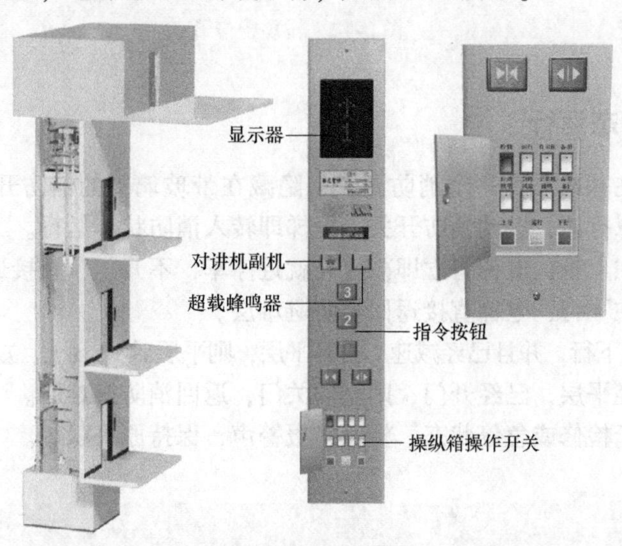

图0-11　轿内选层

轿内乘客按下指令按钮，电梯将遵循同向截车，并且响应最远端反向运行指令。

总结：电梯可以顺向截车，可以响应最远端反向运行信号。另外，如果电梯内选信号和外呼信号方向相反，电梯则先响应内选信号，再响应外呼信号。

二、检修运行电梯

1. 在机房检修运行电梯

把机房检修盒的“检修/正常”转换开关拨到“检修位置”，点按“慢上”或“慢下”按钮，电梯即可以检修速度上行或下行。

2. 在轿厢检修运行电梯

把轿厢检修开关拨到“检修”位置，同时按下“上行”和“公共”按钮，电梯以检修速度点动上行；同时按下“下行”和“公共”按钮，电梯以检修速度点动下行。

3. 轿顶检修运行

把轿顶检修开关拨到“检修”位置，同时按下“上行”和“公共”按钮，电梯以检修速度点动上行；同时按下“下行”和“公共”按钮，电梯以检修速度点动下行。

轿顶检修开关如图 0-12 所示。

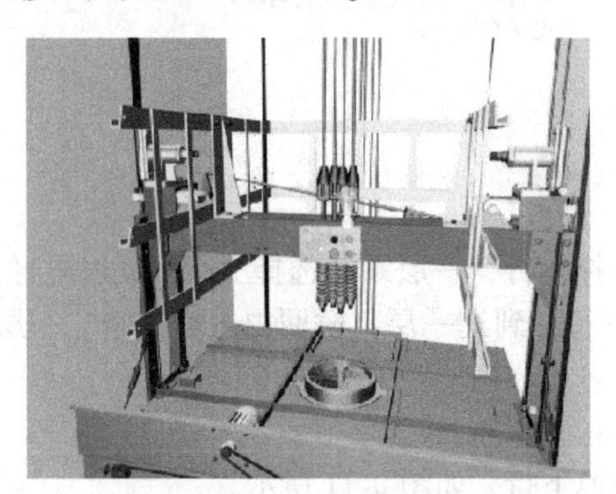
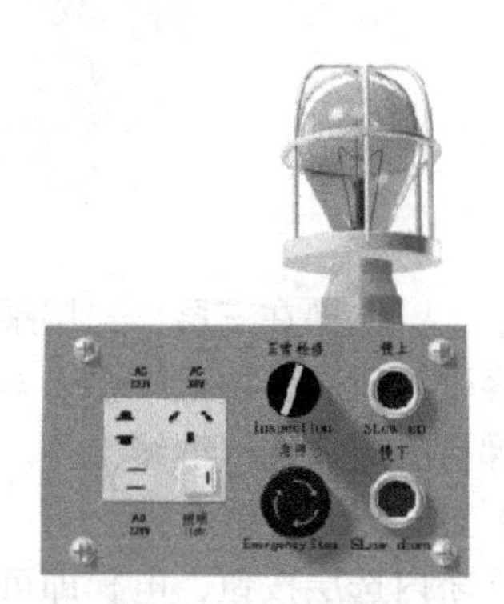

图 0-12　轿顶检修开关

三、消防状态运行

一般的电梯在基站设有一个消防开关，隐藏在带玻璃罩的消防开关盒内，一旦发生火灾，可以把玻璃罩打碎，扳动消防开关，电梯即转入消防状态运行。

如果电梯正在上行，电梯将立即减速并就近停车，不开门，直接返回消防避难层。

如果电梯正在下行，电梯直接返回消防避难层。

如果电梯正在下行，并且已经减速，打算平层，则平层后不开门，立刻返回消防避难层。

如果电梯已经平层，已经开门，则立即关门，返回消防避难层。

如果电梯处于检修或急停状态，将发出报警声，保持原来状态。

任务二　剖析电梯系统

任务描述

通过剖析电梯系统结构，熟悉曳引系统、导向系统、重量平衡系统、门系统、轿厢系统、电力拖动系统、电气控制系统和安全保护系统等八大系统的结构组成和功能作用。

知识铺垫

电梯的工作系统可分为八大系统，下面对这些系统进行介绍。

一、曳引系统

曳引系统输出动力，驱动电梯运行，由曳引机、钢丝绳、减速器、制动器及导向轮等组成，如图 0-13 所示。

曳引传动是靠曳引绳与曳引轮之间的摩擦来完成的，它有较大的适应性，对于不同的提升高度，只需改变曳引绳的长度，而不用改变结构。这种结构还可以使曳引绳的根数增多。而轿厢冲顶时，绳与轮之间可以空转，因此，加大了电梯的安全性。

电梯主要由升降机械的电动机带动曳引轮，驱动曳引钢丝绳与悬吊装置，拖动轿厢和对重在井道内做相对运动，轿厢上升，对重下降；轿厢下降则对重上升。于是，轿厢就在井道中沿导轨上下运行。

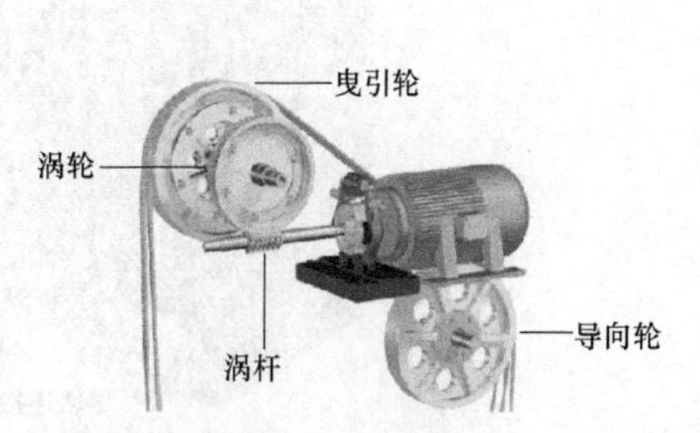

曳引钢丝绳通过曳引轮连接轿厢和对重，轿厢与对重装置的重力使曳引钢丝绳压紧在曳引轮绳槽内；当曳引电动机驱动曳引轮转动时，钢丝绳与曳引轮绳槽之间的摩擦力通过钢丝绳拖动轿厢和对重在井道中沿导轨往复升降，电梯的功能得以实现

图 0-13　曳引系统

二、导向系统

导向系统由导向轮、轿厢导轨、对重导轨和导轨架等组成。电梯的轿厢两侧装有导靴，导靴从三个方面箍紧在导轨上，以便使轿厢和对重在水平方面准确定位，如图 0-14 所示。

三、重量平衡系统

重量平衡系统由对重及重量补偿装置组成，如图 0-15 所示。对重将平衡轿厢自重和部分的额定载重。重量补偿装置是补偿高层电梯中轿厢与对重侧曳引钢丝绳长度变化对电梯平衡设计影响的装置。

对重通过曳引轮与轿厢连接，在电梯运行过程中，和轿厢对应起平衡作用。对重装置由对重架和对重块两部分组成，为对轿厢起最佳平衡作用，应控制好对重的重量。对重的重量按下式决定：

对重重量=轿厢自重+平衡系数（0.4~0.5）×电梯额定载重量

四、门系统

门系统由轿门、层门、开门电动机、联动机构及门锁等组成。轿门的开关门系统如图 0-16 所示。多楔带是减速和传动机构，门挂板是悬挂轿门的。门挂板通过偏心轮在门导轨上滑动，带动轿门开关。门刀是带动层门开关的部件。

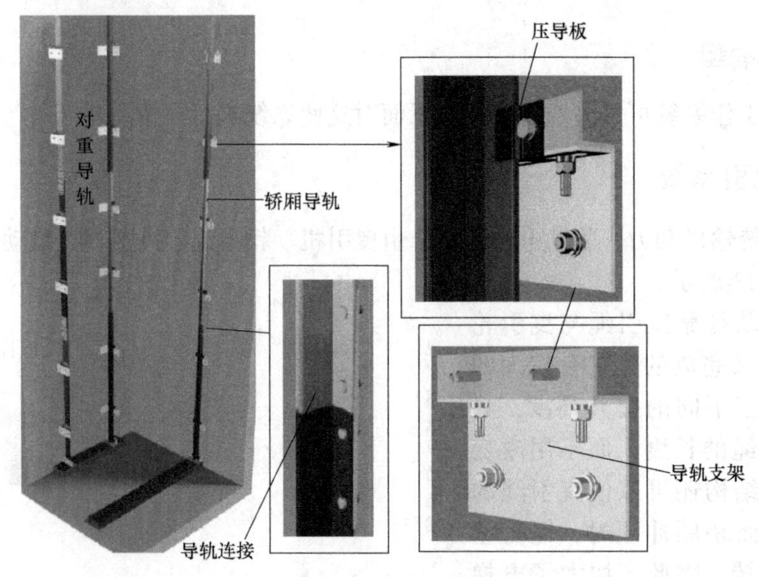

图 0-14　导向系统

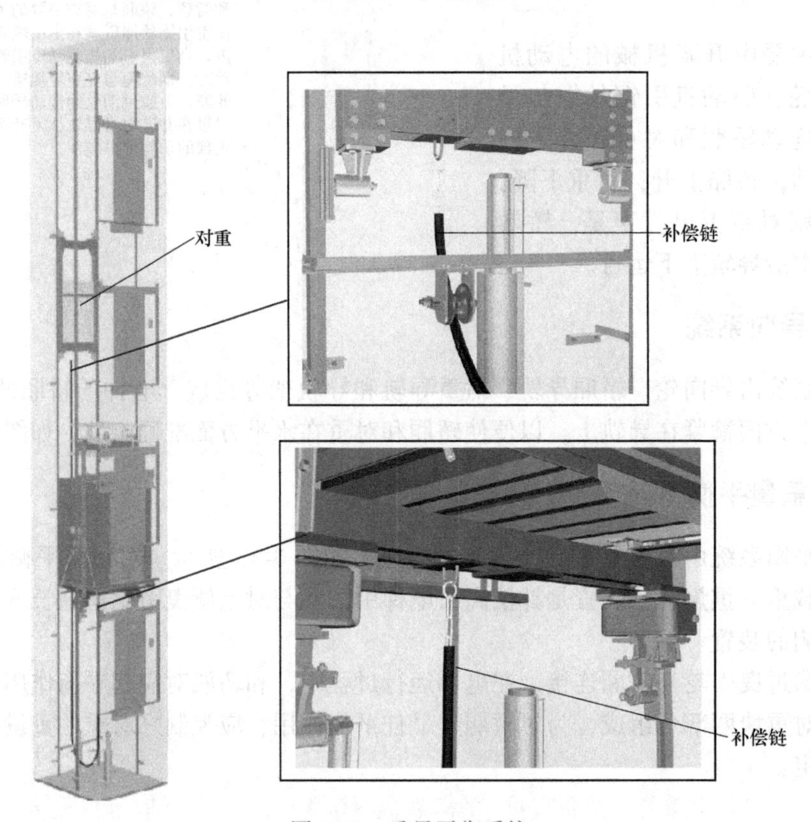

图 0-15　重量平衡系统

层门的开关门机构主要有层门钩子锁、门锁滚轮、门联锁电气触点及传动机构等，如图 0-17 所示。层门的门锁滚轮和轿门门刀配合，带动层门开、关。

为了防止人员坠落或被剪切，对门锁及其电气触点有如下要求：

1）当轿门和层门中任一门扇未关好和门锁未啮合 7mm 以上时，电梯不能起动。

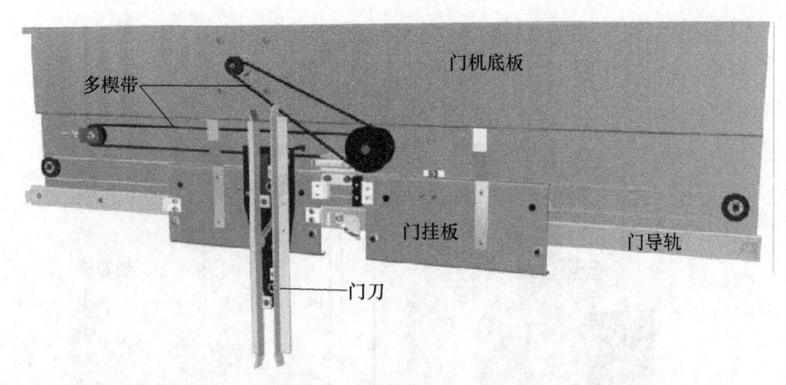

图 0-16　轿门开关门系统

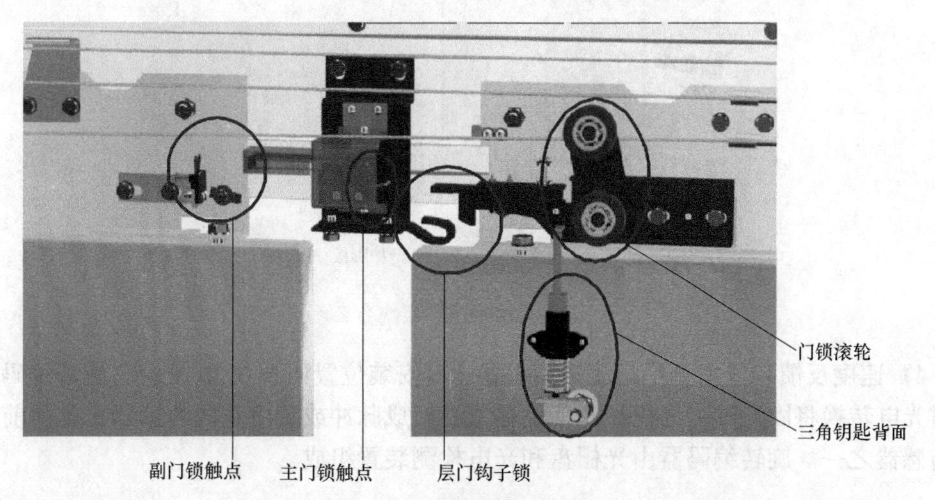

图 0-17　层门开关门机构

2）当电梯运行时，轿门和层门中任一门扇被打开，电梯应立即停止运行。

3）当轿厢不在层站时，在层门外应不能将层门打开。

4）当轿厢不在层站时，层门无论因什么原因开启时，应有一种装置能使层门自动关闭。

5）紧急开锁的钥匙应由专人保管，只有紧急情况才能由专职人员使用。

五、轿厢系统

轿厢系统的结构分解如图 0-18 所示。

六、电力拖动系统

电梯的电力拖动系统由曳引电动机、供电系统、调速装置及速度反馈装置等构成。其工作过程是由曳引电动机为电梯提供动力，供电系统为电动机提供电源，速度反馈装置为调速系统提供电梯运行速度信号，调速装置对曳引电动机实行调速控制。

1）曳引电动机的结构如图 0-19 所示。

2）供电系统主要由断路器、相序继电器、热继电器、变压器及整流装置等组成。

3）调速装置主要是指交流异步电动机 VVVF 变频调速拖动方式——采用交流异步电动机，结构简单、运行平稳、效率高，因而被普遍采用。

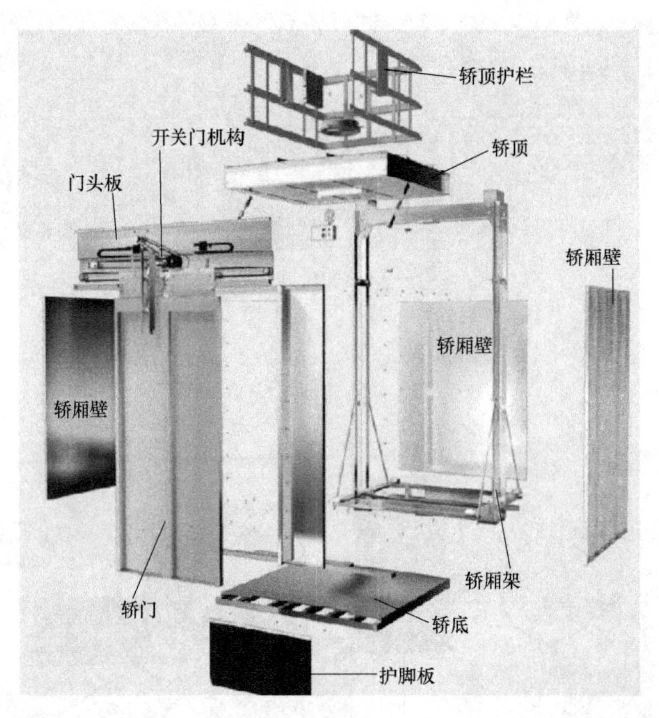

图 0-18 轿厢系统分解图

4）速度反馈装置主要是指旋转编码器，其安装位置如图 0-20 所示。旋转编码器是一种通过光电转换将固定轴上的机械几何位移量转换成脉冲或数字量的传感器，是目前应用最多的传感器之一。旋转编码器由光栅盘和光电检测装置组成。

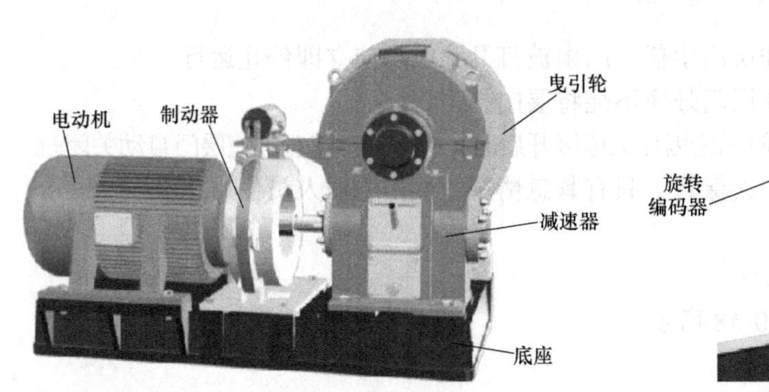

图 0-19 曳引电动机的结构

图 0-20 旋转编码器

七、电气控制系统

电气控制系统主要由轿内操纵盘、呼梯盒、控制柜、层楼显示器、平层感应器及行程开关等组成。轿内操纵盘、呼梯盒和层楼显示器如图 0-21 所示。平层感应器装在轿顶侧面，如图 0-22 所示。行程开关用于端站保护和开关门限位等，如图 0-23 所示。控制柜如图 0-24 所示。

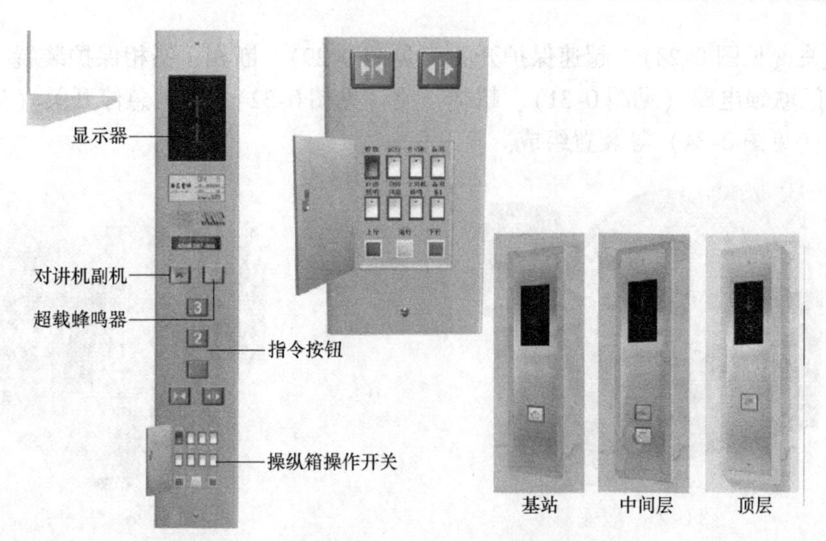

图 0-21　轿内操纵盘、呼梯盒和层楼显示器

图 0-22　平层感应器

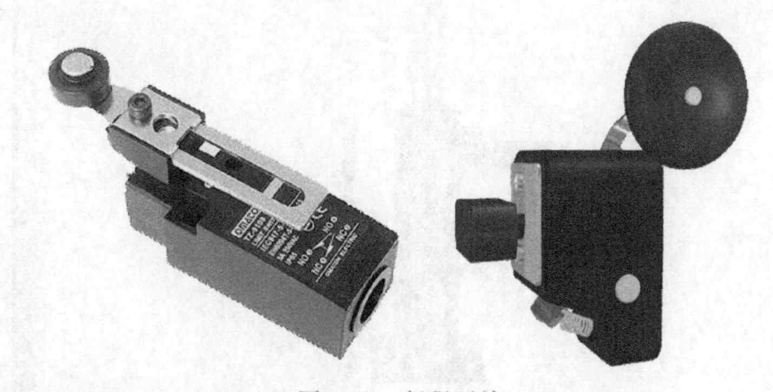

图 0-23　行程开关

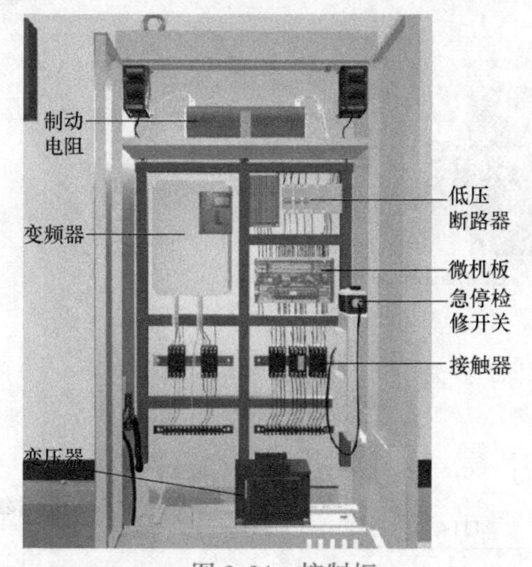

图 0-24　控制柜

八、安全保护系统

安全保护系统由限速器（见图 0-25）、安全钳（见图 0-26）、缓冲器（见图 0-27）、端

站保护开关（见图0-28）、超速保护开关（见图0-29）、断相、错相保护装置（见图0-30）、层门和轿门联锁电路（见图0-31）、超载开关（见图0-32）、各处急停开关（见图0-33）及安全触板（见图0-34）等装置组成。

图0-25　限速器

图0-26　安全钳

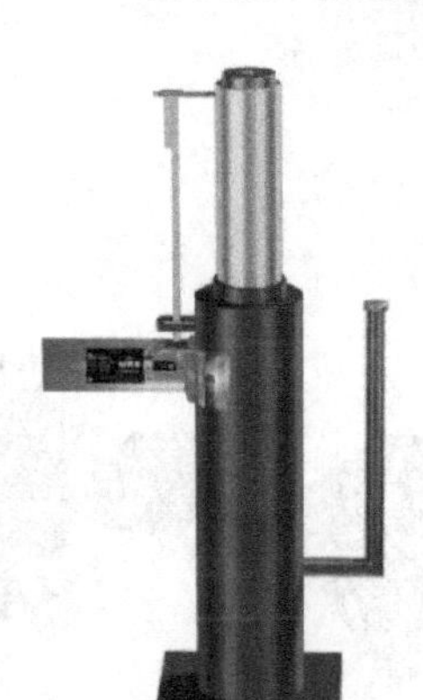
图0-27　缓冲器

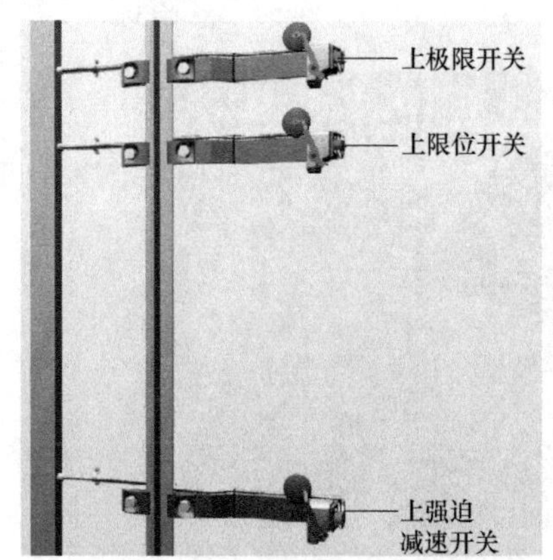

图0-28　端站保护开关

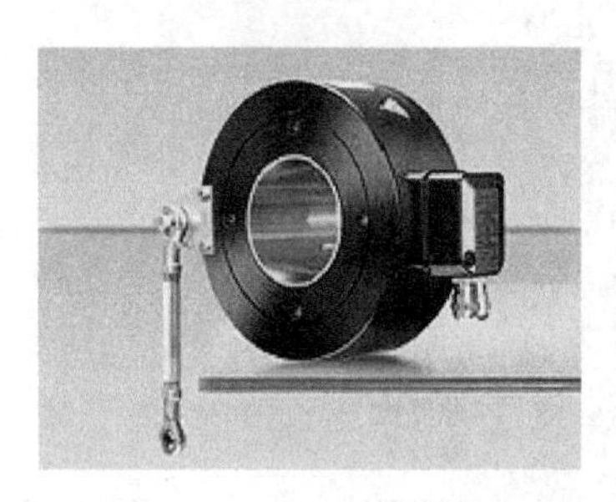
图0-29　超速保护开关

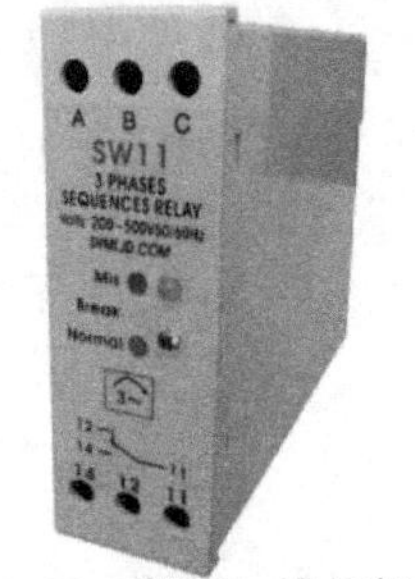

图0-30　断相、错相保护

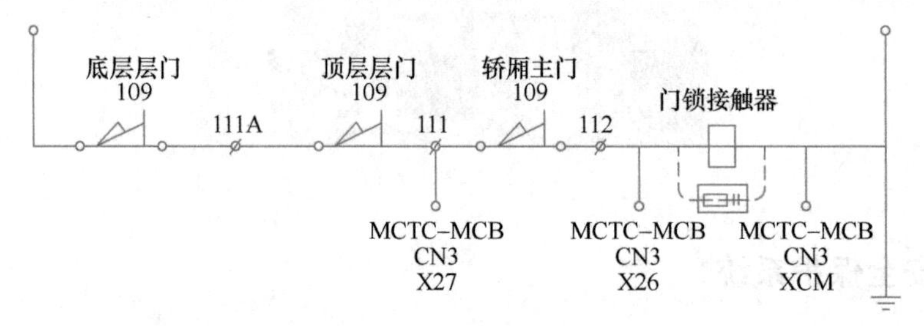

图0-31　门联锁电路

图 0-32　超载开关

图 0-33　急停开关

图 0-34　安全触板

知识梳理

- 岗位初识
  - 岗位简述 — 岗位
    - “电梯电气安装工”中级工 — 典型工作流程：施工准备→电气辅件制作安装→电气设备安装调整→电气线路敷设→整梯调试前机械和电气检查→检修运行
    - “电梯电气维修工”中级工 — 典型工作流程：维修准备→电梯设备检查与维护→单项性能测试与调整→故障诊断与排除
  - 电梯
    - 定义 — 服务于建筑物内若干特定的楼层，其轿厢运行在至少两列垂直于水平面或与铅垂线倾斜度小于15°的刚性导轨运动的永久运输设备
    - 分类
      - 按用途分类 — 乘客电梯、载货电梯、客货电梯、杂物电梯、住宅电梯、病床电梯、特种电梯
      - 按速度分类 — 低速电梯、快速电梯、高速电梯、超高速电梯
      - 按拖动方式分类 — 直流电梯、交流电梯、液压电梯、齿轮齿条电梯、螺杆式电梯、永磁无齿轮电梯
    - 机房
      - 电源箱 — 把建筑物电源引入给控制柜、照明、风扇等设备
      - 控制柜 — 电梯的大脑、控制电梯的动作
      - 曳引机
        - 曳引电动机 — 为电梯运行提供动力来源
        - 制动器 — 通电松闸、断电抱闸
        - 减速器 — 把曳引电动机的高转速降低后输出给曳引轮
        - 曳引轮 — 与曳引绳摩擦产生曳引力，带动轿厢运行
      - 导向轮 — 增大轿厢和对重之间的横向间距、辅助改变曳引比
      - 限速器 — 与安全钳联动，对轿厢的运行速度进行限制，当电梯运行速度达到110%额定速度时，限速器开关动作
      - 松闸扳手、盘车手轮 — 断电并且需要移动轿厢时，两人配合、一人松闸一人盘车，满速移动轿厢到预定位置
    - 轿厢
      - 轿架 — 轿厢的外部骨架
      - 轿底 — 轿厢底部，通常有称重装置
      - 轿壁 — 轿厢四面
      - 轿顶 — 通常有轿顶检修盒、轿顶接线箱、平层感应器等
      - 轿门 — 轿厢出入口
      - 门头板 — 轿门门刀和门锁装置
    - 层站
      - 呼梯盒 — 层站外供乘客召唤电梯使用
      - 层楼显示器 — 显示电梯实际所在的楼层位置和运行方向
    - 井道
      - 终端保护开关 — 从上至下的顺序：上极限开关、上限位开关、上强迫减速开关、下强迫减速开关、下限位开关、下极限开关
      - 随行电缆 — 连接控制柜和轿厢电气设备的电缆
      - 对重 — 平衡轿厢侧的一部分重量
      - 轿厢 — 乘客或货物的承载空间
      - 导轨
        - 轿厢导轨和对重导轨
        - 让轿厢或对重沿着上、下运行
      - 线槽 — 连接机房和井道、底坑电气设备的电缆敷设在里面
    - 底坑
      - 底坑检修盒 — 急停开关、井道照明开关、底坑照明开关、电源插座
      - 缓冲器及其开关 — 电梯蹲底时的最后一道防护，其开关是验证缓冲器有没有完全复位的
      - 张紧装置及其开关
        - 张紧轮和限速器轮共同绕着一根绳子，绳子某一点固定在轿厢架上，把轿厢的直线运动转化成限速器轮的旋转运动
        - 轿厢的运行速度和限速器轮以及张紧轮的运行速度成正比

项 目 一

安装机房电气系统

项目引入

工程概况

某大厦要安装一部乘客电梯，7 层 7 站，机房上置式，机房面积为 2500mm×3700mm，高度为 2200mm。梯型为 AC-VVVF，梯速为 0.63m/s，载重 750kg（10 人）。需要安装机房电源箱、控制柜，以及进行机房布线。工程环境和施工任务如图 1-1 所示。

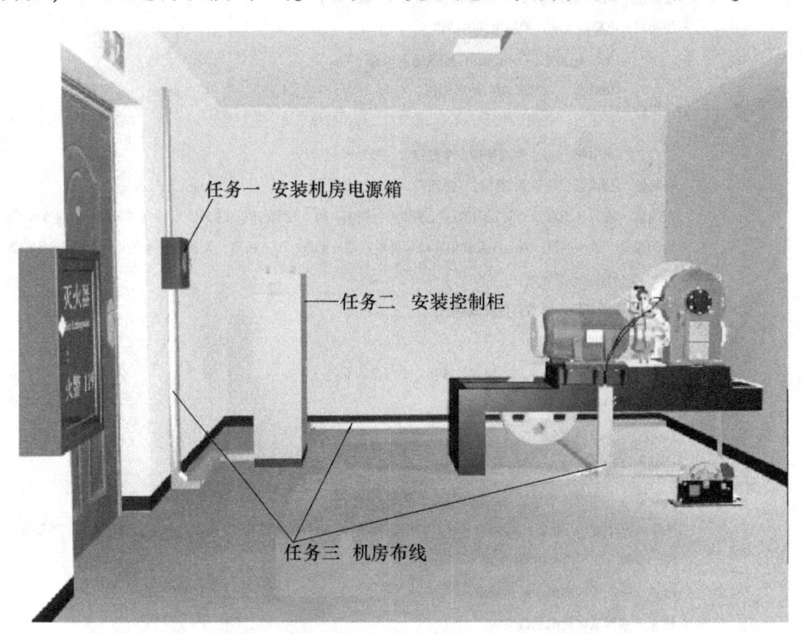

图 1-1 机房电气系统施工环境

作业条件

1）机房土建施工完毕，机房门、窗齐全，门能上锁。

2）机房的曳引机、限速器安装到位，固定牢固可靠。

3）机房的尺寸和各孔洞的位置、尺寸应符合图纸及规范要求。

4）机房应设有固定式电气照明，地板表面上照度应不小于 200lx。在机房内靠近入口（或几个入口）的适当高度处设有一个开关，以便进入时能控制机房照明。

5）机房内应设置一个或多个电源插座。

机具、材料

本项目施工需要的机具、材料见表 1-1。

表 1-1　安装机房电气系统所需的机具、材料

钢直尺	铅笔	水平尺
卷尺	扳手	电锤
榔头	一字螺钉旋具	剥线钳
钢丝钳	压线钳	电工刀
射钉枪	钢锯	手电钻
万用表	绝缘电阻表	线锤

（续）

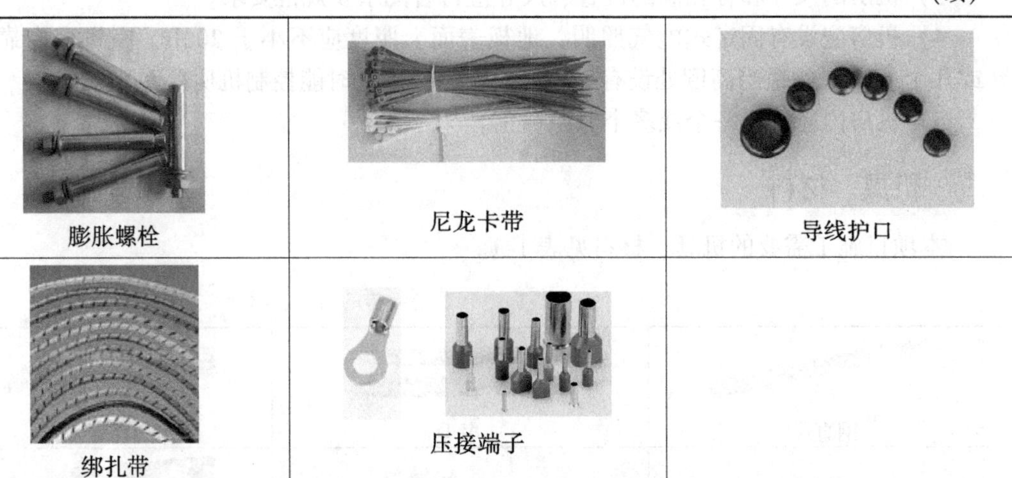

膨胀螺栓	尼龙卡带	导线护口
绑扎带	压接端子	

知识目标

1）掌握机房电气安装与施工的验收要求。
2）掌握机房电气配线图识读知识。
3）掌握电源开关箱的固定方法。
4）掌握控制柜柜体的固定方法。
5）掌握在机房内敷设线槽、导线和电缆的方法。

技能目标

1）能根据机房布置图和国标规定的高度及其他要求安装电源箱。
2）根据相应国家标准和机房布置图，正确安装控制柜柜体。
3）能正确使用线槽切割工具切割线槽。

职业素养目标

1）安装过程中，注意自身安全、他人安全和设备安全。
2）在施工现场要一人操作一人监护，符合电梯行业的操作规范。
3）安装过程中注意节约材料，爱护工具和调试仪表，时刻保持工作区的整洁。

任务一　安装机房电源箱

任务描述

在电梯机房的合适位置安装机房电源箱并接线，电源箱长度为410mm、宽度为160mm、高度为530mm，箱体内有电源主开关、井道照明开关和轿厢照明开关等。通过本次任务，

使学生掌握机房电源箱的结构组成、功能作用、安装位置及验收标准等，学会如何根据国家标准和行业规范安装机房电源箱。机房电源箱的安装位置如图 1-2 所示。

图 1-2 机房电源箱的安装位置

知识铺垫

一、机房电源箱

机房电源箱是把建筑物的电源线路引到电梯设备上（控制柜和照明等）的电气开关箱。电源箱内有电梯的动力线路开关（主开关）和照明线路开关，照明线路开关包括井道照明开关和轿厢照明开关。电源箱内还需要有接地端子排和中性线 N 的端子排。机房电源箱内器件布置如图 1-3 所示。

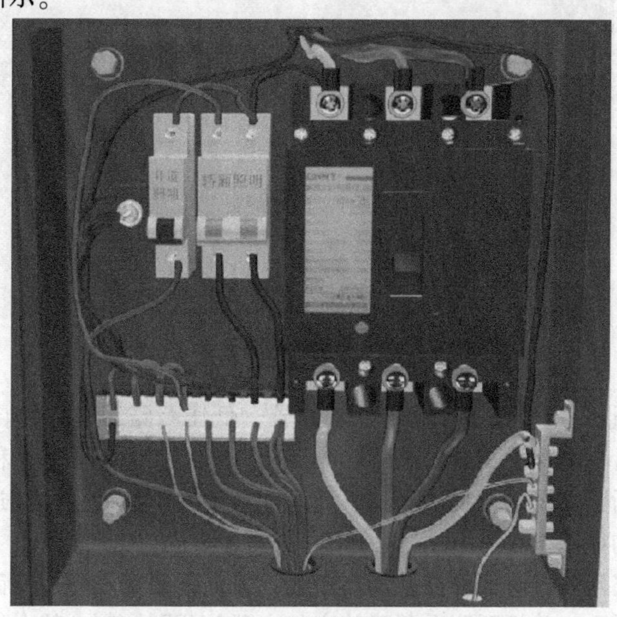

图 1-3 机房电源箱器件布置图

二、电梯的供电要求

电梯的供电和控制电路是通过导线管或导线槽及电缆线输送到控制柜、屏、曳引机、井道和轿厢。各类电梯的控制方式和线路多少差异较大，但管路或线槽的布置却大致相同，接线的要求也基本相似。

电梯的供电电源应是独立的，而且必须是三相五线制，即 TN-S 系统，如图 1-4 所示，而且要求电源的波动范围不超过±7%。

在电梯机房中，每台电梯都应单独装设一个能切断该台电梯电路的主开关。该开关整定容量应稍大于所有电路的总容量，并具有切断电梯正常使用情况下最大电流的能力。

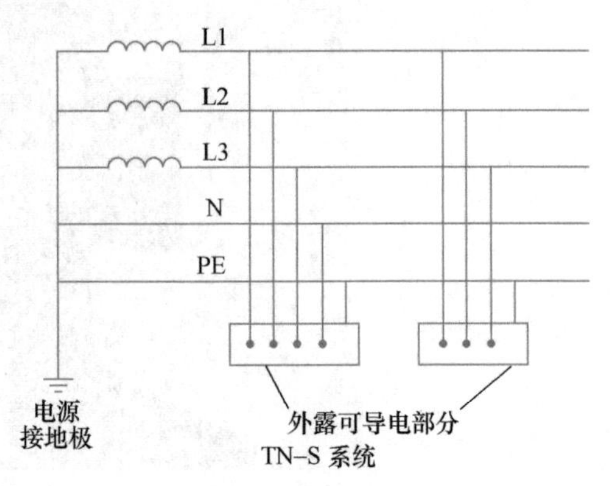

图 1-4　TN-S 系统

三、机房电源箱的安装要求

1）每台电梯应装设单独的隔离电器和保护装置，并设置在机房内便于操作和维修的地点，工作人员应能从机房入口处方便、迅速地接近。

2）如果机房为几台电梯共用，各台电梯的主开关应易于识别，如图 1-5 所示。

主开关应安装于机房进门能随手操作的位置，且能避免雨水和长时间日照。开关高度以手柄中心为准，一般为 1.3~1.5m。安装时要求牢固，横平竖直。

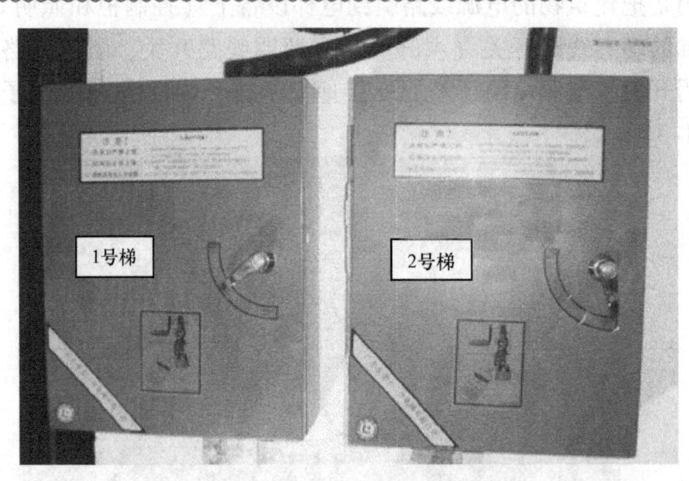

图 1-5　两台电梯的电源箱

3）电梯电源设备的开关宜采用低压断路器。低压断路器又称为自动开关，是一种既有开关作用又能进行自动保护的低压电器。当电路中发生短路、过载和欠电压（电压过低）等故障时，低压断路器能自动切断电路，起到相应的保护作用，还能进行远距离操作。低压断路器的内部结构如图 1-6 所示。

安装低压断路器时，应保证安装场所中任何方向的磁场不超过地磁场的 5 倍，保证垂直安装，如图 1-7 所示。单相照明电源开关应与主开关分别控制。整个机房可设置一个总的单

图 1-6　断路器的内部结构

相照明电源开关，但每台电梯应设置一个分路控制开关，以便于线路维修，一般安装于动力开关旁。要求安装牢固，横平竖直。

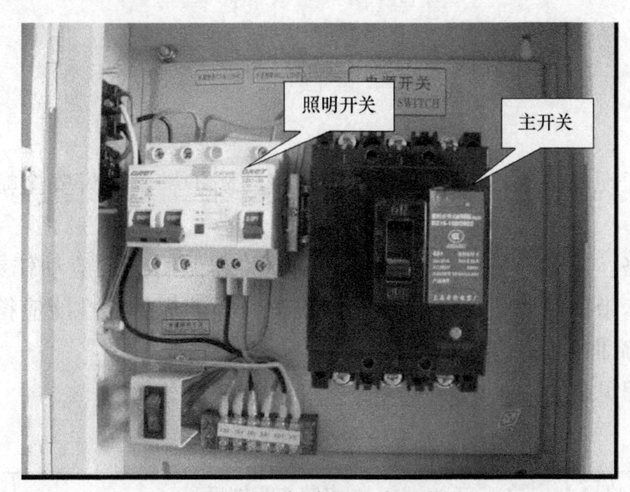

图 1-7　断路器垂直安装

4）照明、通风装置和插座的供电电路应根据设备所在部位和工作特点划分，至少应分为两个供电电路，并分别设置隔离电器和保护装置。

① 对于轿厢用电设备（照明、通风、插座和报警装置）供电电路和保护断路器（如同机房中有几台电梯驱动主机，每个轿厢均应设置一个），此断路器应设置在相应的主开关旁。

② 对于机房、井道和底坑用电设备（照明、通风和插座）供电电路和保护断路器，此断路器应设置在机房内，靠近其入口处。

照明一般采用交流 220V 电压供电，井道照明供电电路应单设 PE 线，井道照明灯具外露可导电部分应可靠接地。当井道照明需以安全电压供电时，宜提供专用供电电路和保护断路器，照明变压器低压侧宜设置隔离电器和保护装置，外露可导电部分严禁直接接地或通过其他途径与大地连接。

5）中性线 N 和接地线 PE 应始终分开。整个电梯装置的金属件应采取等电位连接措施。接地支线应分别接至接地干线接线柱上，不得互相连接后再接地，如图 1-8 所示。

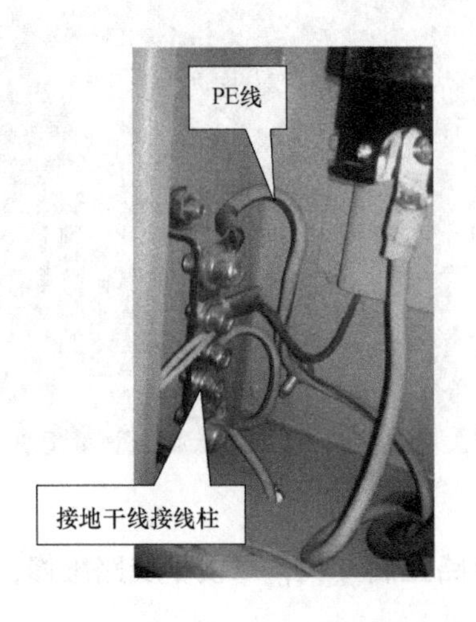

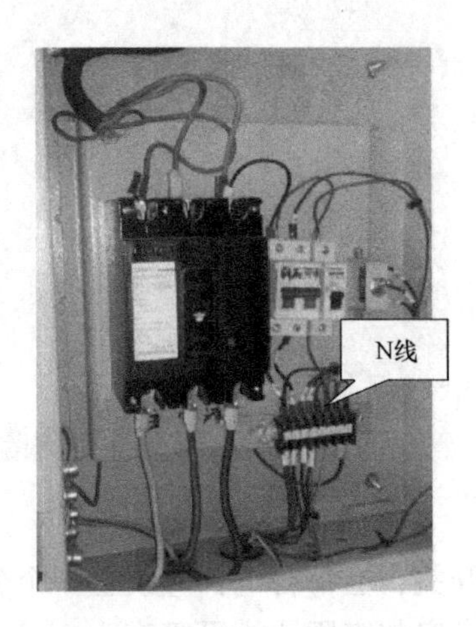

图 1-8　中性线 N 和接地线 PE

任务施工

1. 安全

所有进入施工现场的人员都必须穿好工作服、防护鞋，戴好安全帽，系好安全带。

2. 施工准备

电源箱的规格、质量应符合有关要求，主开关和照明开关应动作灵活可靠；膨胀螺栓、配套螺钉、尼龙卡带、绝缘带、绑扎带及导线护口等的规格、性能应符合图样及使用要求。

3. 施工工艺流程

施工工艺流程见表 1-2。

表 1-2　施工工艺流程

步序	步骤名称	安装步骤图示	安装说明
1	确定安装位置	安装孔位 1.3~1.5m 机房电源箱高度距地面1.3~1.5m	机房电源箱选取位置应为机房入口附近，方便接近。电源箱的预安装高度为距机房地面 1.3~1.5m，以方便操作
	经验寄语：确定安装孔位时，可以先把箱体放置在预安装位置，用记号笔在墙上标出箱体上的孔位，以便于在正确位置打孔		

（续）

步序	步骤名称	安装步骤图示	安装说明
2	钻孔，打入膨胀螺栓	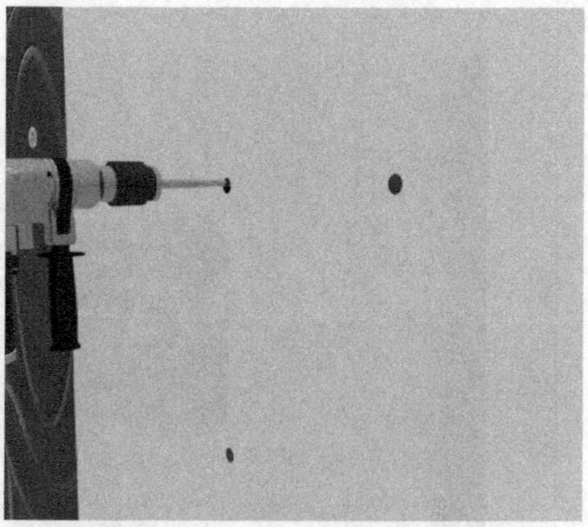	1）用手电钻在电源箱安装孔处钻孔 2）用榔头把膨胀螺栓打入孔中 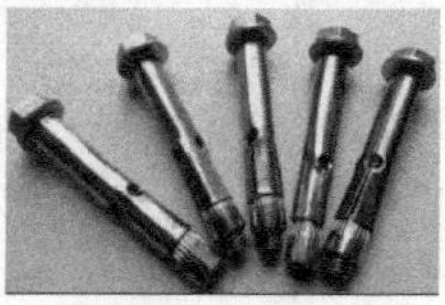
	经验寄语：打孔时，手电钻的钻头应垂直于墙面，否则，打出的孔会歪斜，不利于膨胀螺栓的固定		
3	箱体固定		1）用套筒扳手把电源箱箱体固定在打入墙内的四个膨胀螺栓上 2）把膨胀螺栓的垫片、弹垫和螺母装在螺钉上。用套筒扳手把螺母拧紧 3）把四个固定螺栓均固定好
	经验寄语：箱体固定好后，可以用手晃动箱体，看是否有松动情况		
4	电源箱接线	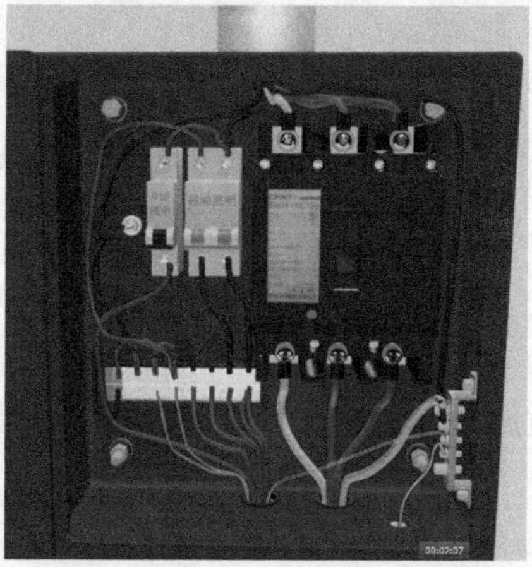	1）使用合适的螺钉旋具接好电源箱的动力线路输入端、输出端和接地线 PE 2）使用合适的螺钉旋具接好照明线路的输入端、输出端和中性线 N
	经验寄语：“O”型接线端子比“Y”型接线端子更牢固。在压接较粗较硬导线时，宜选用“O”型端子。中性线“N”和接地线“PE”因为使用次数较多，宜采用端子排接线来扩充接线点数。当多股电缆压接端子时，要选择合适型号的线鼻子，且不能通过剪断若干线芯来迎合端子		

（续）

步序	步骤名称	安装步骤图示	安装说明
5	关闭电源箱		用把手锁闭电源箱的门

工程验收

施工完成后，就要依据相应的国家标准和行业规范对施工结果进行验收，本次任务的验收标准见表1-3。

表1-3　机房电源箱验收表

序号	验收标准	参考图例
1	外露可导电部分均必须可靠接地(PE),接地支线应采用黄绿相间的绝缘导线	
2	接地支线应分别直接接至接地干线接线柱上,不得互相连接后再接地	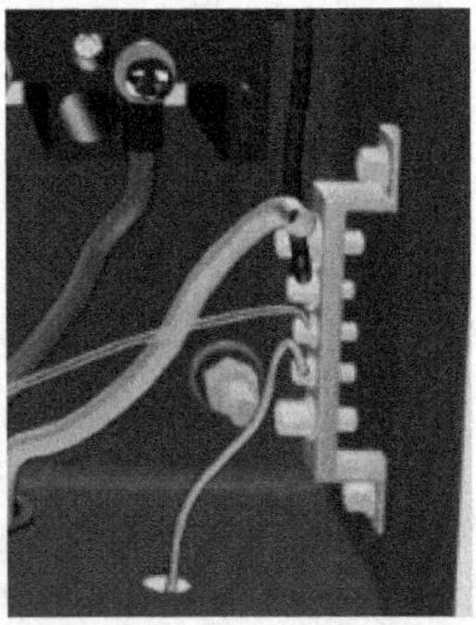

（续）

序号	验收标准	参考图例
3	主开关整定容量应稍大于所有电路的总容量，并具有切断电梯正常使用情况下最大电流的能力 主电源开关不应切断下列供电电路： 轿厢照明和通风线路； 机房和滑轮间照明线路； 机房、轿顶和底坑的电源插座； 井道照明线路； 报警装置	
4	软线和无护套电缆应在导线管、线槽或能确保起到等效防护作用的装置中使用	
5	电源箱要安装在机房门口附近，方便接近。距机房地面高度为1.3~1.5m，以方便操作	机房电源箱高度距地面1.3～1.5m

错误情境解析

情境一：施工工人在进行电源箱接线时，三相动力电源的电源线没有按照黄、绿、红的颜色顺序设置，N线也不是浅蓝色，接地保护线也不是黄绿双色绝缘导线。此处的接线颜色不符合相关的国家标准，会给今后的线路检查、维修和故障排除带来不必要的麻烦。

情境二：施工过程中，工作人员没有穿戴整齐劳动防护用品，在施工现场抽烟。这是违规的。电梯属于特种设备，作业人员必须穿戴齐全的劳保用品，作为保护自身安全的辅助措施。如果在施工现场抽烟，可能引发火灾险情，危及人身和设备安全，是必须禁止的。

情境三：在电梯主电路安装了漏电保护开关。这是错误的。因为电梯要用到大功率的变频器，并且可能会配置防停电的后备电源，这些设备都会产生大量的谐波电流，从而会在电路中出现三相电流相同而中性线仍然有电流的现象。漏电保护开关的原理就是对相线电流和中性线电流进行比较，来判断是否有电流泄露到地线，泄漏电流达到设定的数值就切断电源。所以当电路中有变频器、整流电路等谐波源的时候，漏电开关就会经常误动作。因此，电梯主电路不需安装漏电保护开关。

综合训练

一、判断题（特种设备作业人员考核大纲要求）

（　　）1. 电梯电源应是专用电源。电源的电压波动范围应不超过±7%，而且照明电源应与电梯主电源分开。

（　　）2. 电梯电源应是专用电源。电源的电压波动范围应不超过±10%，而且照明电源应与电梯主电源分开。

（　　）3. 在电梯机房中，每台电梯都应单独装设一个能切断该台电梯电路的主开关。该开关整定容量应稍大于所有电路的总容量，并具有切断电梯正常使用情况下最大电流的能力。

二、填空题

1. 电梯机房一般设置在井道________。

2. 消防电梯的梯井、机房与其他电梯的________________________________。

3. 电梯的供电和控制电路是通过______________或______________及电缆线输送到________屏、曳引机、__________和______________。

4. 每台电梯应装设单独的____________和________________，并设置在________内便于操作和维修的地点，工作人员应能从______________处方便、迅速地接近。

三、简答题

1. GB 7588—2003《电梯制造与安装安全规范》对主开关有哪些要求？

2. 在安装电源箱过程中你都遇到了哪些问题？分别是如何解决的？

3. 简述安装供电及控制电路的要求。（特种设备作业人员考核大纲要求）

任务二　安装控制柜

任务描述

在电梯机房的合适位置安装固定控制柜柜体，控制柜的内部线路是在生产厂家安装完成的，本次安装现场不需要在控制柜内部接线。控制柜长400mm、宽280mm、高940mm，柜体内有主板、接触器、变压器、整流桥及变频器等。通过本次任务，使学生掌握控制柜的功能作用、固定方法、安装位置及验收标准等，学会如何根据国家标准和行业规范安装控制柜。控制柜如图1-9所示。

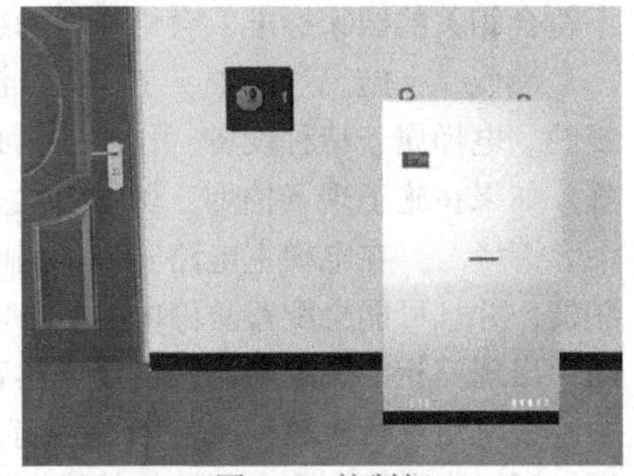

图1-9　控制柜

知识铺垫

电梯控制柜是把各种电子器件和电气元件安装在一个有安全防护作用的柜形结构内的电控装置。电梯控制柜是用于控制电梯运行的装置，一般安装在电梯机房曳引机旁边，无机房电梯的控制柜设置在井道外或井道内适当位置处，其具体位置受驱动主机在井道内的位置影响较大。

一、控制柜的外部框架

控制柜由钣金框架结构及螺栓拼装组成。钣金框架尺寸统一，并能够用销钉很方便地挂上、取下。正面的面板装有可旋转的销钩，构成可以锁住的转动门，以便从前面接触到装在控制柜内的全部元器件，使控制柜可以靠近墙壁安装。常用的电梯控制柜有双门和三门两类。

二、控制柜的内部组成

控制柜由柜体和各种控制用电气元件组成。早期的电梯控制柜中有断路器、接触器、继电器、电容器、电阻器、信号继电器、供电变压器及整流器等。目前，电梯控制单元大多由PLC 和变频器组成或由全电脑板控制。

控制柜内常见的低压电器设备有如下几种。

1. 三相和单相断路器

断路器又称为空气开关（简称空开）。断路器由塑料外壳、操作机构、接触灭弧系统及脱扣机构等组成，主要用于现代建筑的电气电路及设备的过载、短路保护，亦适用于电路的不频繁操作及隔离。

2. 转换开关

电梯的钥匙开关和检修开关就是转换开关，如图 1-10 所示，其结构为若干个动触片和静触片分别装于数层绝缘件内，静触片固定在绝缘垫板上，动触片装在转轴上，拨动开关，动触片将随转轴旋转，从而变更通、断位置。

电梯用急停开关是一种双稳态开关，如图 1-11 所示，当使用者用手按下此开关，该开关将自动锁死在断开状态，顺时针转动后就可复位。

图 1-10 转换开关

图 1-11 急停开关

3. 接触器

接触器主要由电磁机构和触点系统组成。电磁机构通常包括吸引线圈、铁心和衔铁三部分。

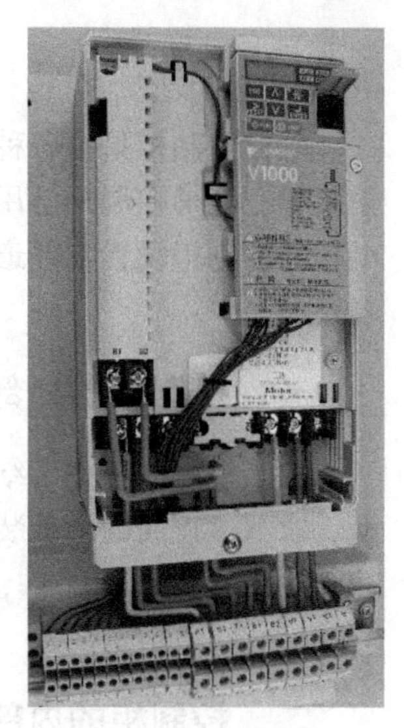

图 1-12　变频器实物

4. 变压器

变压器由铁心、一次绕组和二次绕组组成，适用于交流电路，可用来变换交流电压、电流的大小。

5. 变频器

变频器是应用变频技术与微电子技术通过改变电动机工作电源的频率和幅度的方式来控制交流电动机的电力传动元件。变频器实物如图 1-12 所示。

6. 微控制器

单片机也被称为微控制器，常用英文字母的缩写 MCU 表示单片机，它最早用在工业控制领域。单片机由芯片内仅有 CPU 的专用处理器发展而来。单片机实物如图 1-13 所示。

7. 相序继电器

相序继电器在所有电梯控制系统中是不可缺少的环节。当供电系统出现相序错误及断相时，电梯不能运行。在直流电梯中，若驱动直流发电机的原动相序错误将导致发电机输出电压极性反向，由于反励磁磁场的存在，则会导致电梯飞车，从而造成事故。在交流电梯中，电梯的向上与向下运行是通过改变电动机供电电压的相序实现的，当相序发生错误时，会使上与下运行反向。在控制系统中必须采用相序保护，否则将造成人身和设备的事故。相序继电器实物如图 1-14 所示。

图 1-13　单片机实物

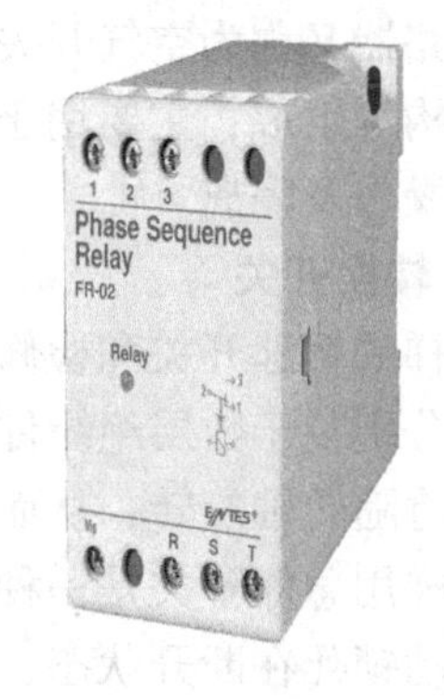

图 1-14　相序继电器实物

任务施工

1. 安全

所有进入施工现场的人员都必须穿好工作服、防护鞋，戴好安全帽，系好安全带。

2. 安装准备

控制柜的尺寸、质量应符合要求，各电气部件功能正常，控制柜应有出厂合格证；槽钢、膨胀螺栓、配套螺钉、电钻钻头及冲击钻钻头等规格应符合安装图样要求。

3. 安装工艺流程

把设备、材料和机具都准备好以后，即可安装控制柜，安装流程见表 1-4。

表 1-4　控制柜安装流程

步序	步骤名称	安装步骤图示	安装说明
1	控制柜定位	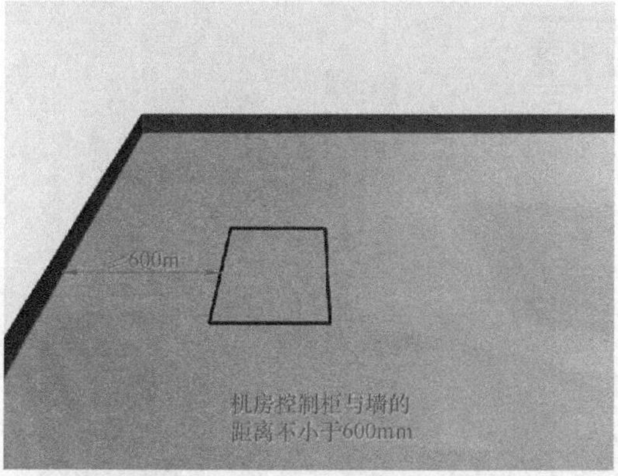	1）控制柜与墙的距离不小于 600mm 2）控制柜与门窗的距离不小于 600mm
	经验寄语：基础地面不平时，一定要先把地面整平再进行下一步工作。控制柜底座的安装位置与门或窗的距离应符合要求，并且位置也要符合图样要求		
2	控制柜底座的安装		1）用电锤在机房地面的正确位置打入 4 个膨胀螺栓 2）把控制柜底座固定在 4 个螺栓上
	经验寄语：膨胀螺栓的位置要找正，且打入地面的方向不能歪斜。保证控制柜门的朝向面向曳引机，以方便检修。控制柜底座下面的基础地面要平整，底座本身要横平竖直		
3	安装控制柜	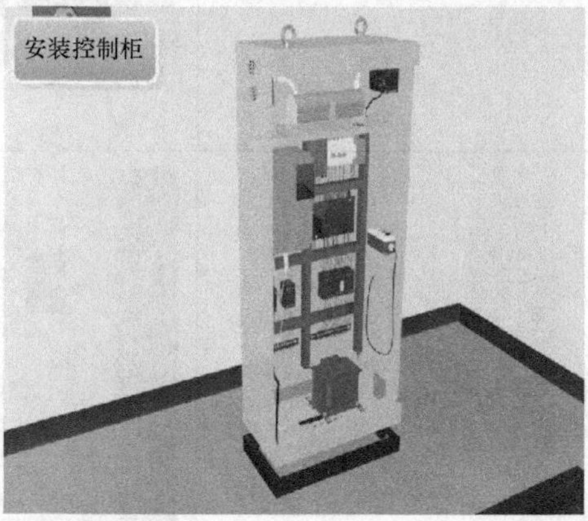	将控制柜安装固定在控制柜底座上
	经验寄语：安装控制柜时，先把控制柜的门卸下，控制柜门的方向朝向曳引机，控制柜的柜体要接地		

（续）

步序	步骤名称	安装步骤图示	安装说明
4	安装控制柜门	安装控制柜门	1）把控制柜的门用插销固定在柜体上 2）关好控制柜的门
	经验寄语：控制柜的门和柜体要有接地连接		

工程验收

安装完成后，可以按照表1-5的要求进行验收。

表1-5 控制柜安装验收要求

序号	验收内容	参考图例
1	控制柜、屏应用螺栓固定于型钢或混凝土基础上，基础应高出地面50~100mm	
2	控制柜与门窗的距离不小于600mm	机房控制柜与门或窗的距离不小于600mm

（续）

序号	验收内容	参考图例
3	控制柜与墙的距离不小于 600mm 机房内控制柜的安装应布局合理，横竖端正，整齐美观，控制柜的安装位置应符合电梯土建布置图中的要求	
4	控制柜与机械设备之间距离不小于 500mm 控制柜安装应布局合理，固定牢固，其垂直偏差不应大于 1.5%，水平度小于 1%	

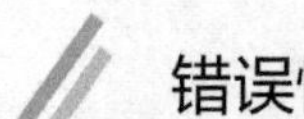

错误情境解析

情境一：控制柜安装完成后仍然有晃动空间。可能原因：控制柜的底座不稳定或者没固定好；控制柜的部分固定螺栓没有拧紧。控制柜与门、墙壁、其他电器的距离不符合要求。可能原因：测量距离时误差太大。控制柜的垂直度不符合要求。可能原因：控制柜的底座垂直度不合格。

情境二：有金属碎屑或其他杂物遗留在控制柜内部。可能原因：在组装控制柜时遗留在控制柜中的杂物和碎屑；在安装控制柜时，散落在控制柜中的杂物或碎屑。这种情况容易造成短路等故障。

综合训练

一、判断题（特种设备作业人员考核大纲要求）

（　　）1. 电梯机房所有转动部位须涂成红色，并有旋转方向标志。

（　　）2. 每台电梯应配备供电系统断、错相保护装置，该装置在电梯运行中也同样应起作用。

二、选择题（特种设备作业人员考核大纲要求）

（　　）1. 机房地面的照度应不小于______。

A. 50lx　　B. 100lx　　C. 200lx　　D. 150lx

(　) 2. 控制柜、屏的安装位置应符合：控制柜、屏正面距门、窗不小于____ mm；控制柜、屏的维修侧距离不小于________ mm；控制柜、屏距机械设备不小于________ mm。

A. 600，600，500　B. 600，500，600　C. 800，600，500　D. 800，600，600

三、简答题(特种设备作业人员考核大纲要求)

1. 在电梯机房内作业时，应注意哪些问题？
2. 简述安装控制柜的要求。

任务三　机房布线

任务描述

当机房内的电源箱、控制柜、曳引机和限速器都安装到位后，需要用线缆把这些设备相应的电气元件连接起来，才能整体发挥作用，这些线缆要敷设在线槽中。通过本次任务，使学生掌握机房内线槽的固定方法、线缆的敷设方法及施工验收标准等，学会如何根据国家标准和行业规范敷设机房内的线槽。电梯机房内电气设备主要包括电源箱、曳引机、控制柜、抱闸、编码器、限速器开关、照明设备及盘车轮开关等，各部件之间的线路连接如图 1-15 所示。

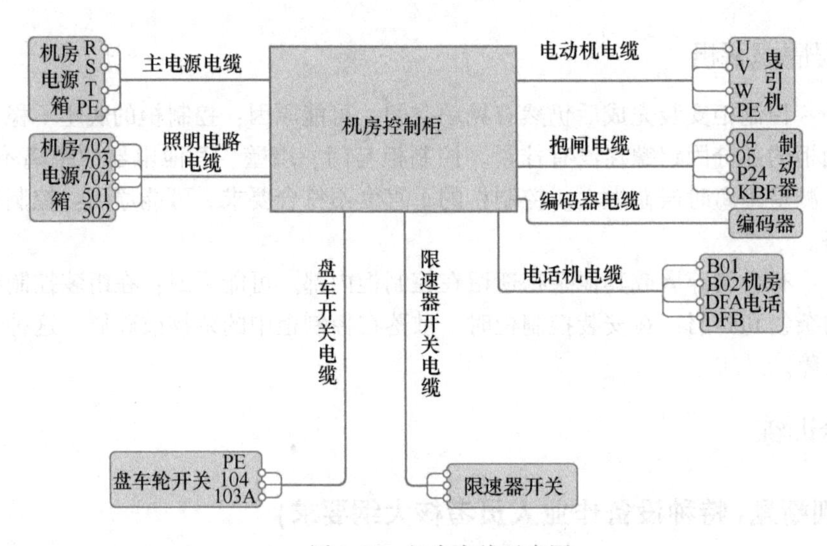

图 1-15　机房布线示意图

知识铺垫

电梯的供电和控制电路是通过导线管或导线槽及电缆线输送到控制柜、屏、曳引机、井道和轿厢。各类电梯的控制方式和线路多少差异较大，但管路或线槽的布置大致相同，接线的要求也基本类似。

机房内布线一般采用线槽和金属软管，线槽敷设应在室内电气设备安装就位后进行。电梯机房的线槽与可移动部件之间的距离在机房内应不小于 50mm。

一、线槽

安装前，应检查线槽是否平整无扭曲，内外有无锈蚀和毛刺。金属线槽实物如图1-16所示。安装后应横平竖直，其水平和垂直偏差均不应大于 2‰，全长最大偏差不应大于 20mm。线槽与线槽的接口应平直，槽盖应齐全，盖好后应平整无翘角，数槽并列安装时，槽盖应便于开启。线槽底脚压板螺栓应稳固，露出线槽盖不宜大于 10mm。

二、金属软管

目前使用的软管有两种，即金属软管与塑料软管。金属软管实物如图 1-17 所示。软管用来连接有一定移动量的活络接线。安装前应检查软管有无机械损伤和松散现象。安装应尽量平直，弯曲半径不应小于管子外径的 4 倍。固定点应均匀，间距不大于 1000mm。其自有端头长度不大于 100mm。在与箱、盒、设备连接处宜采用专用接头。安装在轿厢上时应防止振动和摆动；与机械配合的活动部分，其长度应满足机械部分的活动极限，两端应可靠固定。

图 1-16　金属线槽

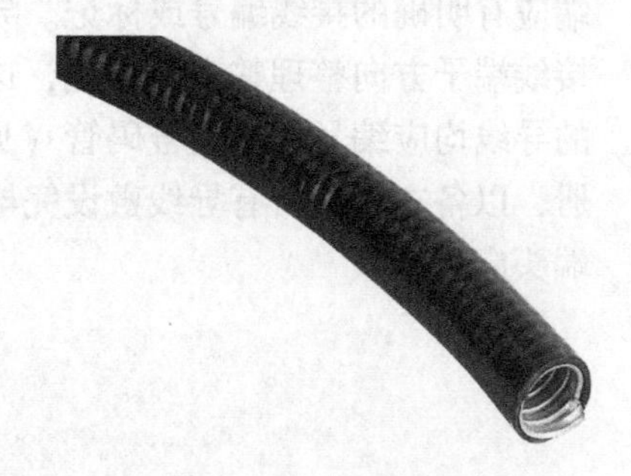

图 1-17　金属软管

三、导线的选用和敷设原则

电梯电气装置中的配线应使用额定电压不低于 500V 的铜芯导线。导线（除电缆外）不得直接敷设在建筑物和轿厢上，应使用导线管和导线槽保护。

导线在截取时应留有适当的余量，放线时使用放线架，以避免导线扭曲，线管穿线时应用铁丝或细钢丝做导引，边送边接，以送为主，穿入导线管和导线槽中时不可强拉硬拽，保证导线绝缘层完好无损。导线管和导线槽内应留有足够的备用线，预留备用线根数应保证在 10%以上。

四、配线与选型

根据不同的用途，配线可选用导线、硬电缆和软电缆，分别有不同的保护方式和敷设方式。

1）导线若被敷设于金属或塑料导管（或线槽）内或以一种等效的方式保护，则其可用于电梯除主机动力驱动电路以外的全部线路。

2）硬电缆只能明敷于井道（或机房墙壁上）或装在导线管、导线槽及类似装置内使用。

3）普通软电缆只有在导线管、线槽或能确保起到等效保护作用的保护装置中使用。

4）向电梯供电的电源线路，不应敷设在电梯井内。除电梯的专用线路外，其他线路不得沿电梯井道敷设。机房内配线应使用导线管或导线槽保护，应是阻燃型的。井道内敷设的电缆和导线若采用明敷设，应是阻燃和耐潮湿的，若采用非阻燃的导缆和导线，应采用阻燃材料的导线管或导线槽保护。

消防电梯动力与控制电缆、导线应采取防水措施（如在电梯门口设置高 4～5cm 的慢坡）。在导线管中不允许有接头，以防止漏电。

电梯的动力线和控制线宜分别敷设，不可敷设于同一线槽内。串行线路需独立屏蔽。交流和直流线路也应分开，微信号及电子线路应按照产品要求单独敷设或采用防干扰措施。大于 $10mm^2$ 的导线与设备连接时要用接线卡或压接线端子。

各种不同用途的线路尽可能采用不同的颜色导线或明显的标记加以区分。敷设于导线管内的导线总截面积（包括绝缘层）不应超过管内净截面积的 40%。如敷设于导线槽内，则不应超过槽内净面积的 60%。出入导线管或导线槽的导线，应使用专用护口（见图 1-18)，若无专用护口时，应采取保护措施。导线的两端应有明确的接线编号或标记。导线连接时，应将导线沿接线端子方向整理整齐并绑扎，这样既美观又大方，又便于在发生故障时查找和维修。所有的导线均应编号和套上号码管（见图 1-19)，安装人员应将此编号或标记的明确含义记录在册，以备查用。所有导线敷设完毕后，应检查绝缘性能，然后用线槽盖板盖严线槽，导线管端头应封闭。

图 1-18 导线专用护口

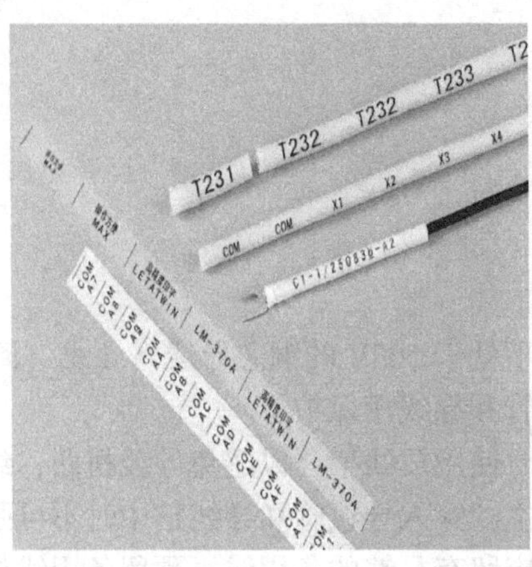

图 1-19 号码管

线槽选用规格的计算公式如下：

导线条数×导线截面积（包括绝缘层截面积）÷线槽净面积≤60%

如果所有线槽的高度等于 h，由于线槽面积≈线槽宽×线槽高，则线槽最小宽度为

导线条数×导线截面积÷60%×h

因此，所选线槽的高度和宽度不能小于上面计算的值。

机房线槽应该使用厚度不小于 1.5mm 板材的线槽。如果是地面敷设，则要注意稳固，并要有警惕标志，防止绊脚。

五、机房敷线的作业方法及注意事项

机房上的连接部件有抱闸线圈、限速器开关、机房急停开关、旋转编码器、电源箱及控制柜等。

电梯机房电气设备分布在机房的各个位置，要将各电气设备线路连接起来就要对线槽位置进行布置，机房线槽敷设位置示意如图1-20所示。电缆敷设作业要领如图1-21所示。

根据机房接线图确定导线规格、数量及终端位置的尺寸。先用一条细导线量度出所要裁剪的导线终端位置的长度，以该长度的导线作为样线，再以样线裁剪出所要求数量的导线。在对导线进行裁剪的同时，应在导线的两端做好标记，在接线时对照使用。接地线也应同时进行。

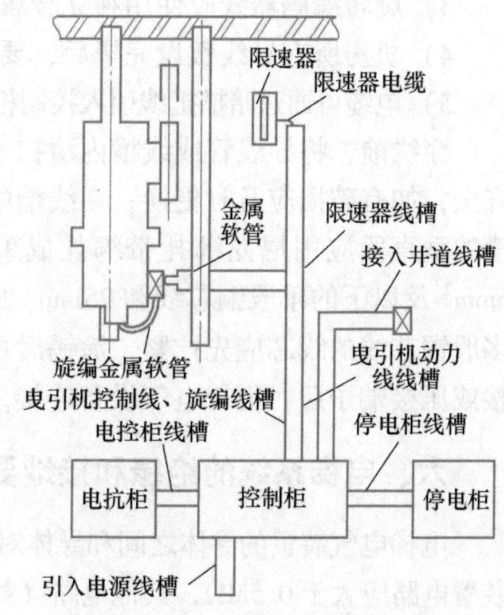

图1-20　机房线槽敷设位置示意图

将裁剪好的导线分别引入对应的线槽、金属软管及金属管中，使之两端到达相应的连接部位。敷设导线的注意事项如下：

1）导线在金属管或金属软管的出口处，应用绝缘胶布缠绕6~8圈，长度100mm以上，如不用胶布缠绕，则应加入塑料垫片作为保护。

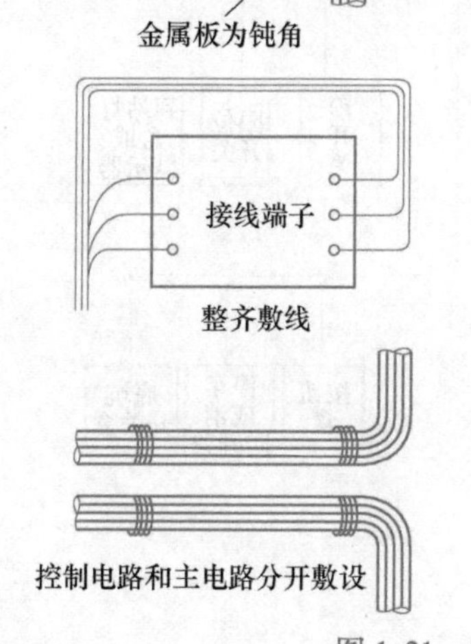

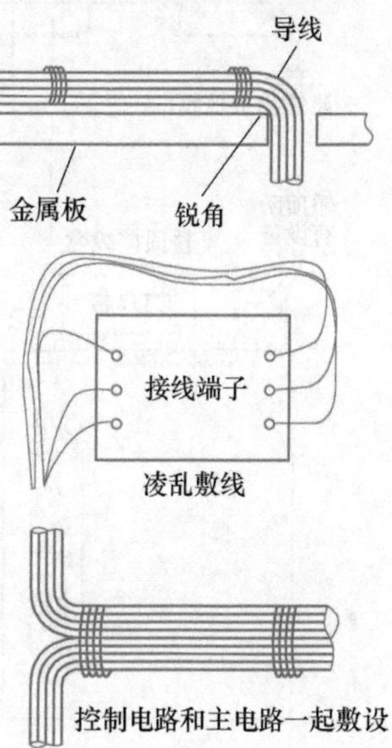

图1-21　电缆敷设作业要领

2）动力线（U、V、W）应与控制线分开敷设，如果在同一条线槽中同时敷设这两类线路的导线，应将控制线用金属软管防护后再放入线槽中，零线和接地线应始终分开，接地线颜色为黄绿双色线。

3）旋转编码器线应使用独立金属软管敷设。

4）机房所有导线敷设完毕后，要将机房所有线槽盖盖上。

5）电缆可通过暗槽把线引入控制柜，也可通过明槽从控制柜的前面或后面引入控制柜。

穿线前，将导线管或线槽内清扫干净，不得有积水。要检查导线管各个管口的护口是否齐全，如有破损应及时更换；在线槽的内拐角处要垫橡胶板等软物，以保护导线，导线在线槽的垂直段应用尼龙绑扎带绑扎成束，并固定在线槽上，以防导线下坠；导线截面积为 6mm^2 及以下的单股铜芯线和 25mm^2 及以下的多股铜芯线与电气设备的端子可直接连接，但多股铜芯线的线芯应先拧紧，涂锡后再连接，截面积超过 2.5mm^2 的多股铜芯线的终端应焊接或压接端子后，再与电气设备连接。

六、电梯系统的绝缘和接地要求

电梯电气装置的导体之间和导体对地的绝缘电阻必须大于1000Ω/V，对于动力电路和安全装置电路应大于0.5MΩ，其他电路（如照明、控制信号灯）应大于2.5MΩ。进行此项测量时，全部电子元件应与电路分断开，以免不必要的损坏。电梯接地系统如图1-22所示。

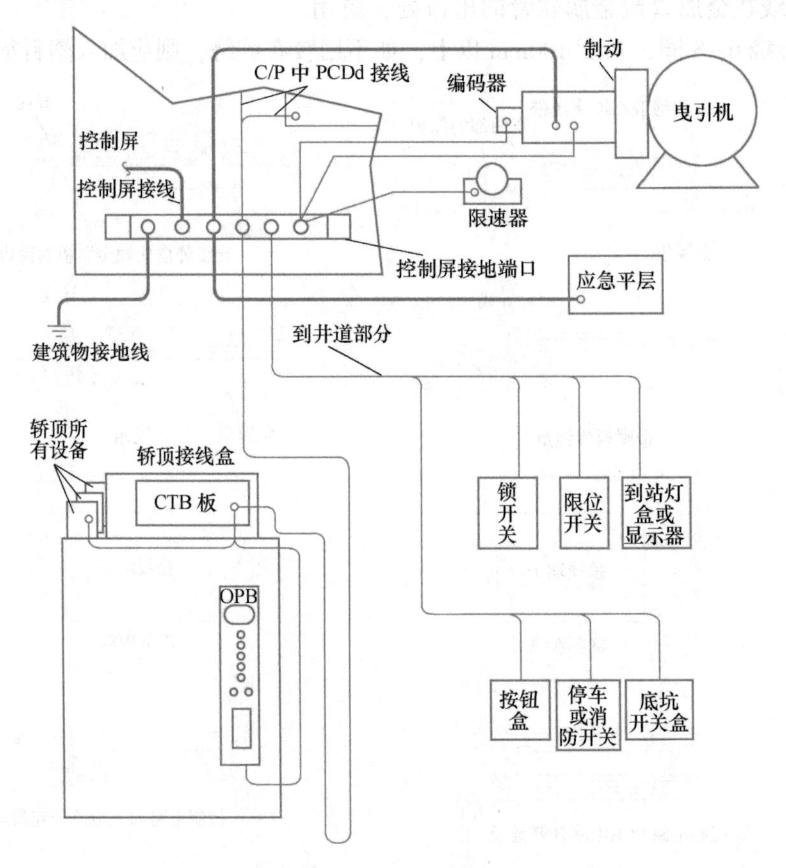

图 1-22　电梯接地系统

所有电梯电气设备的金属外壳均应有良好接地，其电阻值不应大于4Ω。接地线应用铜芯线，其截面积不应小于相线的1/3，但最小截面积对裸铜导线不应大于$4mm^2$，对绝缘线不应小于$1.5mm^2$。

导线管之间、弯头、束结（外接头）和分线盒之间均应跨接接地线，并应在未穿入导线前用直径5mm的钢筋作为接地跨接线，用电焊焊接。

轿厢应有良好接地，如采用电缆芯作接地线时，不得少于两根，且截面积应大于$1.5mm^2$。接地线应可靠安全，且显而易见，导线应采用黄绿双色线，所有接地系统连通后引至机房，接至电网引入的接地线上，切不可用中性线作为接地线。

任务施工

1. 安全

所有进入施工现场的人员都必须穿好工作服、防护鞋，戴好安全帽，系好安全带。

2. 安装准备

准备好线槽、支架、膨胀螺栓、射钉、射钉子弹、尼龙卡带、绝缘带、异型塑料管、导线及钢锯条等。

3. 安装工艺流程

把设备、材料和机具准备好后，即可进行机房布线，布线流程见表1-6。

表1-6　机房布线工艺流程

步序	步骤名称	安装步骤图示	安装说明
1	安装从电源箱到地面的线槽	安装线槽	1)用手电钻在墙壁打两个孔 2)在孔处打入膨胀螺栓 3)把线槽固定在膨胀螺栓上
	经验寄语：打孔前先把线槽放在预安装位置，用记号笔描出安装孔的位置，再打孔，可减少误差		
2	安装从电源箱竖槽底部到控制柜的线槽		1)沿墙角敷设一段线槽 2)接着上一段线槽连接到控制柜入线口 3)在线槽拐角处做好处理
	经验寄语：线槽拐角处的内侧要避免毛刺存在，以防损伤导线或线缆		

（续）

步序	步骤名称	安装步骤图示	安装说明
3	安装从控制柜到曳引机的线槽		1）沿墙角敷设一段线槽 2）接着上一段线槽延伸到曳引机下部 3）在线槽拐角处做好处理
	经验寄语：动力线路和控制线路要分开敷设		
4	安装限速器线槽	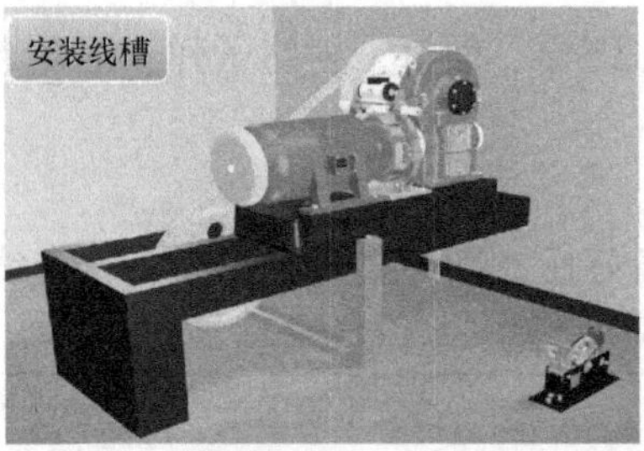	1）安装从曳引机下部到曳引电动机、旋转编码器、制动器及盘车手轮开关的共用线槽 2）安装从曳引机下部到限速器开关的细线槽
	经验寄语：线槽的尺寸要与敷设导线的数量和面积相符合，少量导线不需要用大线槽		
5	安装线槽接地线	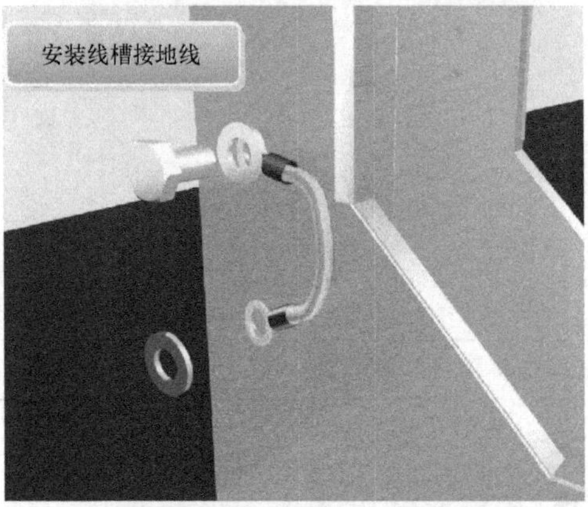	在任何两个相邻的线槽之间安装接地线
	经验寄语：接地线的螺栓一定要接触良好，接地点处要除去线槽绝缘层		
6	电源箱到控制柜的接线	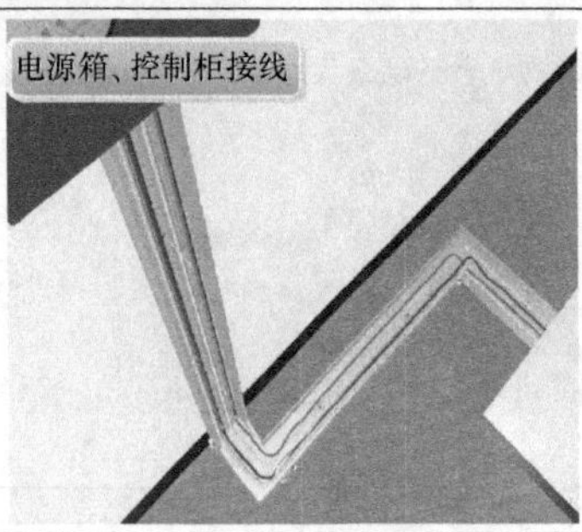	敷设从电源箱到控制柜的线

（续）

步序	步骤名称	安装步骤图示	安装说明
7	从控制柜到曳引机的接线		敷设曳引机周边的电缆和导线
	经验寄语：线槽的出口要覆盖，导线在线槽的出口处要加导线的护口		
8	安装线槽盖		1）盖上线槽盖 2）螺钉穿出线槽盖10mm左右 3）用螺母把线槽盖固定好
	经验寄语：线槽盖要齐全，拐弯处应做好处理		

工程验收

机房布线施工结束后，可以按照表1-7的要求进行验收。

表1-7　机房布线验收表

序号	验收内容	参考图例
1	向电梯供电的电源线路不应敷设在电梯井内。机房内配线应使用导线管或导线槽保护，应是阻燃型的	
	经验寄语：电气装置的导线槽、导线管等非带电金属部位，均应涂防锈漆或镀锌	

（续）

序号	验收内容	参考图例
2	电缆也可以通过明线槽，从控制柜的后面或前面的引线口把电缆引入控制柜	
3	电梯动力线路与控制线路应分离敷设，从进机房电源起，零线和接地线应始终分开，接地线的颜色为黄绿双色绝缘线	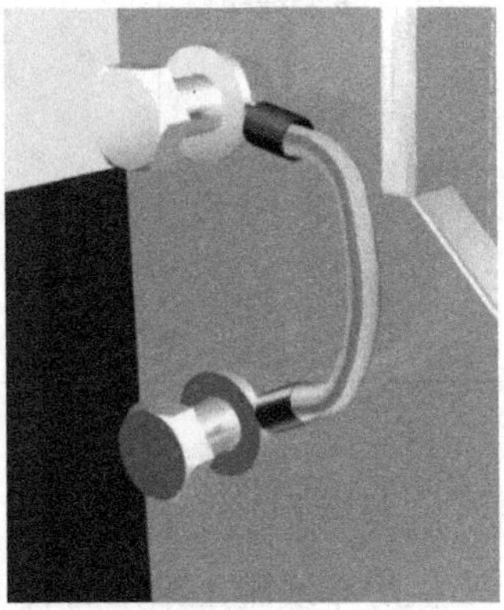
4	导线管、导线槽的敷设应平整、整齐、牢固，导线槽内导线总面积不大于导线槽净面积的 60%；导线管内导线总面积不大于导线管内净面积的 40%。软管固定间距不大于 1m，端头固定间距不大于 0.1m	

（续）

序号	验收内容	参考图例
5	线槽弯角和连接要符合工艺要求，所有的连接螺栓必须由线槽内往外穿，然后用螺母紧固。安装应牢固，每根导线槽的固定点不应少于两点。并列安装时，应使槽盖便于开启。安装都应横平竖直，接口严密，槽盖齐整、平整、去翘角。出线口应无毛刺，位置应正确	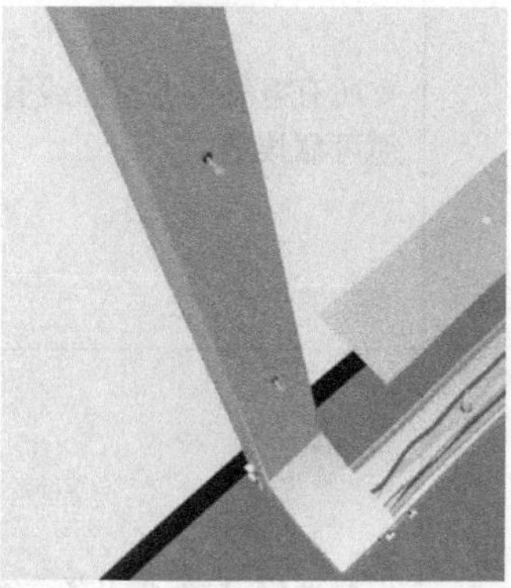
6	出入导线管或导线槽的导线，应使用专用护口，如无专用护口时，应采取保护措施。导线的两端应有明显的接线编号或标记	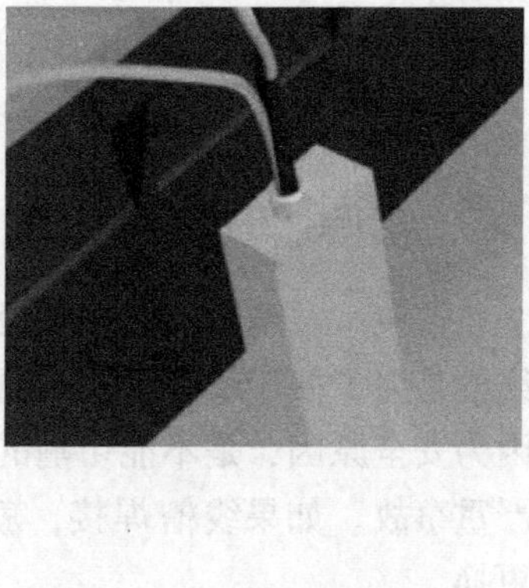
7	线槽与线槽的接口应平直，槽盖应齐全，盖好后应平整无翘角，数槽并列安装时，槽盖应便于开启。线槽底脚压板螺栓应稳固，露出线槽盖不宜大于 10mm	

（续）

序号	验收内容	参考图例
8	所有电气设备及导线管、导线槽的外露可导电部分均必须可靠接地	
9	导线管、导线槽及箱、盒连接处的跨接地线不可遗漏，若使用铜线跨接时，连接螺钉必须加弹簧垫。各接地线应分别直接接到专用接地端子上，不得串接后再接地	

错误情境解析

情境一：施工工人在敷设机房的金属线槽时，使用焊接的方式。这是不科学的。不焊接线槽是为了便于线路检修及更换，就像水管需要活接一样。另外，在线路需要检修更换时，因为安全原因，是不能切割的，哪怕机械切割。因为如果切割时伤及线路，将会造成漏电等严重事故。如果线槽焊接，就会非常麻烦；反之，如果活动连接，就很容易实现检修及更换。

情境二：电梯安装工人把电梯地线直接接到大楼的等电位连接端，这是很危险的。电梯的接地通常是由业主从配电室提供一根专用地线到电梯机房电源进线端。由电梯安装人员负责把电梯所有易于导电的金属外露部位接至机房电源接地端。大楼的等电位连接端常和大楼的避雷线相连，一旦遇到雷雨天气，由避雷设施传过来的浪涌电流会损坏电梯控制电路，虽然这个说法其实并不是很确定，但经常发生此类事件。所以不建议两者相连。

综合训练

一、判断题（特种设备作业人员考核大纲要求）

（　　）1. 在电梯机房线槽内的外拐角处要垫橡胶板等软物。

（　　）2. 接地线应分别直接接到接地线柱上，不得互相连接后再接地。

（　　）3. 接地线应可靠安全，易于识别，用规定的黄绿双色线。

二、选择题（特种设备作业人员考核大纲要求）

（　　）1. 导体之间和导体对地的绝缘电阻必须大于（　　）。

A. 500Ω/V　　B. 1000Ω/V　　C. 1500Ω/V　　D. 2000Ω/V

（　　）2. 导线管内导线总面积不大于管内净面积的（　　）。

A. 40%　　B. 50%　　C. 60%　　D. 80%

三、填空题

1. 配管、配线及金属软管：机房和井道内的配线，应使用______和______保护，严禁使用__________制成的管、槽。不易受机械损伤和较短分支处可用软管保护。金属导线槽沿机房地面明敷设时，其壁厚不小于______mm。

2. 机房配线槽应尽量沿______或接板下面敷设，接线槽的规格要根据敷设导线的______决定。导线槽内敷设导线总截面积（包括绝缘层）不应超过导线槽总截面积的______。

3. 敷设导线应横平竖直，无扭曲变形，内壁无毛刺，线槽采用______和______固定，每根导线槽固定点应不少于______。地脚压板螺栓应稳固，露出线槽不大于______；安装后其水平和垂直偏差不应大于______，全长最大偏差不应大于______。并列安装时，应使线槽便于开启，接口应平直，接板应严密；槽盖应齐全，盖好后______，出口线无毛刺。

4. 金属软管不得有机械损伤、松散，敷设长度不应超过______。

5. 金属软管安装固定点均匀，间距不大于______，不固定端头长度不大于______。

6. 电梯的供电和控制电路都是通过______或______及________输送到控制柜、屏、曳引机、井道和轿厢。

对接国标

《GB 7588—2003 电梯制造与安装安全规范》对电源及电源箱的要求：

13.4　主开关

13.4.1　在机房中，每台电梯都应单独装设一只能切断该电梯所有供电电路的主开关。该开关应具有切断电梯正常使用情况下最大电流的能力。

该开关不应切断下列供电电路：

a）轿厢照明和通风（如有）；

b）轿顶电源插座；

c）机房和滑轮间照明；

d）机房、滑轮间和底坑电源插座；

e）电梯井道照明；

f）报警装置。

13.4.2　在13.4.1中规定的主开关应具有稳定的断开和闭合位置，并且在断开位置时应能用挂锁或其他等效装置锁住，以确保不会出现误操作。

应能从机房入口处方便、迅速地接近主开关的操作机构。

知识梳理

- 安装机房电气系统
  - 安装机房电源箱
    - 工具：手电钻、扳手、螺钉旋具、卷尺、铅笔、剥线钳、压线钳等。
    - 材料：膨胀螺栓、导线、导线护口、线鼻子、线号管等。
    - 设备：电源箱壳体、铁壳开关、端子排、断路器等。
    - 作用：把建筑物的电源引入控制柜。
    - 电压
      - 电梯的供电线路采用三相五线制
        - 五线是指L1(黄)、L2(绿)、L3(红)、N(浅蓝)、PE(黄绿双色)。
        - 三相分别是L1、L2、L3。
      - 电梯的电源电压的拨动范围应在±7%范围内。
    - 安装要求：容易接近，距机房地面1.3～1.5m。
  - 安装控制柜
    - 工具：电锤、扳手、螺钉旋具、卷尺、铅笔等。
    - 材料：膨胀螺栓、角钢等。
    - 设备：控制柜。
    - 作用：控制电梯的运行，接收输入信号，发出运行指令。
    - 安装要求
      - 控制柜与墙、门、窗的距离不小于600mm。
      - 控制柜与型钢底座采用螺钉连接固定。
      - 控制柜与混凝土底座采用地脚螺钉连接固定。
      - 控制柜安装固定要牢固。多台柜并排安装时，其间应无明显缝隙且柜面应在同一平面上。
  - 机房布线
    - 工具：手电钻、扳手、螺钉旋具、卷尺、铅笔、剥线钳、压线钳等。
    - 材料：膨胀螺栓、导线、导线护口、金属线槽、金属软管、线鼻子、线号管等。
    - 作用：连接电源箱和控制柜、控制柜和曳引机、控制柜和限速器、控制柜和制动器、控制柜和井道线缆。
    - 敷设要求
      - 电梯动力线与控制线应分离敷设，从进机房电源起，零线和接地线应始终分开。
      - 线槽内导线总面积不超过线槽内净面积的60%、线管内导线总面积不超过线管内净面积的40%。
      - 除36V及其以下安全电压外的电气设备金属外壳均应设有易于识别的接地端，且应有良好的接地。
      - 接地线应分别直接接至接地干线接线柱上，不得互相串接后再接地。
      - 软管固定间距不大于1m，端头固定间距不大于0.1m。
      - 线槽弯角和连接要符合工艺要求，所有的连接螺栓必须由线槽内往外穿，然后用螺母紧固。

项目二

安装井道电气系统

项目引入

工程概况

某办公楼有立式电梯一部，井道宽度为2400mm，深度为2300mm。均为某品牌高速梯。梯型为AC-VVVF，梯速为2.5m/s，载重1150kg（15人）。现需要完成井道电气设备及线路的安装敷设。井道电气设备平面布置图如图2-1所示。

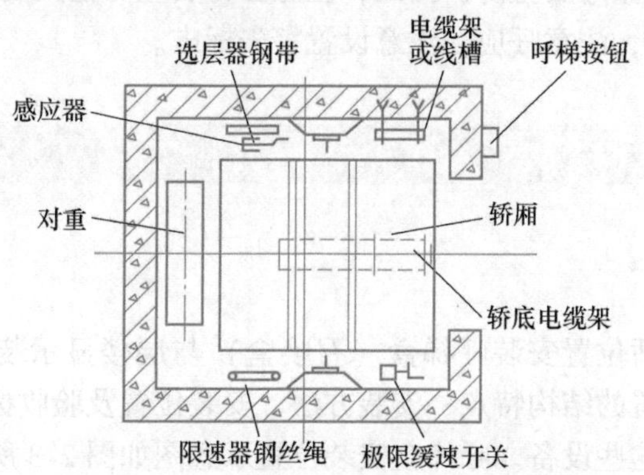

图2-1　井道电气设备平面布置图

作业条件

1）电梯井道机械部件安装完成，并符合要求。

2）井道内作业现场有足够的照明条件，如图2-2所示。

3）井道施工用的照明设备（36V）和施工设备架设到位，并符合要求。

4）层门口、机房、底坑、脚手架、井道壁上的杂物已清理干净，层门口、机房孔洞的防护措施齐全有效。

图2-2　井道作业照明

机具、材料

水平尺、电锤、射钉枪、管钳、开孔器、手电钻、压线钳、煨管器、万用表、绝缘电阻表、膨胀螺栓、防锈漆、电焊条等料具以及其他常用工具。

知识目标

1）掌握井道电气设备的结构、原理及作用。
2）掌握井道电气设备的安装方法及注意事项。
3）掌握井道电气设备的布线方法。

技能目标

1）能根据设计图纸正确安装井道电气设备。
2）能正确敷设井道电气设备线路。

职业素养目标

1）井道作业前要做好安全防护措施，注意自身安全、他人安全和设备安全。
2）至少两人配合，注意呼应，注意设置警告标志。

任务一　安装呼梯盒及其控制单元

任务描述

在电梯层站的合适位置安装呼梯盒（召唤盒）与层楼显示装置。通过本次任务，掌握呼梯盒与层楼显示装置的结构特点、安装方法、安装位置及验收标准等，学会如何根据国家标准和行业规范安装这些设备。呼梯盒安装位置示意图如图 2-3 所示。

知识铺垫

电梯的呼梯控制单元主要包括层楼显示装置和呼梯盒两部分。有些呼梯盒与层楼显示装置是一体的。

一、呼梯盒

呼梯盒是指设置在层门一侧，召唤轿厢停靠在呼梯层站的装置。呼梯盒设置在各楼层电梯入口层门的旁边，一般有上下两个带箭头的按钮，供乘客召唤轿厢来到本层站时使用。从图 2-4 中可以看到，每层的厅外呼梯盒和轿内操纵盘都是通过电缆与电梯机房控制柜相连的，通过图示可以看到它们的连接方式及安装的位置。

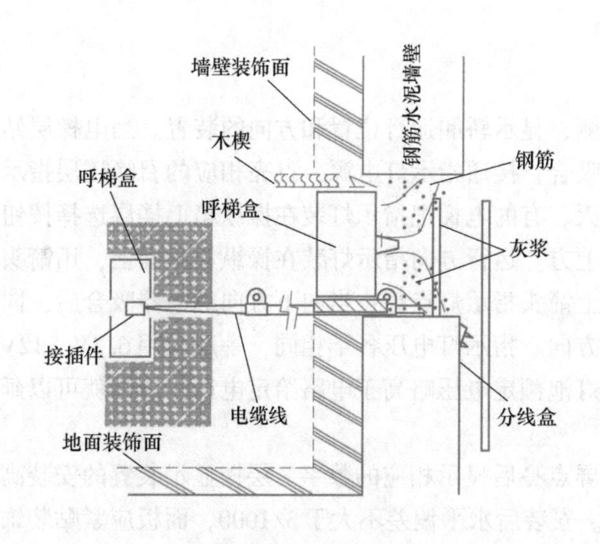

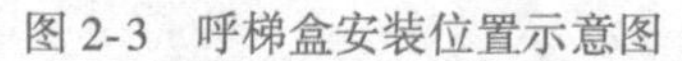

图 2-3　呼梯盒安装位置示意图

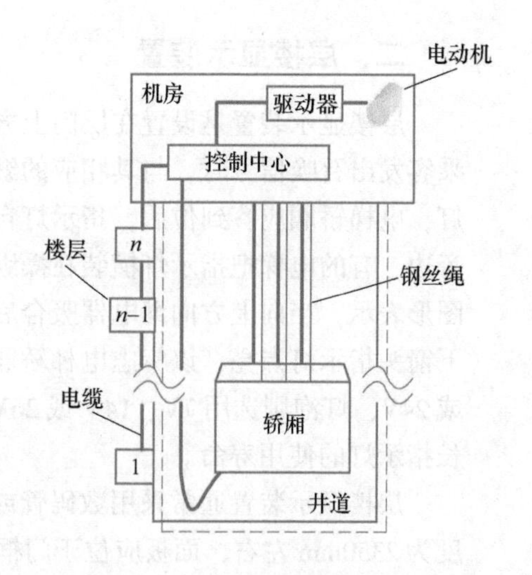

图 2-4　传统电梯呼梯控制系统

基站的呼梯盒还设有一个锁梯钥匙开关。在全自动运行或司机状态下，锁梯开关被置位后，消除所有外呼召唤登记，只响应轿内指令，直至没有指令登记。而后返回基站，自动开门后关闭轿内照明和风扇，点亮开门按钮灯，延时 10s 后自动关门，然后停止电梯运行。当锁梯开关被复位后，电梯重新开始正常运行。

在电梯的最低层和最高层站，厅外呼梯盒上仅安装一个单键按钮（顶层向下，底层向上），其余中间层均为上下两方向，如图 2-5 所示。另外，在消防基站的呼梯盒上方，有一个消防开关，该开关平时用玻璃面板封住，在发生火灾时，打碎面板，压下开关，使电梯进入消防运行状态。不管是厅外呼梯盒还是轿内操纵盘，都有楼层显示屏，而且呼梯按钮也都有相应的指示灯，当选定楼层时，相应楼层按钮的指示灯会亮。

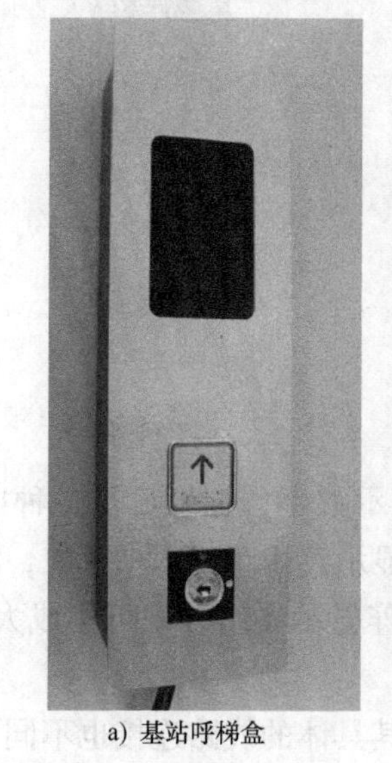

a) 基站呼梯盒

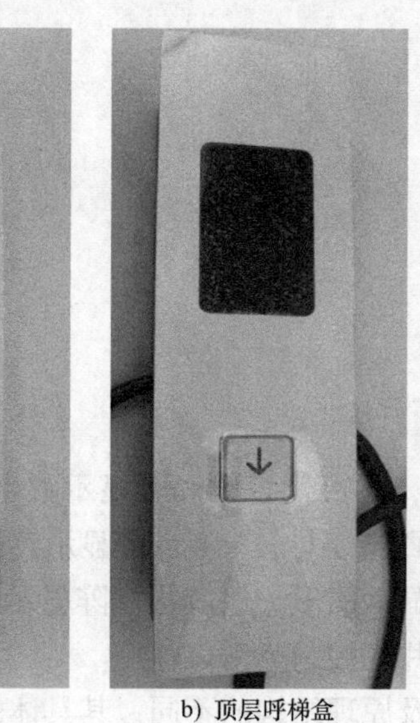

b) 顶层呼梯盒

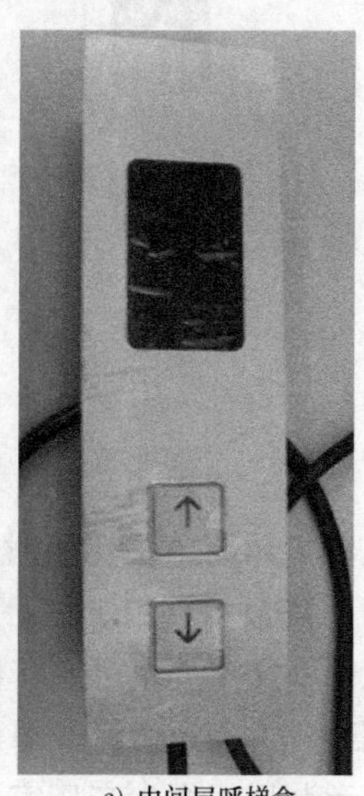

c) 中间层呼梯盒

图 2-5　厅外呼梯盒

二、层楼显示装置

层楼显示装置是设置在层门上方或一侧，显示轿厢运行位置和方向的装置。当电梯层站乘客发出召唤信号时，与其相应的继电器吸合，接通指示灯电源，点亮相应的召唤楼层指示灯，电梯轿厢应答到位后，指示灯自行熄灭。有的电梯把指示灯装在操纵箱上楼层选择按钮旁边，有的电梯把指示灯横装在操纵箱的上方。运行方向指示灯装在操纵箱盘面上，用箭头图形表示，当向上方向继电器吸合后，向上箭头指示灯点亮；当向下方向继电器吸合后，向下箭头指示灯点亮，以标志电梯轿厢运行方向。指示灯电压各不相同，一般采用6.3V、12V或24V，灯泡则选用7V、14V或26V，即灯泡额定电压略高于电路给定电压，这样就可以延长指示灯的使用寿命。

层楼显示装置通常采用数码管或点阵屏点亮后显示相应的数字。层楼显示装置的安装高度为2350mm左右，面板应位于门框中心。安装后水平偏差不大于3/1000，面板应紧贴装饰后的墙面。

1. 七段数码管层楼显示器

七段数码管一般由8个发光二极管组成，其中，由7个细长的发光二极管组成数字显示，另外一个圆形的发光二极管显示小数点。当发光二极管导通时，相应的一个点或一个笔画发光，控制相应的二极管导通，就能显示出各种字符，尽管显示的字符形状有些失真，能显示的字符数量也有限，但其控制简单，使用也方便。七段数码管层楼显示器如图2-6所示。

2. 点阵屏层楼显示器

点阵屏层楼显示器如图2-7所示。

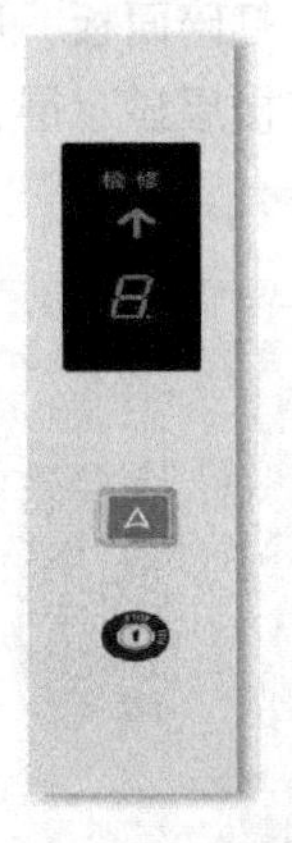

图2-6 七段数码管层楼显示器

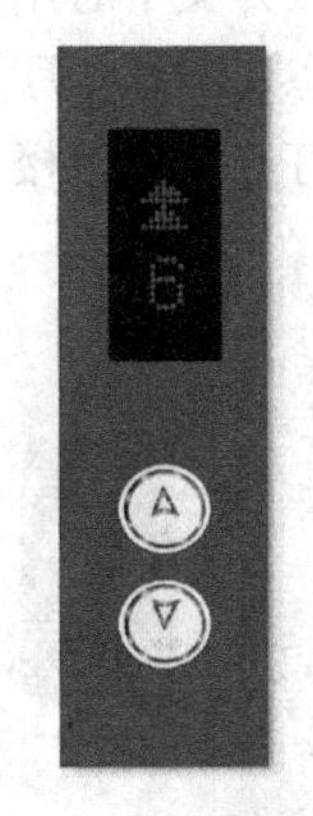

图2-7 点阵屏层楼显示器

LED点阵显示器单块使用时，既可代替数码管显示数字，也可显示各种中西文字及符号，如5×7点阵显示器用于显示西文字母，5×8点阵显示器用于显示中西文，8×8点阵显示器用于显示中文文字，也可用于显示图形。用多块点阵显示器组合则可构成大屏幕显示器，但这类实用装置常通过微机或单片机控制驱动。

层楼显示装置根据生产厂家及原理结构的不同，其具体的线路连接也不同，在安装时要根据厂家的技术资料进行操作。图2-8是某电梯楼层显示器接线图。

三、呼梯盒的安装要求

呼梯盒主要包括底板、与底板连接的显示窗、与底板连接的按钮板及与按钮板连接的按钮，它还包括安装板，安装板与底板为可拆式连接。目前，由于呼梯盒的安装板上设有与墙体固定的固定孔，因而无需测量与定位，只需先将安装板与底板分开，再将安装板贴于墙面，根据安装板上的固定孔即可打孔，并固定安装板，最后装上底板即可。而底板与安装板是可拆式连接的，因而维护时可轻易地拆下底板进行维护。

呼梯盒的安装高度为1200~1400mm，盒边与层门的距离为0.2~0.3m。单台旁开门电梯的呼梯盒应安装于层门框侧的墙上，如图2-9所示。群控、集选电梯的呼梯盒应安装在两台电梯层门的中间位置，其安装垂直度偏差不大于3/1000，面板应紧贴装饰后的墙面，按钮应能灵活复位。

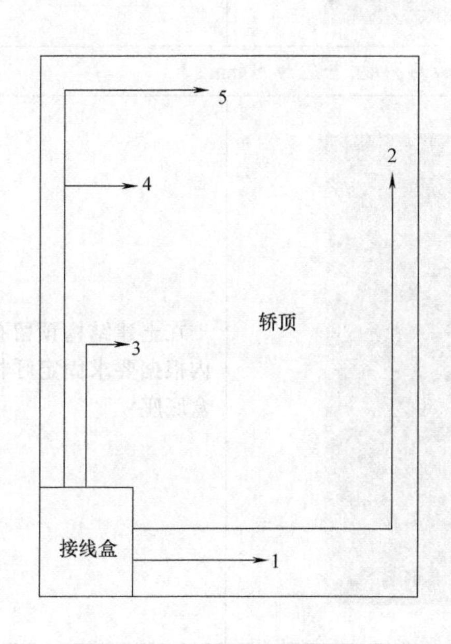

图2-8　楼层显示器接线图

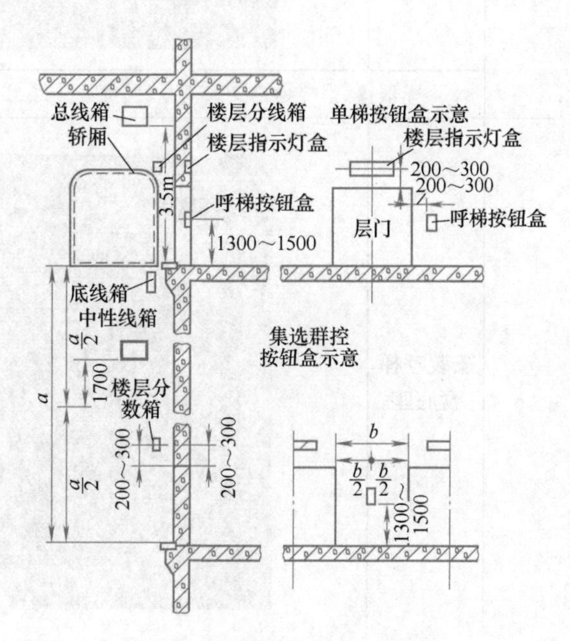

图2-9　呼梯盒安装位置示意图

>> **注意**　呼梯盒表面与外墙面垂直度为±1mm。

任务施工

1. 安全

所有进入施工现场的人员都必须穿好工作服、防护鞋，戴好安全帽，系好安全带。

2. 安装准备

准备好呼梯盒、螺钉、尼龙卡带、绝缘带、异型塑料管、金属软管及其护口、塑料绝缘软管等。

3. 施工流程

将工具、材料准备好，按照表2-1所示的流程进行施工。

表 2-1　呼梯盒安装流程

步序	步骤名称	安装步骤图示	安装说明
1	定位		用盒尺测量预留孔的位置，确定呼梯盒位置，保证安装位置符合要求
	经验寄语：测量呼梯盒安装高度时，要去除层站装修地面的高度，一般为 50mm		
2	安装呼梯盒底座		在土建结构预留孔内根据要求固定呼梯盒底座
	经验寄语：底座的孔与墙体的孔要对正，壳体要接地		
3	连接线路	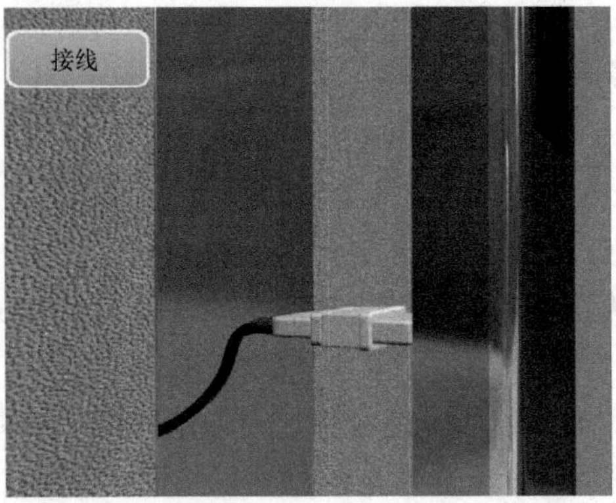	连接呼梯盒控制电路与井道电缆
	经验寄语：插接线缆不能拉得太紧		

（续）

步序	步骤名称	安装步骤图示	安装说明
4	固定呼梯盒面板		根据要求安装固定好呼梯盒面板
	经验寄语：固定前，先验证面板上的按钮能否正常使用，面板不能歪斜		

工程验收

呼梯盒安装完成后，根据表2-2的内容进行验收。

表2-2　呼梯盒验收表

序号	验收内容	参考图例
1	埋入墙内的呼梯盒、层楼显示盒等的盒口不应突出装饰面，盒面板与墙面应贴实无间隙。各层门指示灯、呼梯按钮及开关的面板安装后应与墙面装饰面贴实，不得有明显凹凸变形和歪斜，并保持洁净、无损伤。层楼显示器、按钮、轿内操纵盘的指示信号应清晰、明亮、准确，不应有漏光或串光现象，按钮及开关应灵活可靠，不应有卡阻现象。消防开关应工作可靠	
2	呼梯盒应装在层门距地1.2~1.4m的墙壁上，且盒边距层门边200~300mm。群控电梯呼梯盒应装在两台电梯的中间位置	

（续）

序号	验收内容	参考图例
3	在同一候梯厅有两台及以上电梯并列或相对安装时，各呼梯盒的高度偏差值≤2mm；与层门边的距离偏差≤10mm；相对安装的各层楼显示盒和各呼梯盒的高度偏差均≤5mm	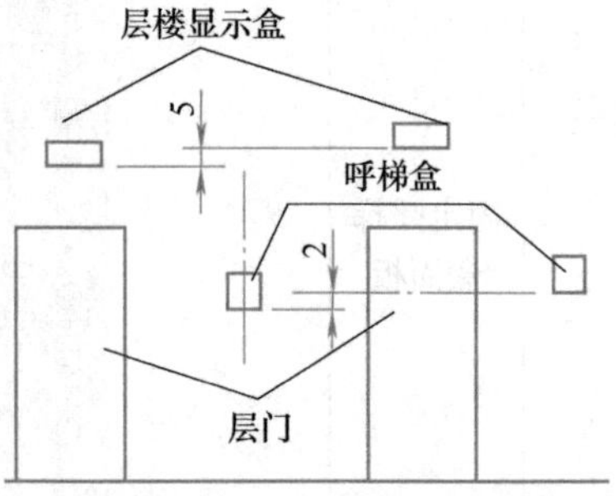 层楼显示盒 5 呼梯盒 2 层门 并列电梯呼梯盒、显示盒相对位置
4	具有消防功能的电梯必须在基站或撤离层设置消防开关，消防开关盒应装在呼梯盒的上方，其底边距地面高度为 1.6~1.7m	 消防开关 消防开关
5	层楼显示器的安装应横平竖直，其误差≤1mm，层楼显示器中心与门中心偏差≤5mm 候梯厅层楼显示盒应安装在层门口上 150~250mm 的位置	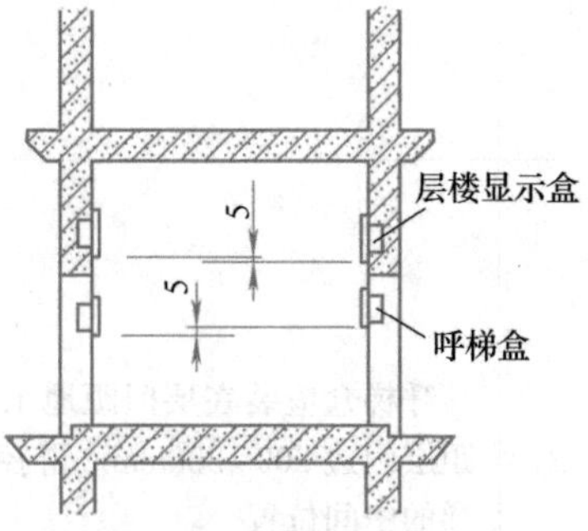 层楼显示盒 5 5 呼梯盒 相对布置的电梯呼梯盒、显示盒位置偏差

错误情境解析

情境一：安装工人在连接呼梯盒面板的导线时，拉扯得太紧，没有留下足够的余量。这可能会导致导线或插接头受力而损坏。

情境二：呼梯盒没有接地或接地不良。如果呼梯盒有漏电现象，乘客在触摸呼梯按钮时可能会有麻电感觉，会受到惊吓或伤害。根据规定，凡是带电设备的金属外壳均应有良好接地，这是为了保护人身和设备安全。

综合训练

一、判断题(特种设备作业人员考核大纲要求)

(　　) 层站呼梯按钮及层楼指示灯出现故障不影响电梯使用。

二、填空题

1. 层楼显示装置是向候梯乘客显示__________在运行中的位置的装置，通常采用__________或点阵屏点亮后显示__________。

2. 层楼显示器的安装高度为__________左右，面板应位于__________，安装后水平偏差不大于__________，面板应紧贴装饰后的墙面。

3. 呼梯盒是层站上候梯乘客用来召唤电梯的装置，有__________和__________两种，基站的呼梯盒内还设有__________。

4. 呼梯盒的安装高度为__________，单台旁开门电梯的呼梯盒应安装于层门门框侧面的墙上。群控、集选电梯的呼梯盒应安装在两台__________的中间位置。其安装垂直度偏差__________，面板应紧贴装饰后的墙面，按钮应能灵活复位。

5. 层楼显示器的安装应横平竖直，其误差__________，层楼显示器中心与门中心偏差值不应大于__________，埋入墙内的呼梯盒、层楼显示盒的盒口不应__________，盒面板与墙面__________。厅外层楼显示盒应安装在__________的层门中心处。

任务二 安装井道电气设备

任务描述

在电梯井道的合适位置安装层门门锁、终端保护开关、平层感应装置的隔磁板、井道照明等电气设备。通过本次任务，使学生掌握井道中各电气设备的功能作用、固定方法、安装位置及验收标准等，学会如何根据国家标准和行业规范安装这些设备。

知识铺垫

电梯井道内的主要电气设备有导线管、导线槽、接线箱、端站保护开关、层门锁及井道传感器等，如图 2-10 所示。

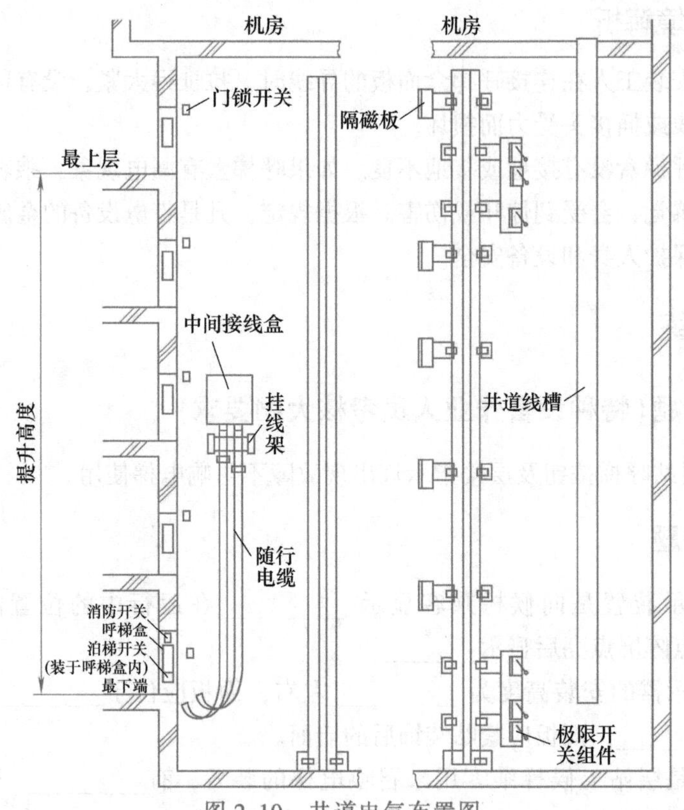

图 2-10 井道电气布置图

一、终端保护装置

终端保护装置的功能是防止由于电梯电气系统失灵，轿厢到达顶层或底层后仍继续行驶（冲顶或蹲底）造成超越行程等运行事故的装置。终端保护装置主要包括强迫减速开关、终端限位开关和终端极限开关三个开关，分上、下两组。从上至下的排列顺序是上极限开关、上限位开关、上强迫减速开关、下强迫减速开关、下限位开关、下极限开关。终端保护开关使用可自动复位的滚轮式行程开关。

终端保护装置的安装是在测量好的位置上，用角钢做好支架，安装在导轨的背面，角钢伸出导轨的长度一般不大于 500mm。将强迫减速开关、限位开关、极限开关用螺栓固定在角钢的端部，并使其垂直。

终端保护装置安装在井道上端站和下端站附近，轿厢尽可能接近端站时起作用而无误动作的位置上。图 2-11 是下终端保护开关。上终端保护开关的位置与其相反。

1. 强迫减速开关

强迫减速开关是为防止电梯失控时造成冲顶或蹲底的第一道防线。它由上、下两个开关组成，分别装在井道的顶部和底部。当电梯出现失控，轿厢已到达顶层或底层而不能减速停车时，装在轿厢上的打板就会随轿厢的运行而与强迫减速开关的碰轮相接触，使开关内的触点发出指令信号，强迫电梯减速停驶。强迫减速开关的调节高度以轿厢在两端站刚进入自平的同时，切断顺向快车控制电路为准。

根据电梯的运行速度可设置若干只减速开关，速度越高，减速开关设置越多，其设置多少根据人体能承受的减速度而确定，一般速度为1m/s的双速交流电梯，减速开关只设置一只。

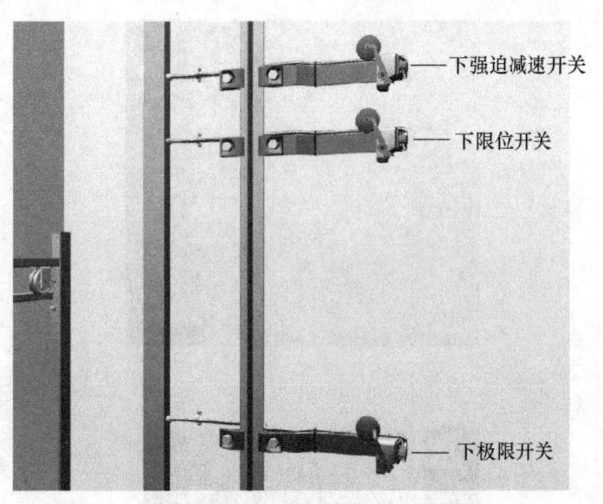

图2-11　下终端保护开关

2. 限位开关

限位开关是为了防止电梯冲顶或蹲底的第二道防线。它由上、下两个开关组成，分别装在强迫减速开关上、下方。当轿厢地坎超越上下端站地坎50~100mm，而强迫减速开关又未能使电梯减速停车时，上限位开关或下限位开关动作，切断运行方向继电器电源。这时电梯只能应答层楼反方向召唤信号，并向相反方向运行。限位开关以电梯在两端停平时，刚好切断顺向慢车控制电路为准。

3. 极限开关

当电梯失控后，如果第一、第二道防线均不能使电梯停止运行，轿厢的上、下开关打板就会随着电梯的继续运行去碰撞安装在井道内的极限开关，断开电梯主电源，迫使电梯立即停止运行。极限开关一般用在交流电梯中，越过轿厢平层位置150mm时起作用。

当轿厢运行超过终端时，极限开关用于切断控制电源。极限开关必须在轿厢或对重未触及缓冲器之前动作，并在缓冲器被压缩期间保持动作状态。极限开关动作后，电梯应不能自动恢复运行。对于强制驱动的电梯，用强制的机械方法直接切断电动机和制动器的供电电路；对于可变电压或连续调速电梯，极限开关应能迅速地，在最短时间内使电梯驱动主机停止运转。

二、隔磁板

隔磁板是在平层区域内使轿厢达到平层准确度要求的装置。平层装置主要包括平层感应器和隔磁板两部分。平层装置安装在轿顶适当位置，当电梯进入平层区域时，平层感应器发出信号，使电梯自动平层。

隔磁板安装在电梯井道内每个层站的平层区域内，如图2-12所示。

当电梯到达预定的停层站时，进入慢速状态，井道内的平层感应板（隔磁板）插入轿厢顶部的平层感应器内，电梯开始进入自平层速度，当轿厢地坎与该层层门地坎停平时，电梯停车开门。平层时的隔磁板如图2-13所示。

三、层门电锁

层门电锁一般与机械锁组成一体，称为机电联锁，在安装层门时就已定好位置，只

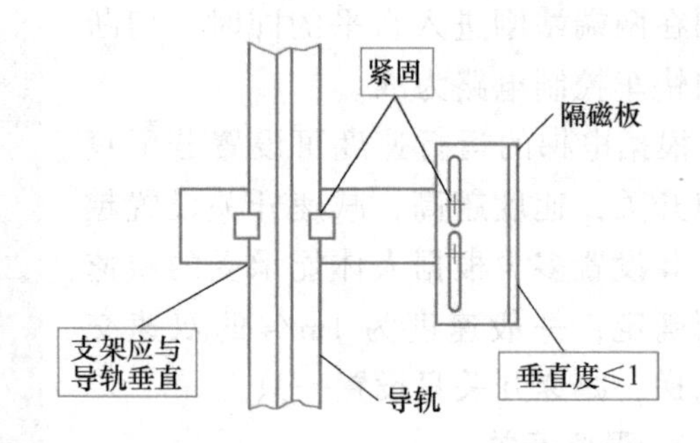

图 2-12　隔磁板安装位置

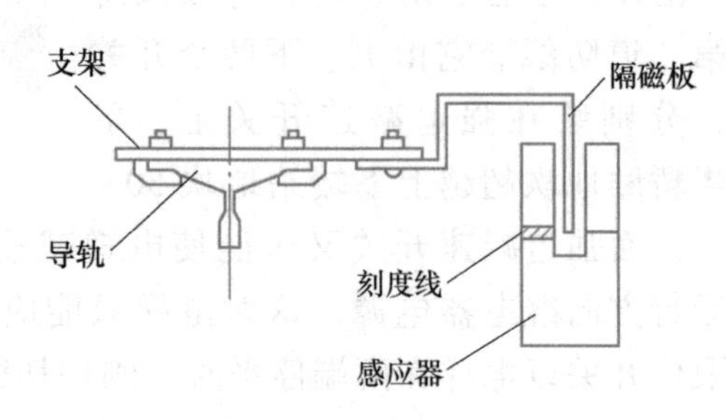

图 2-13　平层时的隔磁板

需检查开关动作是否灵活，触点是否可靠，接触后应留有一定的压缩余量。电气门锁与电梯控制电路实现联锁，正常情况下，当电梯开门后，电气控制电路被断开，电梯将不能运行；只有门关闭后，门锁电气触点接通，控制电路导通，电梯才能运行。层门锁如图2-14所示。

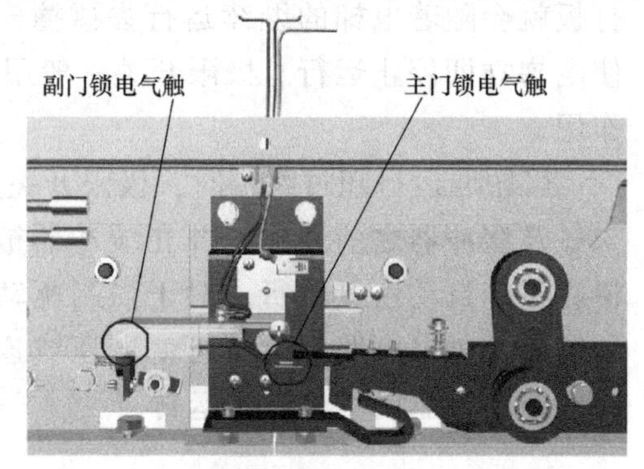

图 2-14　层门锁

对于中分门来说，装门锁的门称为主动门，通过钢丝绳联动机构一起运动的门称为被动门。采用这种结构时，电气门锁只能保证一扇门的关闭，当钢丝绳断裂时，轿内乘客将被动门强行扒开时，电梯的另一扇门在未关闭的情况下，电梯仍能起动，这是不安全的。为此，在被动门上增加了副门锁，副门锁是电气门锁。

关门时，机械门锁锁闭后，电气门锁同时使电气触点接通；开门时，机械门锁打开，电气门锁同时将电气触点断开。门锁装置装于层门内侧上方，是确保层门不被随便打开的重要安全保护装置。层门关闭后被锁紧，随即接通门联锁电路，此时电梯方可起动运行。电梯运行过程中所有层门均被锁住并接通联锁电路，此时，层门不得被打开。当电梯进入开锁区停站平层后，方可被轿门上的门刀带动而开启。门锁电路如图 2-15 所示。

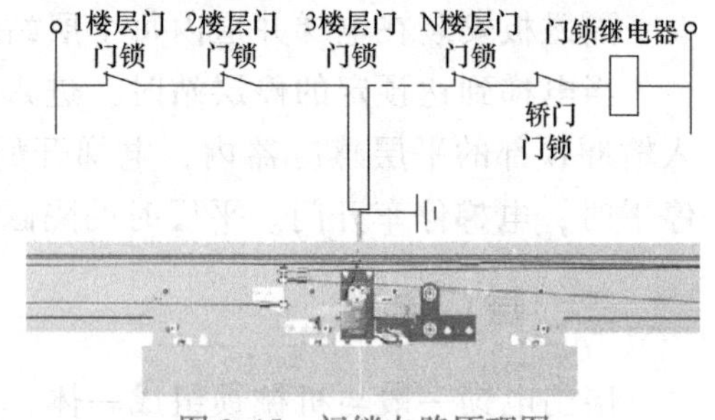

图 2-15　门锁电路原理图

层门电锁的安装要求主要是将门锁线路连接即可。各门锁固定可靠、安装后不得因电梯

正常运行的碰撞或因钢丝绳、电缆、皮带等正常的摆动而使其开关产生位移、损坏和误动作。

四、井道照明设备

井道照明设备是由底坑往上 0.5m 起至井道顶端安装的照明灯具，每两灯之间的间隔最大不应超过 7m，井道顶部 0.5m 内应设一盏照明灯具。井道照明电压采用 36V 安全电压，有地下室的电梯也应采用 36V 安全电压作为井道照明。井道照明灯具的安装位置应选择井道中与电梯的活动部件保持安全距离且不影响电梯正常运行的位置。井道照明灯具的安装位置如图 2-16 所示。井道照明灯具的安装图如图 2-17 所示。

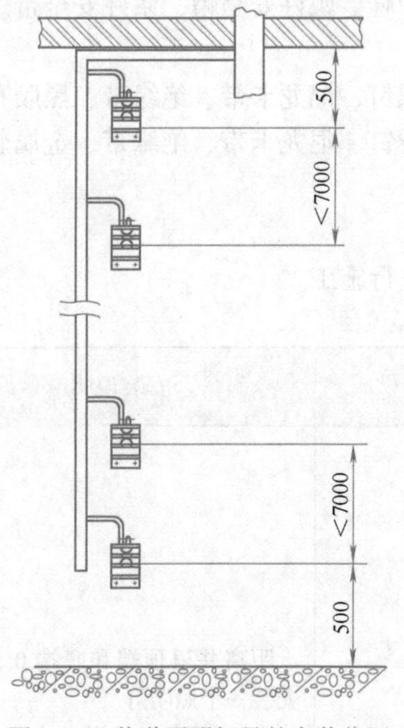

图 2-16　井道照明灯具的安装位置

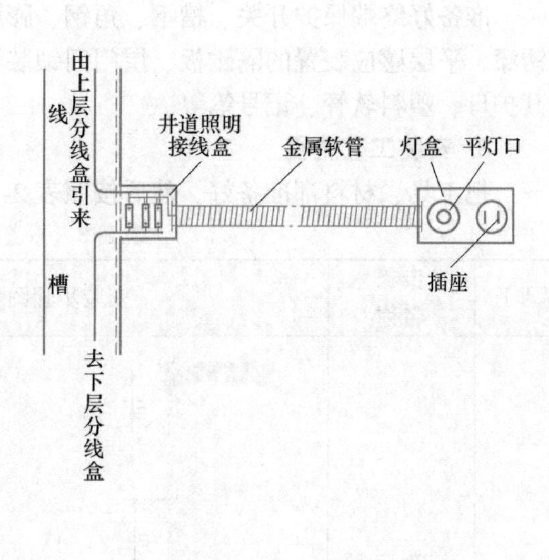

图 2-17　井道照明灯具的安装

井道照明灯具配线应采用 25mm 塑料线槽敷设，照明灯电源接至机房低压供电箱内，通过其开关可控制井道照明。各灯具外壳要求可靠接地。井道照明开关设在机房和底坑，并应能单独控制。

1. 井道照明的两种施工方法

1）暗配施工方法：在井道施工过程中，将灯头盒和导线管路随井道施工预埋在所要求的位置，待井道施工完毕和拆除模板后，应清理接线盒和导线管。

2）明配施工方法：按设计要求在井道壁上划线，找好灯位和导线管位置，用 M6 膨胀螺栓分别将灯头盒固定在井道壁的灯位上，按配管要求固定好导线管。若采用 220V 照明，灯头盒与导线管应按要求分别做好跨接地线，灯泡应有防护罩，焊点要刷防腐漆。

2. 穿线、安装灯具

导线管管口上好护口，导线绝缘电压不得低于交流 500V，按设计要求选好导线规格、型号。从机房井道照明开关开始，给导线管穿线。灯盒内的导线应按要求做好导线接头，并将相线、零线做好标记。

将圆木台固定在灯头盒上，将接灯线从圆木台的出线孔中穿出。将螺口平灯底固定在圆木台上，分别给灯头压线，相线接在灯头中心触点的端子上，零线接在灯头螺纹的端子上。

3. 绝缘遥测

用500V绝缘电阻表测量电路绝缘电阻，应大于0.5MΩ，确认绝缘遥测无误后再进行送电试灯。

任务施工

1. 安全

所有进入施工现场的人员都必须穿好工作服、防护鞋，戴好安全帽，系好安全带。

2. 安装准备

准备好终端保护开关、槽钢、角钢、膨胀螺栓、螺钉、尼龙卡带、绝缘带、黑胶布、防锈漆、平层感应装置的隔磁板、层门门锁装置、配套螺钉、尼龙卡带、绝缘带、金属软管及其护口、塑料软管、记号笔等。

3. 安装工艺流程

把工具、材料都准备好，然后按照表2-3的步骤进行施工。

表2-3　井道电气设备安装流程

步序	步骤名称	安装步骤图示	安装说明
1	确定照明灯的安装位置	中间两盏灯之间间隔不大于7m	距离井道顶端和底端0.5m处安装一个照明灯 中间每隔7m安装一个照明灯
2	安装井道照明灯		在井道壁上合适位置从总线槽引出一个小线槽至井道照明灯处 在合适位置打入膨胀螺栓，用来固定照明灯

（续）

步序	步骤名称	安装步骤图示	安装说明
3	固定终端保护开关	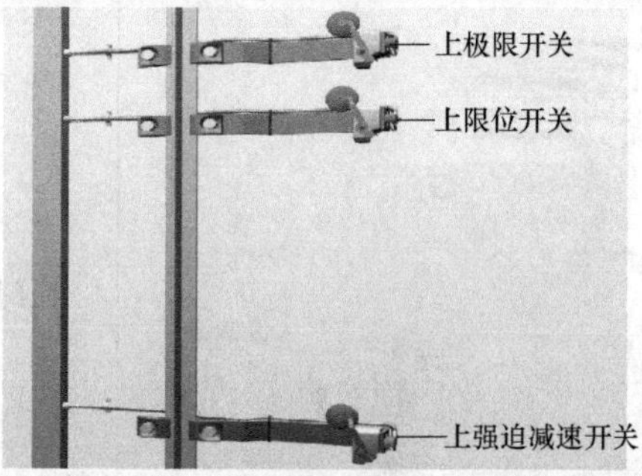 上极限开关 上限位开关 上强迫减速开关	安装强迫减速及限位开关时，应先将开关装在支架上，然后将支架用压导板固定于轿厢导轨的相应位置上 极限开关通常安装在轿厢地坎超越上、下端站地坎 250mm 的位置。限位开关安装在轿厢地坎超越上、下端站地坎 50~100mm 以内
	经验寄语：此处的分支接线最好使用软管保护		
4	安装各楼层隔磁板	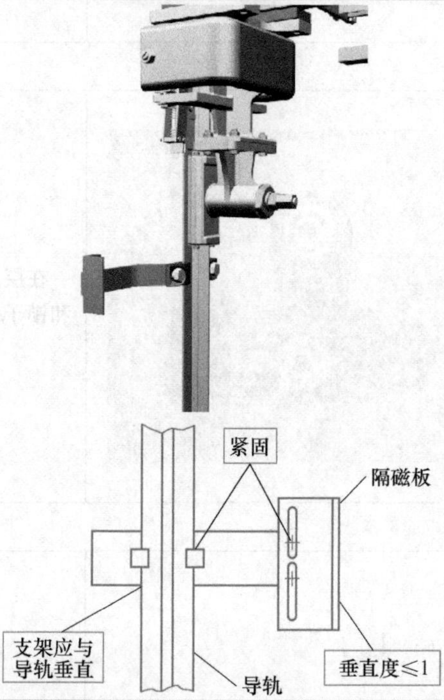 紧固 隔磁板 支架应与导轨垂直 导轨 垂直度≤1	在井道中安装固定隔磁板，每个层站一个。安装时，将感应器支架固定在轿厢架立柱上，然后装上感应器，校正上下两只感应器的垂直偏差不大于 1mm
	经验寄语：隔磁板的位置应能穿过平层感应器的中心位置，且两者重合深度应符合要求		
5	安装固定层门门锁	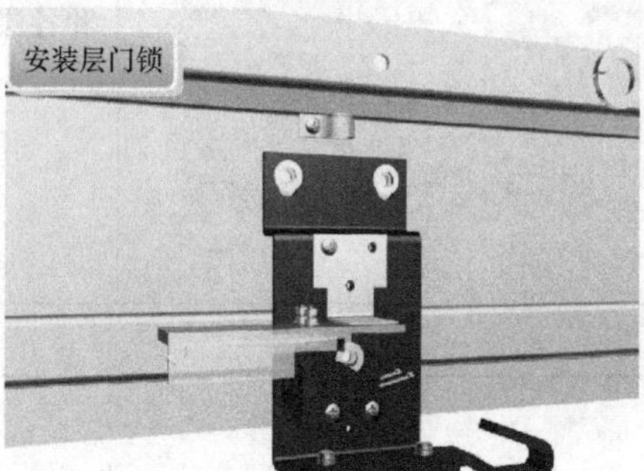 安装层门锁	在每个层门门头板上安装层门钩子锁
	经验寄语：安装时，先不必固定太紧，可能还需微量调整		

（续）

步序	步骤名称	安装步骤图示	安装说明
6	安装副门锁	安装副门锁	在门头板上安装副门锁
	经验寄语：副门锁的位置要合适		
7	安装层门钩子锁	安装层门钩子锁	在层门门头板上安装门锁滚轮和锁子钩
	经验寄语：层门钩子锁要啮合 7mm 以上		
8	门锁接线	接线	门锁电路接线，包括轿门门锁和各层门门锁
	经验寄语：接地线不能遗漏		

工程验收

把井道中的电气设备全部安装到位后，按照表 2-4 的内容进行验收。

表 2-4　井道电气设备验收表

序号	验收内容	参考图例
1	开关安装应牢固,不得焊接固定,安装后要进行调整,使其碰轮与碰铁可靠接触,开关触点可靠动作,碰轮沿碰铁全长移动不应有卡阻,且碰轮略有压缩余量。碰轮距碰铁边不小于 5mm ,当碰铁脱离碰轮后其开关应立即复位	不小于5mm 碰铁 碰轮 不小于5mm 上限位开关 碰铁 下限位开关
2	碰铁一般安装在轿厢侧面,碰铁应无扭曲、变形,表面应光滑,安装后调整其垂直偏差不大于长度的 1/1000,最大偏差不大于3mm(碰铁的斜面除外)	支架 碰轮 正常压缩后的位置 碰轮极限压缩位置 压缩前的位置 压缩余量 压缩行程
3	隔磁板安装应垂直,其偏差≤1‰,插入感应器时应位于中间,插入深度距离感应器底10mm,偏差不大于 2mm。当感应器灵敏度达不到要求时,可适当调整感应器	隔磁板支架 10 a a/2 a/2 导轨 隔磁板 感应器 接线盒
4	层门锁钩必须动作灵活,在证实锁紧的电气安全装置动作之前,锁紧元件的最小啮合深度为 7mm。门锁及其附件的固定必须可靠,且不得采用焊接	≥7mm 锁紧元件啮合深度≥7mm时,电气触点才能接通

（续）

序号	验收内容	参考图例
5	接地支线应采用黄绿相间的双色绝缘导线	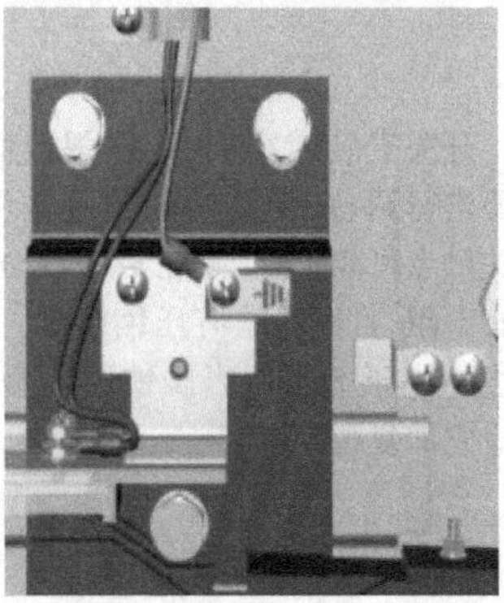

错误情境解析

情境一：施工时，强迫减速开关、限位开关和极限开关的安装位置不合适。实际上，电梯正常运行至上、下终端时，应该在平层之前碰到强迫减速开关，强迫电梯减速，防止冲顶或蹲底。电梯正常运行时，不能碰到限位开关和极限开关。但是，当强迫减速开关不起作用时，轿厢在冲顶或蹲底之前就要碰到限位开关。如果限位开关仍然失灵，在轿厢冲顶或蹲底之前还要碰到极限开关，断开电梯主电路。

情境二：平层感应器和隔磁板的重合深度不符合要求，隔磁板没有处在平层感应器的中间位置，偏离太大。可能导致平层信号变差或者得不到平层信号。

综合训练

一、判断题（特种设备作业人员考核大纲要求）

（　　）1. 电梯限位开关动作后，切断危险方向运行，但可以反向运行。

（　　）2. 电梯的强迫减速动作将切断电梯快速运行电路

（　　）3. 电梯检修运行时，电梯所有安全装置均起作用，包括层门联锁。

（　　）4. 井道作业照明应使用 36V 以下的安全电压。作业面应有良好的照明。

（　　）5. 限位开关和极限开关可以用自动复位的开关，但不能用磁开关。

二、选择题（特种设备作业人员考核大纲要求）

（　　）1. 井道永久照明规定在底坑高 1m 处应____________。

A. 装 1 只灯　　B. 安装 2 只灯　　C. 达到 50lx　　D. 达到 500lx

（　　）2. 电梯在施工过程中，井道内的临时照明必须采用__________以下的电压。

A. 24V　　B. 220V　　C. 50V　　D. 36V

（　　）3. 电梯层门锁的锁钩啮合与电气接点的动作顺序是：____________。

A. 锁钩啮合与电气触点同时接通

B. 锁钩的啮合深度达到 7mm 以上时电气触点接通

C. 电气触点接通后锁钩啮合

D. 动作先后没有要求

(　　) 4. 上终端防超越行程保护开关自上而下的排列顺序是：________。

A. 强迫减速、极限、限位　　B. 极限、强迫减速、限位

C. 限位、极限、强迫减速　　D. 极限、限位、强迫减速

(　　) 5. ________开关动作应切断电梯快速运行电路。

A. 极限　B. 急停　C. 强迫减速　D. 限位

(　　) 6. 封闭井道内应设置固定照明，井道最高与最低位置 0.5m 以内各装设一盏灯，井道中间每隔________设一盏灯。

A. 5m　B. 6m　C. 7m　D. 8m

任务三　井道布线

任务描述

在电梯井道中敷设导线槽、导线管和线缆主要包括从控制柜到层门门锁、呼梯盒、终端保护开关、消防开关的布线，以及随行电缆的悬挂和连接。通过本次任务，使学生掌握井道布线的方法、步骤和验收标准等，学会如何根据国家标准和行业规范进行井道布线。电梯井道布线如图 2-18 所示。

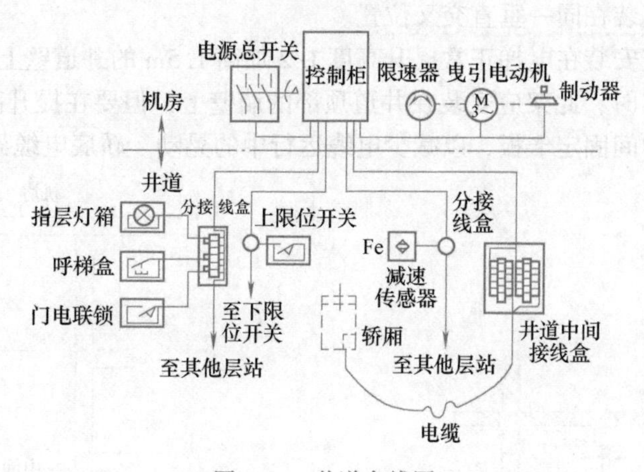

图 2-18　井道布线图

知识铺垫

电梯井道及轿厢所有电气设备均需与机房控制柜和电源连接，所以在电梯井道内需要通过导线管、导线槽及电缆连接，井道内的导线管、导线槽、接线盒与可以动的轿厢、对重、钢丝绳、软电缆等距离不应小于 100mm。电梯井道内严禁使用可燃性材料制成的导线管或导线槽。

井道布线通常有两种：一种是通往轿内操纵盘的信号线，这些线通常是由软电缆的一端悬挂在轿底再送进轿厢内，另一端固定在井道壁上，与总线盒连接或直接由柜内引出，轿厢升降时软

电缆随轿厢升降，即随行电缆；另一种是通往呼梯按钮、层门外楼层指示的信号线，这些导线通常敷设在井道壁上的线槽里，然后再用分线盒分出送往按钮盒和指示灯盒内。

一、接线盒

电梯中使用的接线盒可分为总接线盒，中间接线盒，轿顶、轿底接线盒和层楼分线盒等。

如图 2-19 所示，总接线盒可安装于机房、隔音层内，或安装在上端站地坎向上 3.5m 的井道壁上。

中间接线盒应装于电梯正常提升高度 1/2 加高 1.7m 的井道壁上。装于靠层门一侧时，水平位置宜在轿厢地坎与安全钳之间。但如果电缆直接进入控制柜，可不设以上两接线盒。

轿底接线盒应装在轿厢底面向层门侧较近的型钢支架上。轿顶接线盒应装于靠近操纵箱一侧的金属支架上。

层楼分线盒应安装于每层层门靠门锁较近侧的井道内墙上，第一根导线管与层楼显示器管道为同一高度。各接线盒安装后应平整牢固不变形。

二、电缆架及电缆

随行电缆是连接运行的轿厢底部与井道固定点之间的电缆。随行电缆架是架设随行电缆的部件。

安装随行电缆架时，应注意避免电缆与限速器钢丝绳，极限、限位、减速开关支架、传感器支架及对重安装在同一垂直交叉位置。

随行电缆架应安装在电梯正常提升高度 1/2 加高 1.5m 的井道壁上，如图 2-20 所示。当电缆直接进入机房时，此架应安装在井道顶部的墙壁上，但要在提升高度 1/2 加 1.5m 的井道壁上设置电缆中间固定卡板，以减少电缆运行中的晃动。轿底电缆架的方向应与井

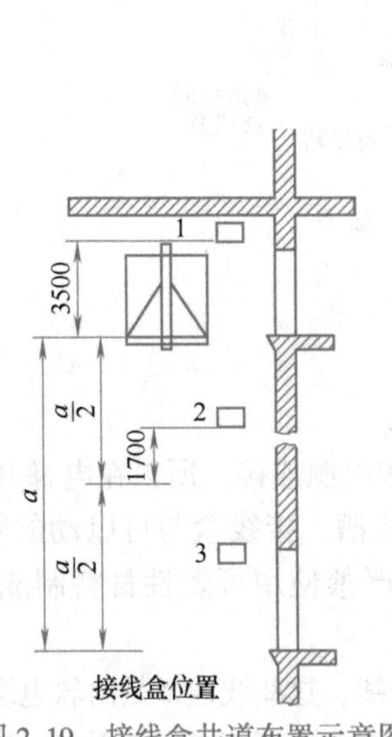

图 2-19　接线盒井道布置示意图

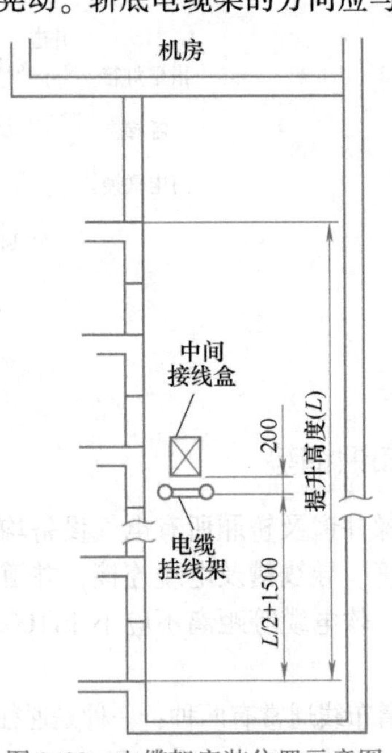

图 2-20　电缆架安装位置示意图

道电缆架方向一致，并使电梯电缆位于底坑时能避开缓冲器，且保持一定距离，电缆架固定点应牢固可靠，安装后应能承受电缆的全部重量。

电缆与电缆架的固定均应符合国标规定，电缆绑扎应均匀、牢固、可靠。其绑扎长度为30~70mm，电缆的长度为轿厢在下端站全部压缩缓冲器后略有余量，但也不宜过长，以免碰到底坑地面而磨损。轿底电缆架的位置应根据电缆线的粗细而定，电缆线的移动弯曲半径R：对8芯电缆应不小于500mm，对16~24芯电缆应不小于800mm。当电梯采用多种规格的电缆时，应按最大移动弯曲半径为准。

常用的随行电缆有扁形和圆形两种，扁形随行电缆型号用TVVB表示，圆形随行电缆型号用TVV表示。一般均采用扁形随行电缆，如图2-21所示。

扁形随行电缆的额定电压：导体标称截面积1mm^{2}及以下的电缆为300/500V，导体标称截面积大于1mm^{2}的电缆为450/750V。扁形随行电缆的芯数分为3、4、5、6、9、12、16、18、20或24芯。

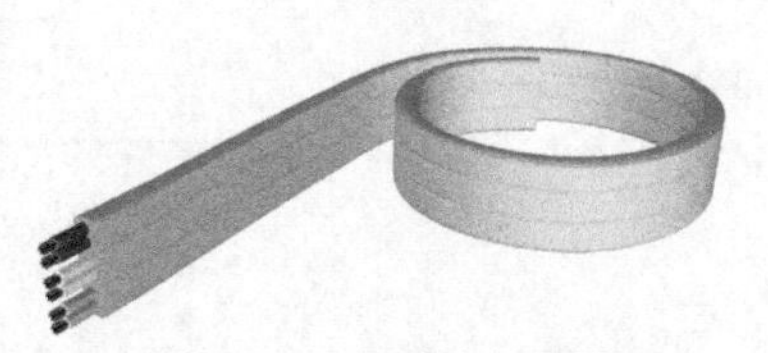

图2-21　扁形随行电缆

扁形随行电缆两侧绝缘线芯的导体可由铜线和钢线制成。这些导体的标称几何截面应与其他导体截面相等，其最大电阻应不大于相同标称截面铜导体最大电阻的两倍。

扁形随行电缆通常用于安装在自由悬挂长度不超过35m及移动速度不超过1.6m/s的电梯和升降机上，当电缆适用范围超过上述限制时，应增加承拉元件。电缆正常使用时承受的最高温度为70℃。

三、安装接线盒及随行电缆架

中间接线盒用膨胀螺栓固定在墙壁上。在中间接线盒底面下方200mm处安装随行电缆架，如图2-22所示。固定随行电缆架要用两条以上（视随行电缆重量而定）不小于$\phi16$的膨胀螺栓，以保证其牢固程度。

四、电缆安装要求

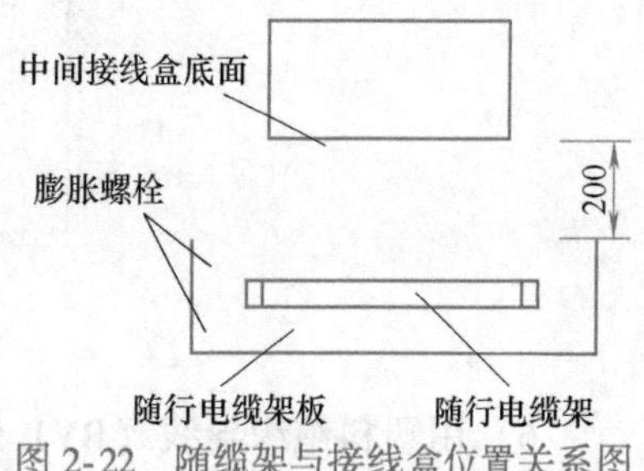

图2-22　随缆架与接线盒位置关系图

1）具有外侧连接悬垂导线的扁形随行电缆安装完成后必须使其宽侧在整个长度内均平行于井道侧壁。

2）当轿厢提升高度≤50m时，电缆的悬挂如图2-23a所示。

3）当轿厢的提升高度在50~150m时，电缆的悬挂配置如图2-23b所示。

4）随行电缆的长度应根据中间接线盒及轿底接线盒实际位置，加上两头电缆支架绑扎长度及接线余量确定。保证在轿厢蹲底或冲顶时不使随行电缆拉紧，在正常运行时不蹭轿厢和地面；蹲底时，随行电缆距地面100~200mm为宜。截取电缆前，应模拟蹲底确定其长度。电缆的绑扎固定方法如图2-24所示。

5）安装随行电缆前应将电缆自由悬垂，使其内应力消除。安装后不应有打结和波浪扭曲的现象，多根电缆安装后长度应一致，且多根随行电缆的运动部分不宜绑扎成排，以防因电缆伸缩量不同导致电缆受力不均。

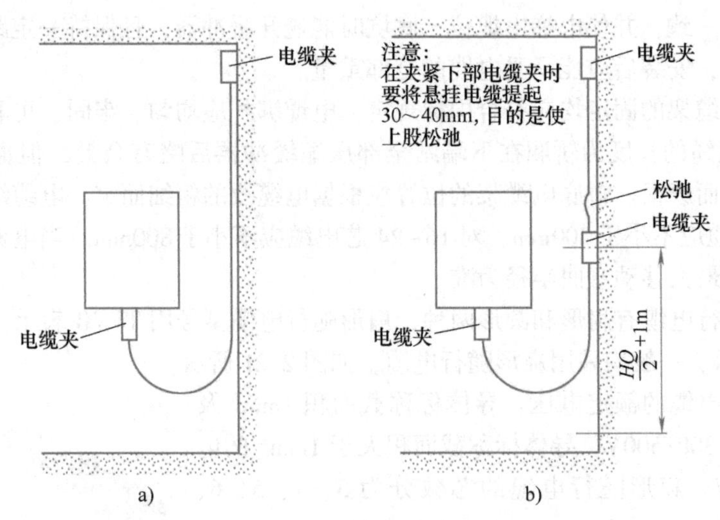

图 2-23　随行电缆悬挂图

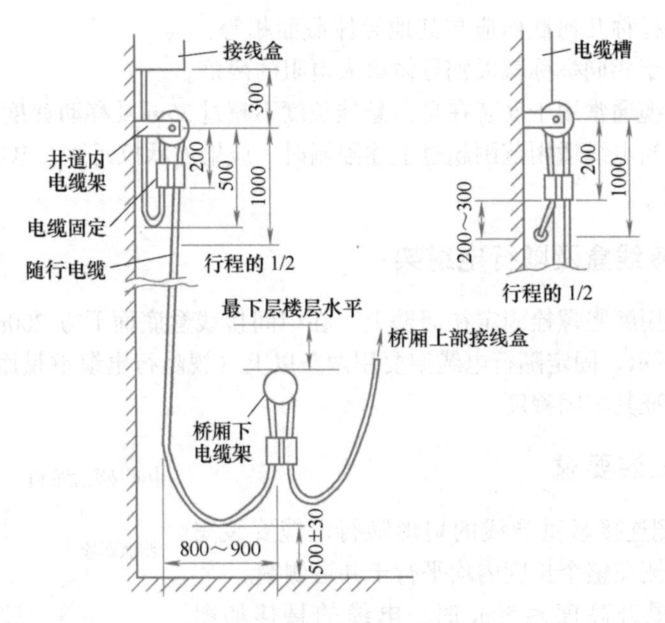

图 2-24　随行电缆的固定方法

6）用塑料绝缘导线（BV1.5mm²）将随行电缆牢固地绑扎在随行电缆支架上，绑扎应均匀、可靠，绑扎长度为 30~70mm，不允许用铁丝和其他裸导线绑扎，绑扎处应离开电缆架钢管 100~150mm。随行电缆在井道内电缆架上的固定方法如图 2-25 所示，在轿底的固定方法如图 2-26 所示。

7）扁形随行电缆可重叠安装，重叠根数不宜超过 3 根，如图 2-27 所示。每两根电缆之间应保持 30~50mm 的活动间距。扁形随行电缆的固定应使用楔形插座或专用卡子。

8）电缆入接线盒应留出适当余量，压接应牢固，排列应整齐。

9）电缆的不运动部分（提升高度 1/2+1.5m 以上）在每个楼层且不超过 3m 处要有一个电缆固定点，每根电缆要用电缆卡子固定在电缆架或井道壁上。

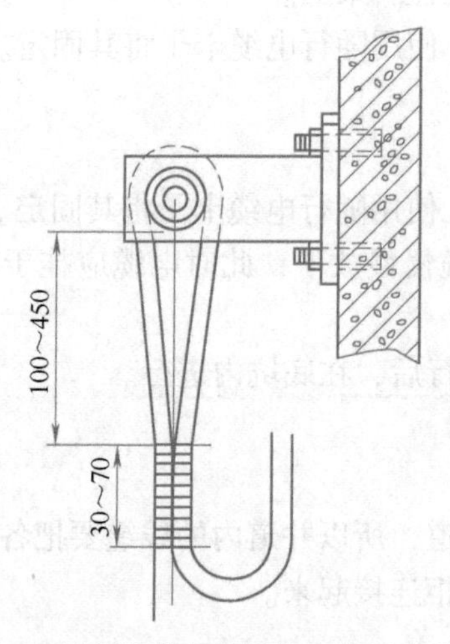

图 2-25　随行电缆在电缆架上的固定方法

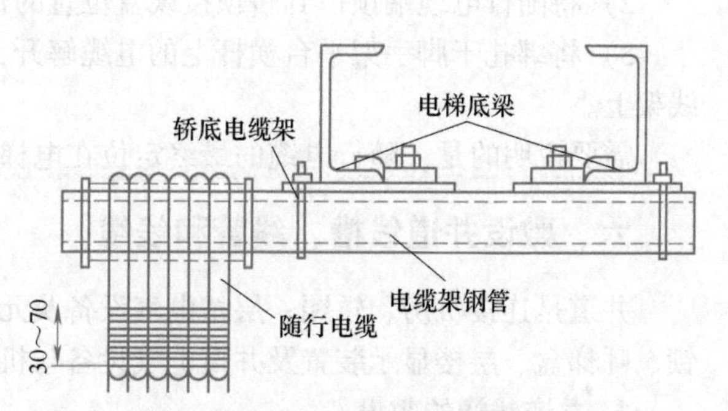

图 2-26　随行电缆在轿底的固定方法

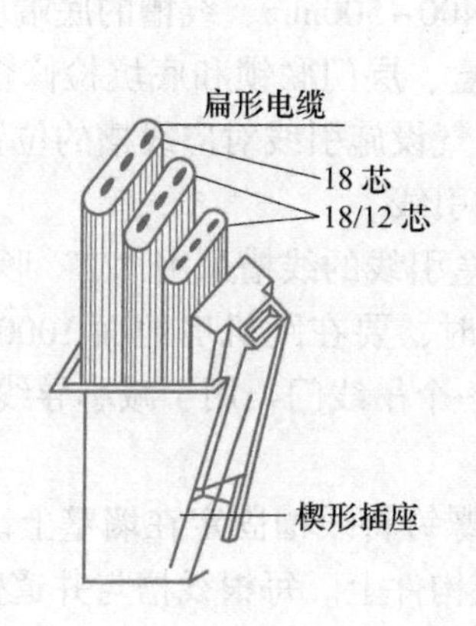

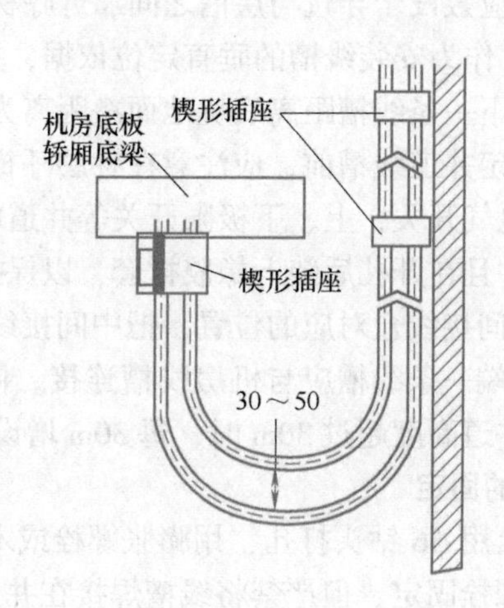

图 2-27　扁平电缆的重叠固定安装

10）当电缆距导轨支架过近时，为了防止随行电缆受到损坏，可自底坑向上每个导轨支架外角处至高于井道中部 1.5m 处采取保护措施。可以在支架边焊螺母，穿铅丝到底坑，并在底坑固定将铅丝张紧。

五、随行电缆作业

1. 随行电缆的悬挂

1）两人一起将随行电缆搬至顶层厅外，然后平放于门口。

2）一人进入井道脚手架平台，将随行电缆不带插接器的一头沿井道挂线架侧的井道壁往下放，一人在厅外配合输送电缆。

3）当电缆放下大约剩 10m 时，将电缆临时用导线绑扎于脚手架的横杆上。

2. 随行电缆的固定

（1）井道

1）确认随行电缆没有扭曲，将随行电缆架置于井道挂线架上。

2）将随行电缆端预留到中间接线盒位置的长度后，使用随行电缆卡子将其固定。

（2）轿底

1）确认随行电缆没有扭曲。

2）将随行电缆端预留到轿顶接线盒位置的长度后，使用随行电缆卡子将其固定。

3）将绑扎于脚手架平台横杆上的电缆解开，把电缆慢慢放下，此时电缆应挂于轿底挂线架上。

需要说明的是，随行电缆的最终定位在电梯慢车运行后，在底坑内进行。

六、敷设井道线槽、线管和线缆

井道是连接机房、轿厢、层站电气设备及元件的通道，所以井道内的线缆要把各层门电锁、呼梯盒、层楼显示装置及井道电气设备与机房控制柜连接起来。

1. 井道线槽的敷设

1）线槽应敷设于导轨与层门之间靠近呼梯盒的井道壁上。在顶层楼板下紧贴墙边处放一条铅垂线，作为安装线槽的垂直定位依据，并按井道土建图所示尺寸进行安装定位。

2）最底下一条线槽距离底坑地面净距离为400~500mm，线槽的底端应封闭。

3）在固定井道线槽前，应注意在各层呼梯盒、层门联锁和底坑检修盒，张紧轮断绳开关，缓冲器电气开关，上、下极限开关等井道电气设施引线对应线槽的位置上使用合适的开孔器开孔，并且在开孔后装上橡胶衬套，以保护引线。

4）在中间接线盒对应的位置，把中间接线盒引线的线槽采用“T”形引线法引出。

5）最顶端一条线槽应与机房线槽连接。同时，要在距机房地面1000~1500mm处设置吊线闩，当井道高度超过30m时，每30m增设一个吊线闩，用于减小导线的垂直拉力。

2. 线槽的固定

在井道上用$\phi 6$钻头打孔，用膨胀螺栓或木螺钉将线槽固定在墙壁上。可利用井道金属构件，并用螺栓固定，但严禁将线槽焊接在井道构件上。每根线槽与井道壁的固定点必须有两个以上。

3. 线槽敷设的其他要求

线槽应平整，无扭曲变形，内侧无毛刺；安装后应横平竖直，其水平度及垂直度误差均应在4‰以内，且全长偏差在20mm以内；接口应封闭，转角应圆滑；线槽盖应齐全，盖好后应平整无翘角，每条线槽盖至少应由6枚螺钉将线槽盖紧固在线槽上；线槽弯角处应设置橡胶板；出线口应无毛刺，位置准确，并应有保护引出线的防护物。

4. 井道线路的敷设

现在很多电梯在井道内中使用的电缆均为生产厂家指定的配套线缆，无需安装人员再截取导线，而且在电梯的层门联锁和楼层显示线路中均采用插接连接方式，如图2-28所示。此外，对于终端开关和底坑电气设备均采用专用线缆连接。

5. 线缆的连接

1）将配线电缆盘起来放置在轿顶。电缆的端部将被拉升至机房；将轿厢运行至顶层；此时，一名工人需在机房之中；必要时，在距离顶层1000mm的地方做标记。

2）一人在机房拉升电缆的一头通过槽孔直至机房（连接到控制屏中）。在机房中的工

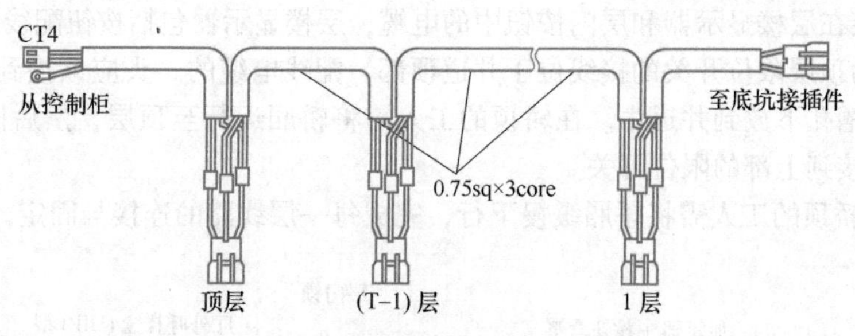

图 2-28　门联锁电缆

人必须接到电缆一头然后通过槽孔将电缆引入控制屏中。此时，在轿顶的工人必须慢慢向下运动轿厢直到轿厢到达指定位置（即在先前指定的1000mm 的地方，以便工人能进行支架安装工作）。

3）在机房的工人需拉出电缆，务必注意在井道中的电缆不能弯曲。然后用机房中的线槽固定。同时要把线缆留出适当的余量。

4）从机房中拉直电缆，然后在标记处的电缆分线盒处固定支架。支架固定完成之后，用螺栓和压线板固定配线电缆，将配线电缆全部固定在井道顶部，如图 2-29 所示。

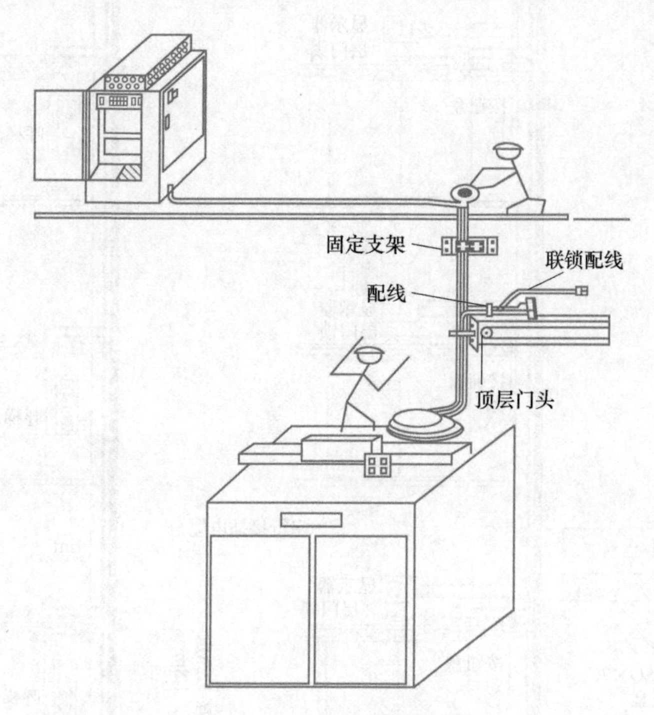

图 2-29　井道线缆的连接

5）顶层的工作完成之后，下移轿厢。

6）用电缆绑扎带扎牢配线电缆，将配线电缆的分配部分接到挂钩盒的上面去，如果电缆足够长，将剩余的部分也放进接线盒里。

7）门锁开关的接线。在连接之前，请检查接口的针是否直，如果不直，请将其拉直。层站电气设备接线如图 2-30 所示。

8）连接在层楼显示器和层门按钮中的电缆，层楼显示器包括按钮配线电缆。

9）因为顶层限位开关的接线位于井道顶部，配线电缆的一头应该接到控制屏上，另一头应该通过槽孔下放到井道中。在轿顶的工人需将轿厢运行至顶层，然后固定好配线电缆，最后将它连接到上部的限位开关。

10）在轿顶的工人需将轿厢缓慢下行，完成每一层线路的连接与固定。

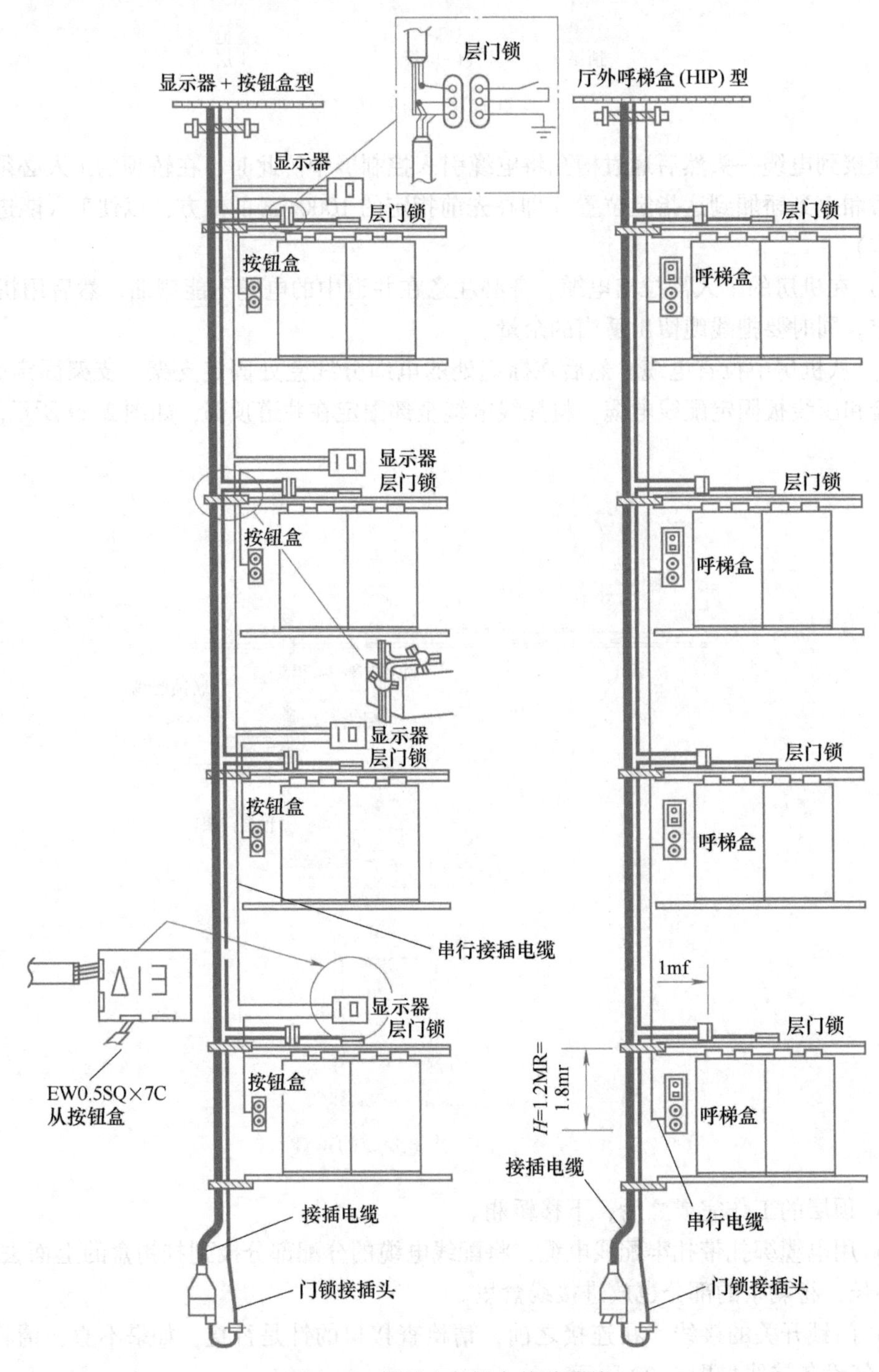

图 2-30　层站电气设备线路连接

任务施工

1. 安全

所有进入施工现场的人员都必须穿好工作服、防护鞋，戴好安全帽，系好安全带。

2. 安装准备

准备好随行电缆、膨胀螺栓、螺钉、射钉、射钉子弹、电焊条、尼龙卡带、绝缘带、黑胶布、异型塑料管、管卡子、线槽、支架、导线、钢锯条等。

3. 施工工艺流程

把工具、材料都准备好，然后按照表2-5的步骤进行施工。

表2-5　井道布线施工流程表

步序	名称	安装步骤图示	安 装 说 明
1	安装总接线盒	总接线盒　楼层分接线盒　轿厢　楼层指示灯盒　3500　呼梯按钮盒　1300～1500　底坑接线盒	确定总接线盒位置。一般安装在最上层站地坎向上3.5m的井道壁上，也可以装在机房内 用膨胀螺栓将总接线盒固定在井道壁上，总接线盒的水平度和垂直度偏差应<1mm；总接线盒通往线槽的部位要预先开好缺口，线槽应穿入箱内，穿入深度一般不大于5mm
	经验寄语：总接线盒位置确定后，从总接线盒到底坑用墨斗在井道壁上弹出一条铅垂墨线，作为线槽敷设的基准线。线槽开口时应用铁锯或扁铲，然后用铁锉将开口处修整平滑，使之无毛刺，不能用气割开孔		
2	安装总线槽	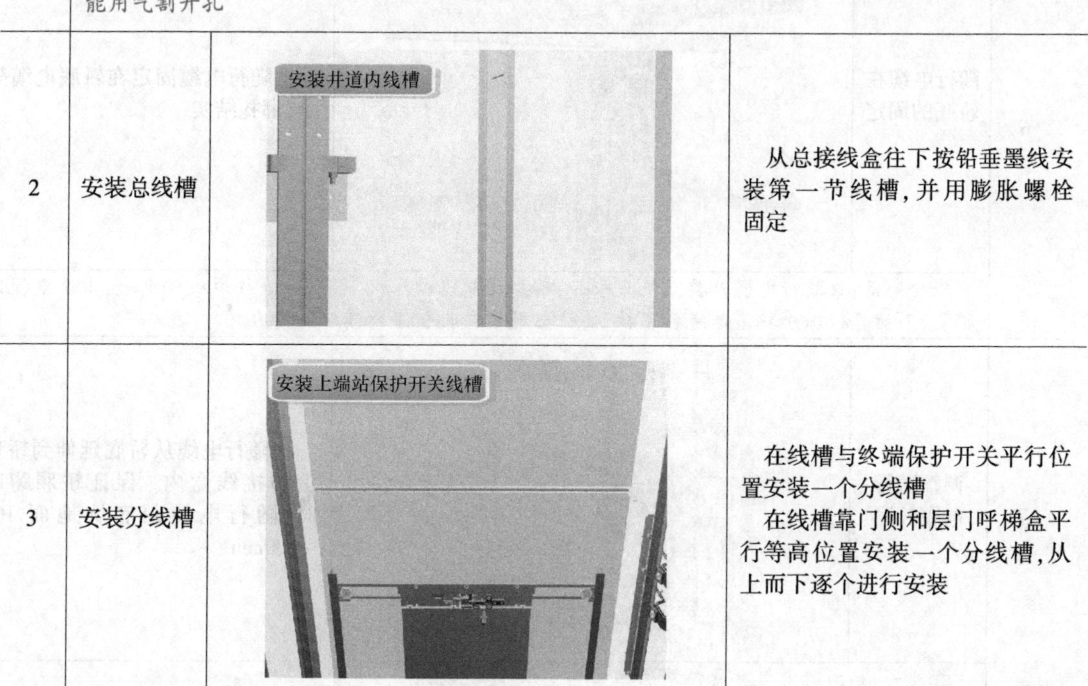	从总接线盒往下按铅垂墨线安装第一节线槽，并用膨胀螺栓固定
3	安装分线槽		在线槽与终端保护开关平行位置安装一个分线槽 在线槽靠门侧和层门呼梯盒平行等高位置安装一个分线槽，从上而下逐个进行安装

（续）

步序	名称	安装步骤图示	安装说明
4	安装随行电缆固定卡子		把固定卡子用螺栓固定在井道壁上的合适位置
	经验寄语：当轿厢冲顶时，线卡子的位置不能拉紧随行电缆		
5	安装固定随行电缆		把随行电缆从机房穿过井道顶部的孔放到井道内，并在合适位置用卡子固定
	经验寄语：线卡子的楔块不能损伤随行电缆		
6	随行电缆在轿底的固定	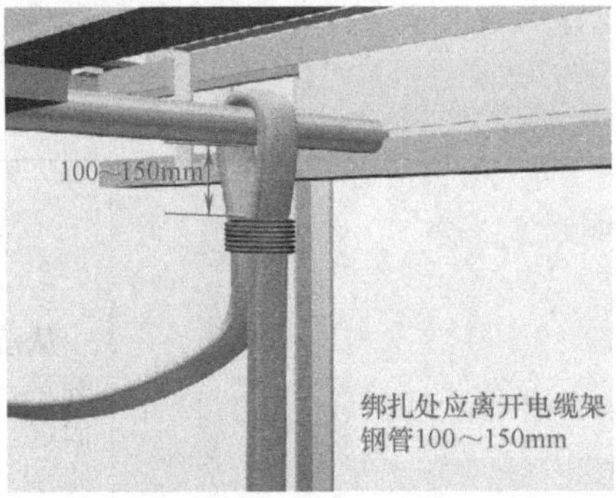	把随行电缆固定在轿底电缆架上，绑扎结实
	经验寄语：放随行电缆时要戴帆布手套；不要让电缆进入脚手架内；边放边旋转电缆；由于电缆比较重，不能直接用手拉着电缆往下放，要让电缆架在脚手架的横杆上借力		
7	调整随行电缆长度	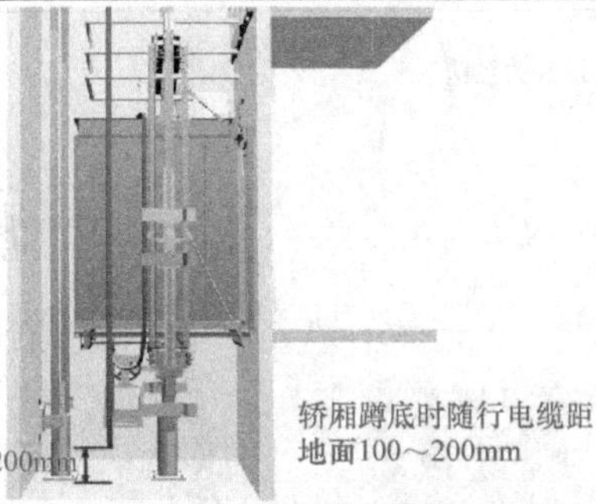	把随行电缆从轿底延伸到轿顶上的接线盒内。保证轿厢蹲底时，随行电缆距底坑地面 100 ~200mm
	经验寄语：随行电缆要悬挂消除扭曲和变形，不能打结		

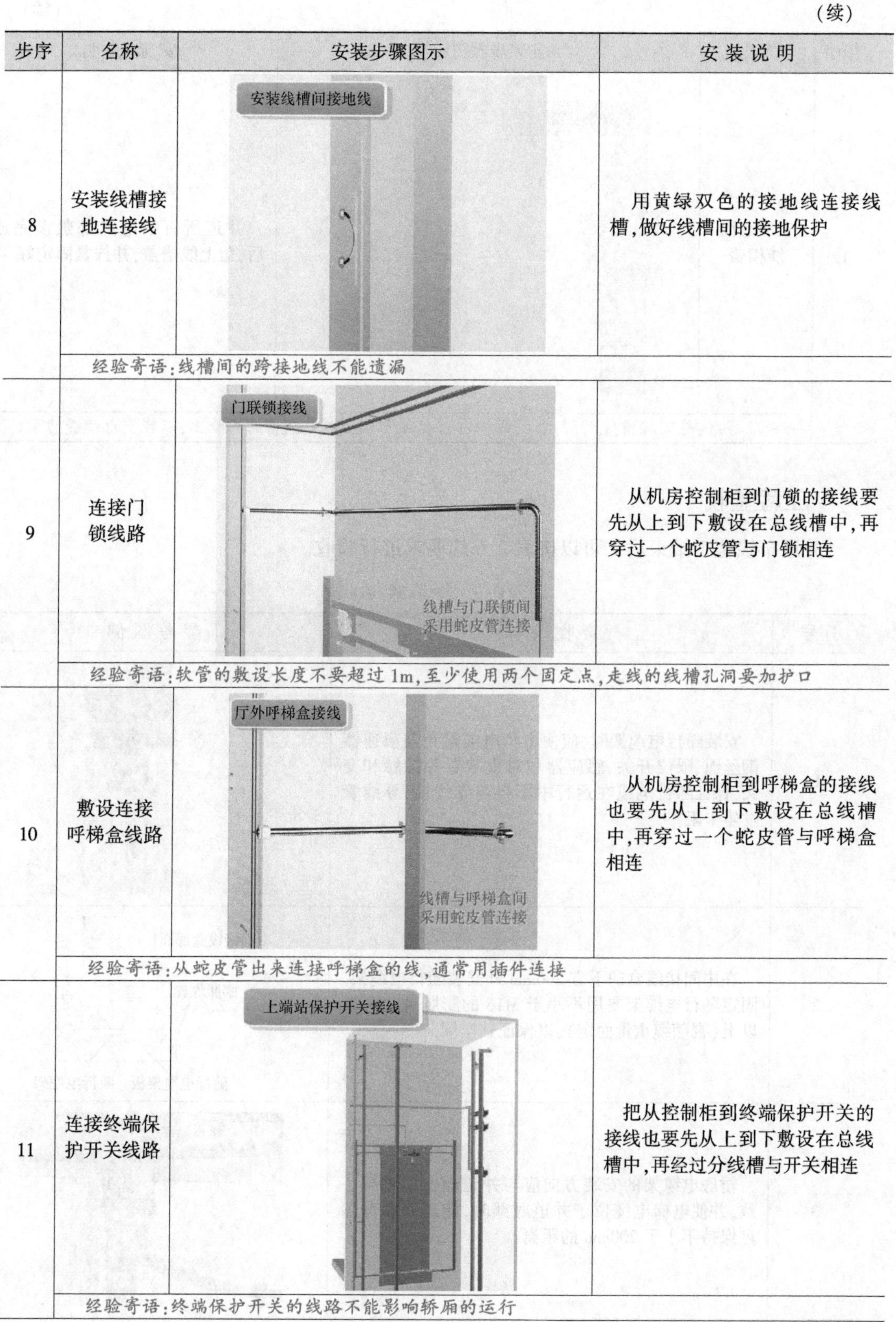

(续)

步序	名称	安装步骤图示	安装说明
8	安装线槽接地连接线		用黄绿双色的接地线连接线槽，做好线槽间的接地保护
	经验寄语：线槽间的跨接地线不能遗漏		
9	连接门锁线路		从机房控制柜到门锁的接线要先从上到下敷设在总线槽中，再穿过一个蛇皮管与门锁相连
	经验寄语：软管的敷设长度不要超过1m，至少使用两个固定点，走线的线槽孔洞要加护口		
10	敷设连接呼梯盒线路		从机房控制柜到呼梯盒的接线也要先从上到下敷设在总线槽中，再穿过一个蛇皮管与呼梯盒相连
	经验寄语：从蛇皮管出来连接呼梯盒的线，通常用插件连接		
11	连接终端保护开关线路		把从控制柜到终端保护开关的接线也要先从上到下敷设在总线槽中，再经过分线槽与开关相连
	经验寄语：终端保护开关的线路不能影响轿厢的运行		

（续）

步序	名称	安装步骤图示	安装说明
12	安装紧固线槽盖	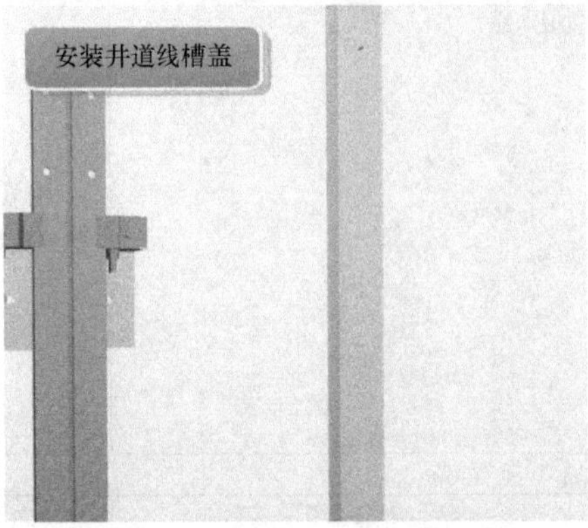 安装井道线槽盖	井道所有的电缆都敷设完成后，盖上线槽盖，并拧紧固定好
	经验寄语：封闭线槽盖之前，要把线槽内的线缆绑扎在固定线槽的螺栓上，以减少电缆受力		

工程验收

井道布线施工结束后，可以按表2-6的要求进行验收。

表2-6 井道布线验收表

序号	验收内容	参考图例
1	安装随行电缆架时，应使电梯电缆避免与限速器钢丝绳、限位开关、感应器和对重装置等接触和交叉，保证随行电缆在运行中不得与导线槽、导线管发生卡阻	
2	在中间接线盒的下方200mm外安装随行电缆架。固定随行电缆架要用不小于M16的膨胀螺栓两条以上（视随缆重量而定），以保证其牢固	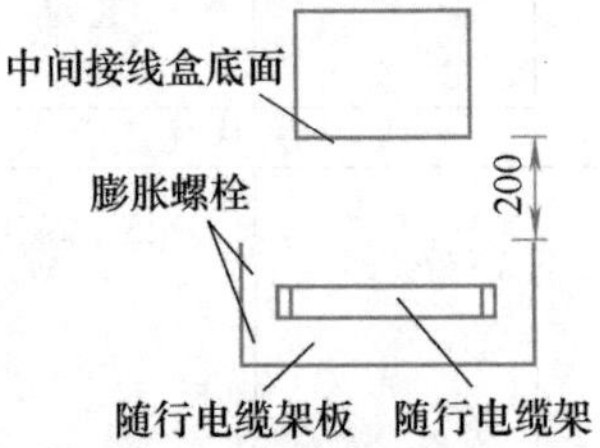 中间接线盒底面 膨胀螺栓 200 随行电缆架板 随行电缆架
3	轿底电缆架的安装方向应与井道随行电缆架一致，并使电梯电缆位于井道底部时，能避开缓冲器且保持不小于200mm的距离	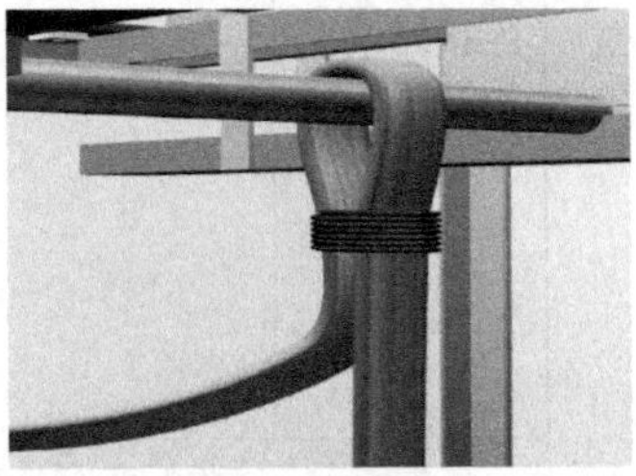

（续）

序号	验 收 内 容	参 考 图 例
4	轿底电缆支架与井道随行电缆架的水平距离不应小于：8芯电缆为500mm，16~24芯电缆为800mm	
5	保证在轿厢蹲底或冲顶时不使随行电缆拉紧，在正常运行时不蹭轿厢和地面；蹲底时随行电缆距地面100~200mm为宜	100～200mm 轿厢蹲底时随缆距地面100～200mm
6	安装后不应有打结和波浪扭曲现象，多根电缆安装后长度应一致，以防因电缆伸缩量不同而导致电缆受力不均	
7	导线管、导线槽的敷设应整齐牢固。导线槽内导线总面积不应大于导线槽净面积的60%；导线管内导线总面积不应大于导线管内净面积的40%；软管固定间距不应大于1m，端头固定间距不应大于0.1m	线槽与呼梯盒间采用蛇皮管连接
8	导线槽的金属外壳应有良好的保护接地（接零）。导线管、导线槽及箱、盒连接处的跨接地线必须紧密牢固、无遗漏	

错误情境解析

情境一：随行电缆的下垂长度不够，当轿厢完全压缩在缓冲器上时会把随行电缆扯紧，当轿厢冲顶时，随行电缆会拉扯中性线箱。这样会导致随行电缆损坏或者中性线箱损坏。

情境二：连接某个电气元件的导线使用的是无护套线，但是没有防护措施。按规定，井道内应按产品要求配线，软线和无护套电缆应在导线管、导线槽或能确保起到等效防护作用的装置中使用。护套电缆可明敷于井道或机房内使用，但不得明敷于地面。

情境三：井道布线时，井道中的电缆与井道壁固定时使电缆本身受到拉力。这样的危害会使电缆的线芯被拉断，或者电缆的端子连接处脱落。正确的做法是把敷设在线槽中的电缆固定在线槽的每个螺栓上，这样就不会让线缆在垂直方向受力。

综合训练

一、选择题(特种设备作业人员考核大纲要求)

(　　) 1. 导线管内导线总面积不大于管内净面积的。

A. 40%　　B. 50%　　C. 60%　　D. 80%

(　　) 2. 线槽内导线总面积不大于槽内净面积的。

A. 40%　　B. 50%　　C. 60%　　D. 80%

二、填空题

1. 中间接线盒设在梯井内，其高度按下式确定：高度（最底层层门地坎至中间接线盒底的垂直距离）= ________________。若中间接线盒设在夹层或机房内，其高度（盒底）距夹层或机房地面不低于________。

2. 随行电缆架应安装在电梯正常提升高度的__________处的井道壁上。

3. 安装随行电缆前必须预先自由悬垂以消除________。

4. 扁形随行电缆可重叠安装，重叠根数不宜超过________根，每两根电缆间应保持______mm 的活动间距，扁形随行电缆的固定应使用楔形插座或卡子。

三、简答题

1. 电梯随行电缆的安装应满足什么要求？

2. 井道布线主要分哪几束？

对接国标

《GB 50310—2002 电梯工程施工质量验收规范》的相关规定：

4.9.4　随行电缆严禁有打结和波浪扭曲现象。

4.9.6　随行电缆的安装应符合下列规定：

1　随行电缆端部应固定可靠。

2　随行电缆在运行中应避免与井道内其他部件干涉。当轿厢完全压在缓冲器上时，随行电缆不得与底坑地面接触。

4.10.5　导管、线槽的敷设应整齐牢固。线槽内导线总面积不应大于线槽净面积 60%；导管内导线总面积不应大于导管内净面积 40%；软管固定间距不应大于 1m，端头固定间距不应大于 0.1m。

4.10.6　接地支线应采用黄绿相间的绝缘导线。

4.11.1　安全保护验收必须符合下列规定：

1　必须检查以下安全装置或功能：

7）上、下极限开关

上、下极限开关必须是安全触点，在端站位置进行动作试验时必须动作正常。在轿厢或对重（如果有）接触缓冲器之前必须动作，且缓冲器完全压缩时，保持动作状态。

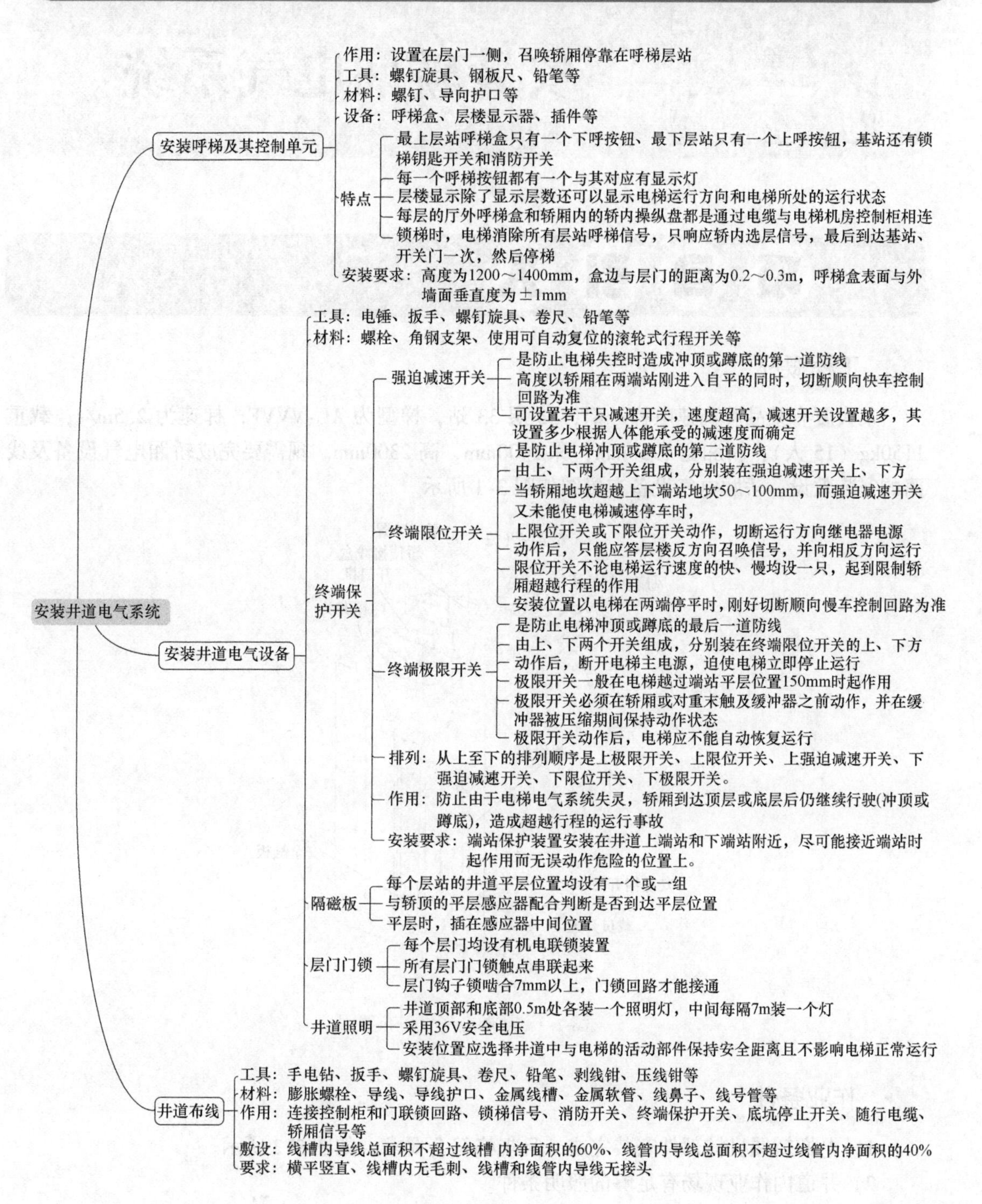

项 目 三

安装轿厢电气系统

项目引入

工程概况

某大厦有某品牌高速电梯一部，33 层 33 站，梯型为 AC-VVVF，梯速为 2.5m/s，载重 1150kg（15 人），轿厢宽 1950mm，深 1400mm，高 2300mm。现需要完成轿厢电气设备及线路的安装敷设。轿厢电气设备布置图如图 3-1 所示。

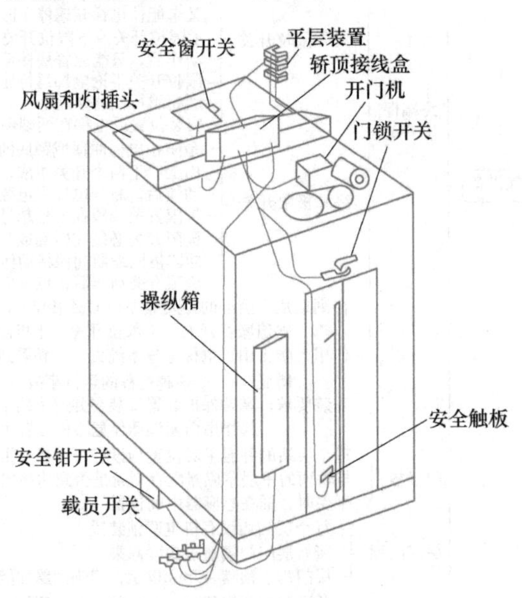

图 3-1 轿厢电气设备布置图

作业条件

1）电梯轿厢机械部件安装完成，且规格符合要求，如图 3-2 所示。

2）井道内作业现场有足够的照明条件。

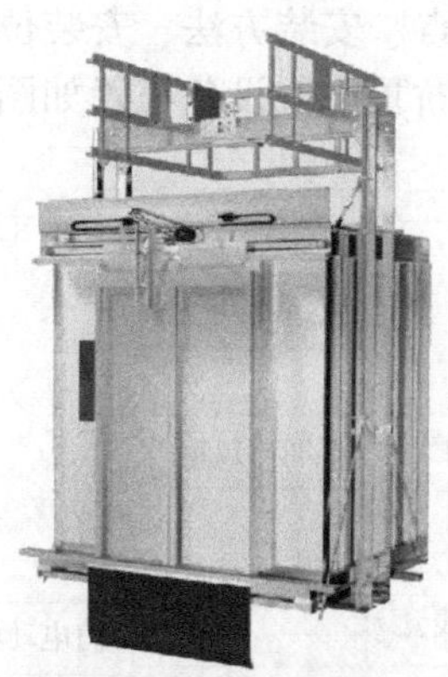

图 3-2　轿厢机械结构

3）机房装好门窗，门上加锁，严禁非作业人员出入。

4）层门口、机房、底坑、脚手架、井道壁上的杂物清理干净，层门口、机房孔洞的防护措施齐全有效。

机具、材料

水平尺、电锤、射钉枪、管钳、开孔器、手电钻、压线钳、煨管器、万用表、绝缘电阻表、膨胀螺栓、防锈漆、电焊条等料具及其他常用工具。

学习目标

知识目标

1）掌握轿厢电气设备的结构、原理及作用。
2）掌握轿厢电气设备的安装方法及注意事项。
3）掌握轿厢电气设备的布线方法。

技能目标

1）能根据设计图纸正确安装轿厢电气设备。
2）能正确连接轿厢电气设备线路。

职业素养目标

1）安装轿厢电气系统时，要轻拿轻放呼梯盒、检修盒、灯管、风扇等易损坏设备。
2）工作结束时，工作区不要遗留工具、仪表和废料等杂物。

任务一　安装轿顶电气设备

任务描述

在轿顶的合适位置安装门头板、轿顶检修盒、轿厢照明和风扇，通过完成本次任务，使学生掌握轿顶电气设备的结构特点、安装方法、安装位置及验收标准等，学会如何根据国家标准和行业规范安装这些设备。轿顶电气设备布置如图 3-3 所示。

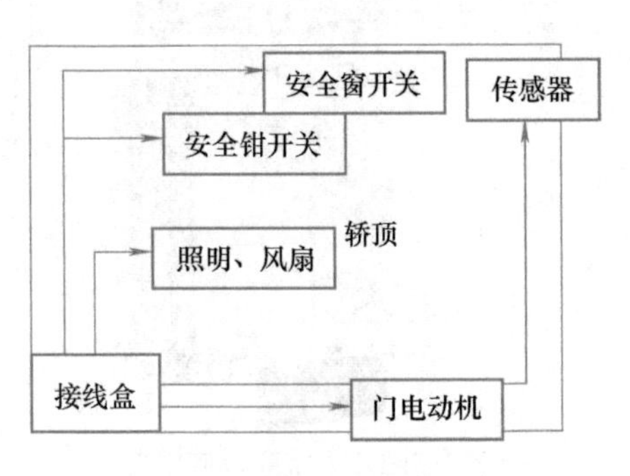

图 3-3　轿顶电气设备布置图

知识铺垫

轿厢电气装置可分为轿内、轿顶和轿底三大部分，以轿顶电气设备安装工作量最大。轿顶电气设备主要有自动门机、平层感应器、轿顶接线箱、到站钟以及各种安全开关和轿顶检修盒。

一、自动门机

电梯自动门机的种类很多，但其基本由电动机、传动机构、联动机构和控制箱组成。常用的自动门机有中分自动门机和旁开自动门机，如图 3-4 所示。

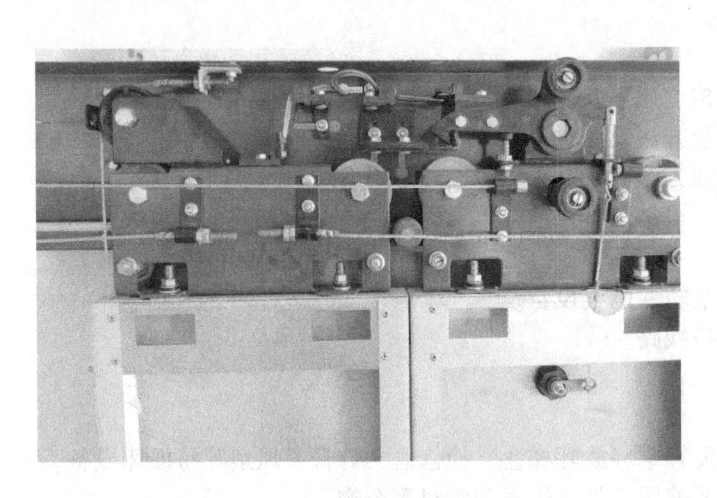

a) 中分式

b) 旁开式

图 3-4　自动门机

电梯的自动门机系统直接影响电梯运行的可靠性，同时开关门系统也是电梯故障的高发区域。目前常用的自动门机有直流调压调速驱动式、连杆传动式、交流调频调速驱动式、永磁同步电动机驱动式及同步齿形带传动式。

自动门机的传动机构及控制箱在出厂时都已组合成一体，安装时只需将自动门机安装支

架按规定位置固定好。客梯门机支架固定于轿厢架立柱上，并装上调节支架水平用的拉杆。货梯支架直接固定于轿顶前沿。装好支架并调整水平后，将门机固定于支架相应的位置上，并将联动机构与轿门连接好。

二、开、关门速度

门关闭、开启的动力源是门电动机，通过减速传动机构驱动轿门运动，再由轿门带动层门一起运动。现代电梯讲究工作效率，电梯门都具有启闭迅速的特点，但是为了避免在起止端发生冲击，要求自动门机具有自动调速功能，为了达到启闭迅速，而又不会在起止端发生冲击，电梯的门在启闭时应具有合理的速度变化。

1. 开门过程的速度变化

常见的开门速度变化过程：低速起动运行（t_1）→加速至全速运行（t_2）→减速运行（t_3）→停机惯性运行至开门（t_4），如图 3-5 所示。可见，开门时间为

$$t=t_1+t_2+t_3+t_4$$

在开门的过程中，t_2 阶段是主运动，一般占整个行程的 60%以上，其余均属于缓冲行程，目的是为了使起动及停止时平稳。不同规格的电梯，其开门时间有所不同，因此对 t_1、t_2、t_3、t_4 所占的比例也随电梯的规格而异。

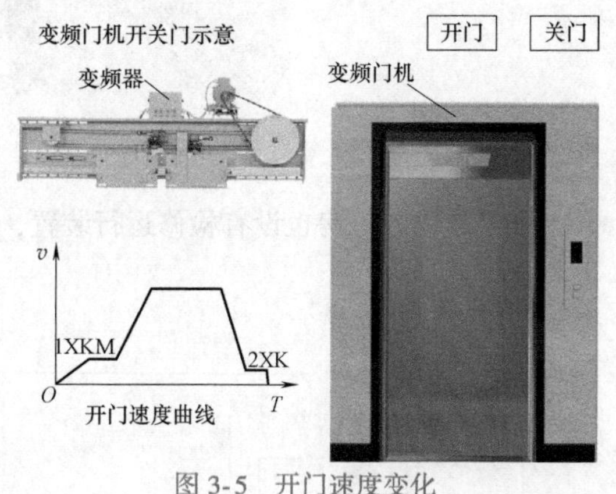

图 3-5　开门速度变化

2. 关门过程速度的变化

常见的关门速度变化过程是：全速起动运行（t_1）→第一级减速运行（t_2）→第二级减速运行（t_3）→停机惯性运行至门全闭（t_4），如图 3-6 所示。

在关门过程中，t_1 阶段是主运动，常占整个行程的 70%左右。

一般关门的平均速度低于开门的平均速度，这是为了安全起见，防止关门时将人夹住。考虑到关门过程中门对人体的冲击，有必要对门速实行限制。当门的动能超过 10J 时，最快门扇的平均关闭速度要限制在 0.3m/s。

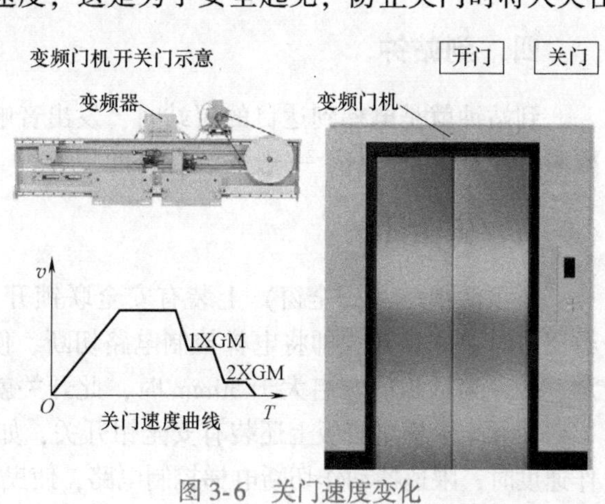

图 3-6　关门速度变化

三、轿顶检修盒

轿顶检修盒分为固定式和移动式两种，供电梯检修人员在轿顶进行短时操纵电梯慢速运行之用，其中固定式检修盒常安装在轿厢架上梁便于操纵的位置，如图 3-7 所示。移动式检修盒在停止使用时应放入一特殊的安全箱体内，

以免损坏。此外，轿顶应配有照明和电源插座，对其位置的要求是使用方便，通常这是与固定式检修盒组合在一起的。

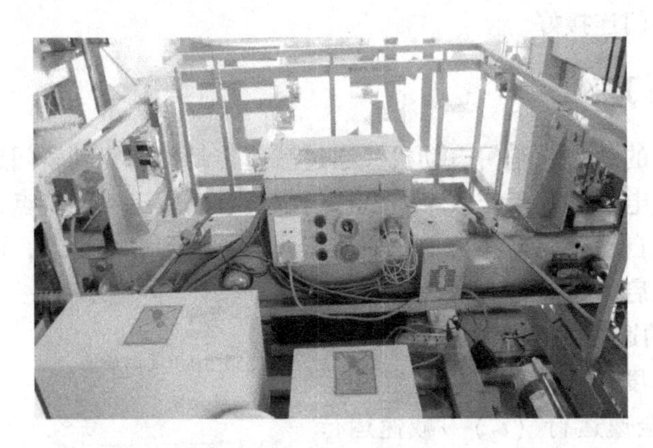

图 3-7　固定式检修盒

如果轿内、机房也设有检修运行装置，应确保轿顶优先，控制电路如图 3-8 所示。

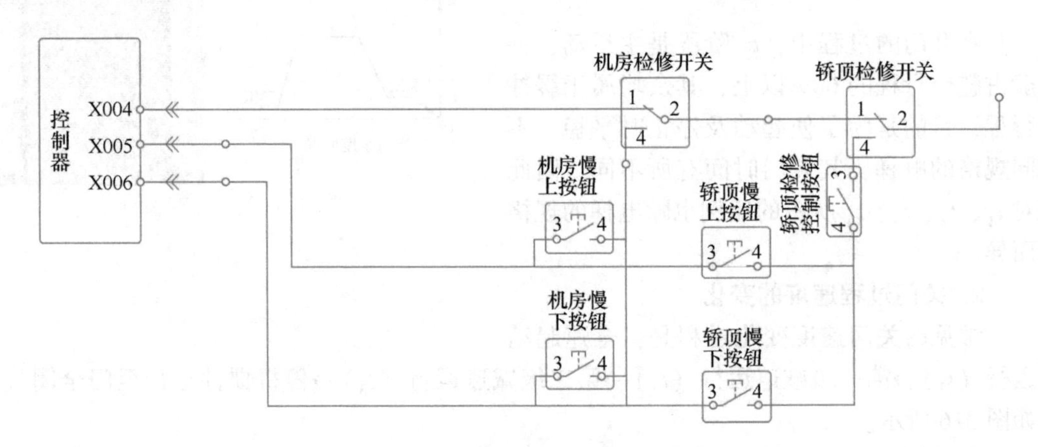

图 3-8　检修控制原理图

四、到站钟

到站钟就是电梯到达目的层站时，发出音响的一种装置，如图 3-9 所示。到站钟用于提醒乘客注意上下电梯，一般安装在轿厢顶部。

五、安全开关

轿顶活板门（安全窗）上装有安全联锁开关，当电梯发生故障，打开活板门将乘客营救出去时，联锁开关即将电梯控制电路切断，使轿厢不能再运动。此开关装在活板门四边任意一侧，当活板门开启大于 50mm 时，此开关就自动切断控制电路。

轿厢架上横梁腹板上还装有安全钳开关，如图 3-10 所示。在电梯下降速度超过限速器动作速度时，限速器动作切断电梯控制电路，使曳引电动机失电而停车，这是一种非自动复位开关。当限速器动作后需恢复正常运行时，应先将此开关复位。此开关应安装牢固、动作可靠。

图 3-9　到站钟

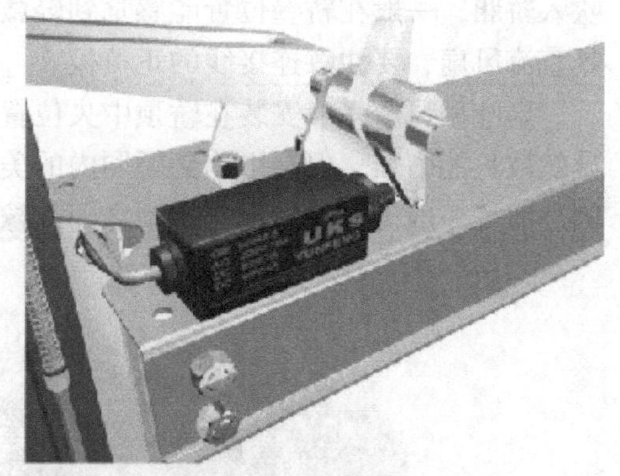

图 3-10　安全钳开关

六、轿顶接线盒

轿顶接线盒是连接轿厢电气设备与井道随行电缆的电气接线盒，如图 3-11 所示。轿顶接线盒、导线槽、导线管等要按厂家安装图安装。若无安装图，则应根据便于安装和维修的原则进行布置。

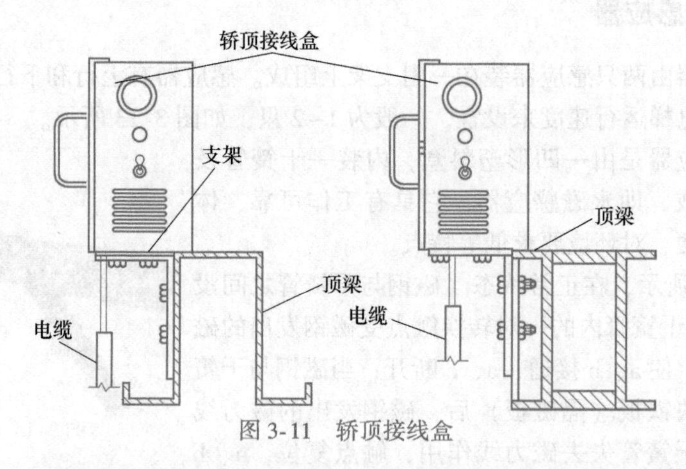

图 3-11　轿顶接线盒

在布置轿厢电气设备时，因轿厢的各装置分布在轿底、轿内和轿顶，应在轿底和轿顶各设置一个接线盒。随行电缆进入轿底接线盒后，分别用导线或电缆引至称重装置、操作屏和轿顶接线盒。再从轿顶接线盒引至轿顶各装置，如门电动机、照明灯、传感器及安全开关等。从轿顶接线盒引出的导线，必须采用导线管或金属软管保护，并沿轿厢四周或轿顶加强敷设，且应整齐美观，维修操作方便。

七、照明设备、风扇的安装

照明设备、风扇的作用是为乘客创造优雅舒适的环境。照明有很多种形式，简单的只在轿顶上安装两盏荧光灯，而高级客梯的装潢考究，安装时应根据设计要求安装牢靠和美观。风扇只需根据设计位置安装牢固即可。

轿顶风扇分为换气作用的轴流风扇和散热作用的扇叶型风扇两种，如图 3-12 所示。轿顶风扇一般使用轴流风扇，大多起换气作用。在轿厢内看不到换气风扇，风由轿顶装饰两侧吹入轿厢，一般在轿壁位置能感觉到轻微的气流。安装轴流风扇时，要注意风扇方向，如果是直流风扇，要注意连接线的正负极。

扇叶型风扇一般安装在轿顶中央位置，在轿厢内就可以看到风扇，风扇的风力也较强，虽然散热能力强，但会影响到轿厢内的美观。安装所有的风扇都要注意风扇安装螺栓必须紧固，而且一般需要在风扇与轿顶之间加橡胶垫来防止振动。

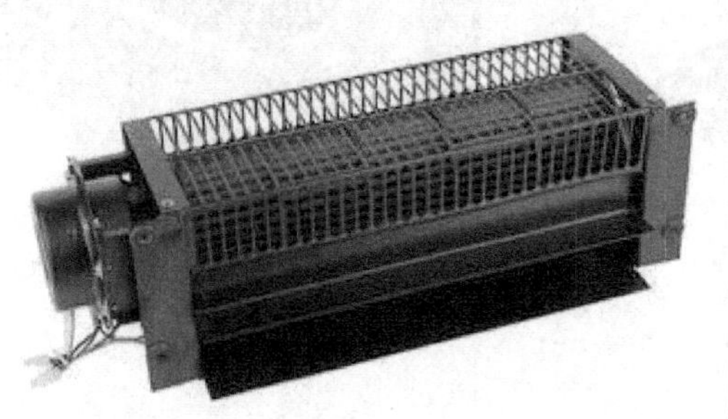

a) 轴流风扇

b) 扇叶型风扇

图 3-12　轿顶风扇

八、平层感应器

平层感应器由两只感应器装在一副支架上组成。感应器有上行和下行之分，每个方向的感应器又根据电梯运行速度来设置，一般为 1~2 只，如图 3-13 所示。

电梯用感应器是由一凹形塑料盒，内装一干簧管及一永久磁钢组成，即永磁感应器，它具有工作可靠、体积小、安装方便、对环境要求低等特点。

图 3-13　平层感应器

如图 3-14 所示，在正常状态（磁钢与干簧管之间没有铁板阻隔），干簧管内的一对转换触点受磁钢发出的磁力线作用动作，使 a、b 接通，a、c 断开；当磁钢与干簧管之间插入一块铁板（隔磁板）后，磁钢发出的磁力线被铁板短路，干簧管失去磁力线作用，触点复位，a、b 断开，a、c 接通。用插入或抽出铁板的方法，感应器就可实现开关作用。

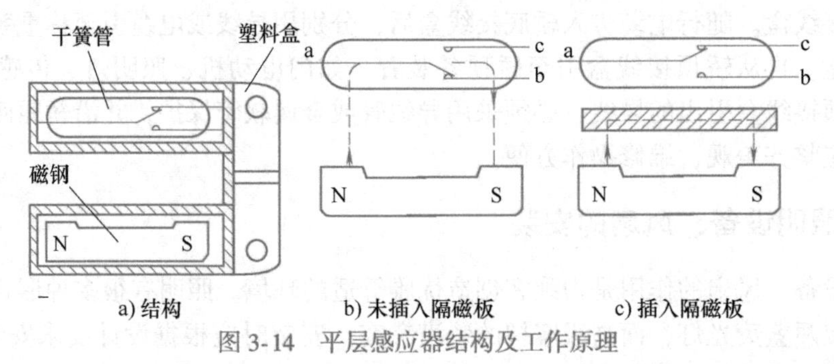

图 3-14　平层感应器结构及工作原理

安装平层感应器时，先把感应器安装在轿顶的支架上，将其开口侧对着导轨上的隔磁板位置，感应器安装后应将隔磁板取下，否则感应器将不起作用。安装隔磁板时，将轿厢升至顶层，然后从顶层隔磁板向下放一垂线，使轿厢慢车从顶层向下运行，将隔磁板安装好，边安装边调整，最后从轿顶传感器接线盒引出导线与相应轿顶接线盒接好。

任务施工

1. 安全

所有进入施工现场的人员都必须穿好工作服、防护鞋，戴好安全帽，系好安全带。

2. 安装准备

准备好自动门机、轿顶检修盒、轿顶风扇、轿厢照明灯、到站钟、轿顶接线盒、配套螺钉、尼龙卡带、绝缘带、金属软管及其护口、塑料软管、记号笔等。

3. 施工工艺流程

设备、材料、工具都准备好以后，按照表3-1的流程进行轿顶电气设备的安装。

表3-1　轿顶电气设备安装流程

步序	步骤名称	安装步骤图示	安 装 说 明
1	安装门导轨和门机		检查轿门导轨质量，把门导轨固定在门头板上 把轿门电动机固定在门头板上
	经验寄语：门导轨的方向不能装反。固定门机的螺钉要面向门机的方向穿出		
2	安装门刀		安装多楔带，即传动和减速机构 把轿门门刀固定在门头板上 把门机的线路连接好，门机线路要连接在轿顶中间接线盒，再进入随行电缆。把整个组装好的门头板安装在轿门门头上
	经验寄语：轿门门刀的位置要和层门门锁滚轮的位置对正，而且要防止凸出的碰撞，多楔带不能太紧也不能太松。		
3	固定轿顶检修盒	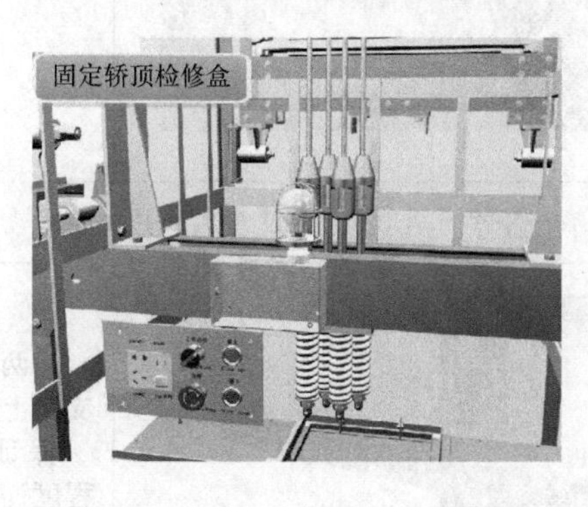 	把轿顶检修盒的壳体固定在轿顶横梁上的一侧，不影响其他元件工作的位置
	经验寄语：检修盒的安装位置不应挡住观察钢丝绳的视线，尽量安装在横梁的一侧		

（续）

步序	步骤名称	安装步骤图示	安装说明
4	连接检修盒线路	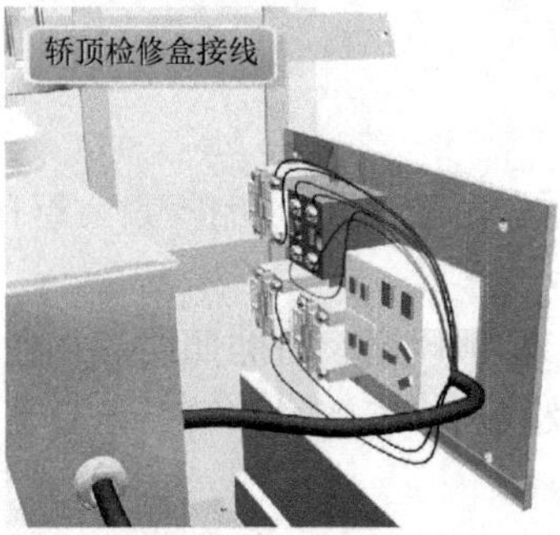	轿顶检修盒的面板接线。这些线是经过随行电缆从轿顶中间接线盒过来的 用螺钉把轿顶检修盒的面板固定在壳体上
	经验寄语：轿顶检修盒内部的接线要留有余量，不能拉扯得太紧，应把护套线在检修盒内固定一下。安装完成后，要检验轿顶检修盒上的开关能否正常动作		
5	安装轿厢照明		安装轿厢照明灯，并把线路接好，在轿顶上走线
6	安装轿厢风扇		把轿厢的风扇安装固定在轿顶预留位置，并把导线接好，在轿顶上走线
	经验寄语：轿顶走线要注意不被维修人员踩到，要注意风扇的安装方向		
7	组装平层感应器		把两个平层感应器固定在槽钢支架上 保证水平度、垂直度和对中程度

（续）

步序	步骤名称	安装步骤图示	安装说明
8	安装平层感应器并接线	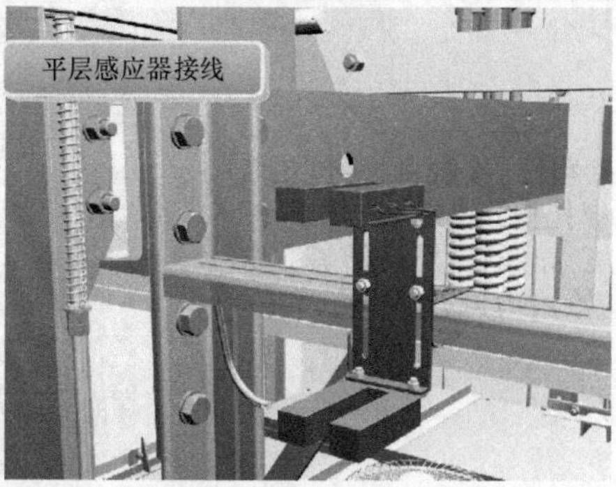 平层感应器接线	把平层感应器组件安装在轿顶侧面合适位置 平层感应器接线时，应顺着支架的方向绑扎导线
	经验寄语：平层感应器的水平位置和竖直位置要合适，能使轿厢正常平层。此处线路的走线应不影响轿厢运行，且不易被轿顶维修人员踩到		

工程验收

轿顶电气设备安装完成后，即可按照表3-2的要求进行验收。

表3-2 轿顶电气设备验收表

序号	验收内容	参考图例
1	自动门机安全保护开关应可靠固定，但不得使用焊接固定，安装后不得因电梯正常运行的碰撞或因钢丝绳、钢带、皮带的正常摆动使开关产生位移、损坏或误动作。自动门机及导线管、导线槽的外露可导电部分均应可靠接地；接地支线应分别直接接至接地线干线接线柱上，不得互相连接后再接地	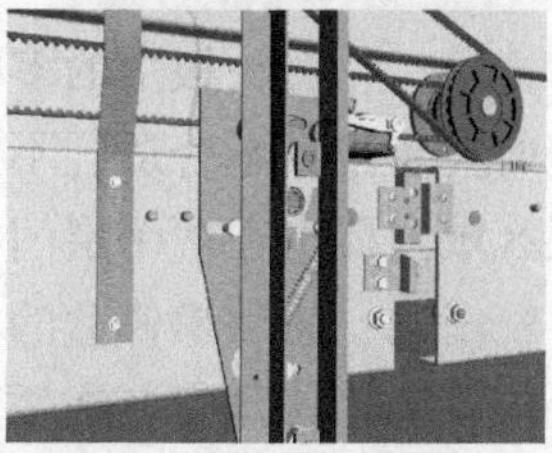
2	轿顶检修盒的照明电源应与电梯驱动主机电源分开，可通过另外的电路或通过主开关供电侧相连，从而获得照明电源 轿顶检修盒的插座电源应与电梯驱动主机电源分开，可通过另外的电路或通过主开关供电侧相连，从而获得插座电源 轿顶检修盒的照明电源和插座电源开关所控制的电路均应具有各自的短路保护	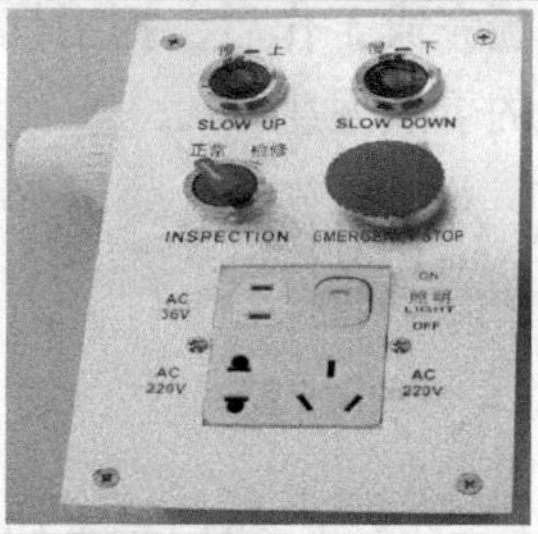 SLOW UP SLOW DOWN INSPECTION EMERGENCY STOP AC 36V AC 220V AC 220V
3	轿顶检修盒配线应连接牢固，接触良好，包扎紧密，绝缘可靠，标志清楚，绑扎整齐美观 急停、检修、转换等开关，按钮的动作必须灵活可靠	

（续）

序号	验收内容	参考图例
4	平层感应器配线应连接牢固，接触良好，包扎紧密，绝缘可靠，标志清楚，绑扎整齐美观 平层感应器的附属构架，导线管、导线槽等非带电金属部分的防腐处理应涂漆均匀、无遗漏	
5	轿顶照明和风扇的走线位置应不能轻易让人踩到	

错误情境解析

情境一：门头板上的多楔带过松或过紧，导致门机的传动和减速机构不能很好地工作。门刀的安装位置不合适，不能与层门的门锁滚轮配合。正常情况下，两个门刀刀片在每层的平层区域内要卡在两个层门滚轮的中间。

情境二：轿顶检修盒的安装位置距离钢丝绳太近，影响维修人员对钢丝绳进行观察和维护。应该把检修盒安装在轿顶横梁上偏向一侧的位置，这样不影响对轿顶的维护。维修人员在轿顶完成工作后，把工具遗留在轿顶上。这样在电梯运行时，就可能导致危及人身和设备安全的事故发生。

综合训练

一、判断题

（　　）1. 轿门是主动门、层门是从动门，轿门带动层门。

（　　）2. 电梯开门和关门的速度变化过程是一致的。

（　　）3. 不同规格的电梯，开关门时间不同。

二、填空题

1. 轿顶电气设备主要有自动门机、__________以及各种__________和轿顶检修盒。

2. 电梯自动门机的种类很多，但其基本组成由______、______，连动机构和控制箱组成，常用的自动开关门机有____和旁开自动门机。

3. 轿顶检修操纵箱分为＿＿＿＿＿＿＿＿＿和移动式两种，供电梯检修人员在轿顶做＿＿＿＿运行之用，其中固定式常装在轿厢架上梁便于操纵的位置。

三、简答题

1. 安装平层感应器时，应注意什么问题？
2. 简述安全窗开关的安装位置和作用。

任务二　安装轿内、轿底电气设备

任务描述

在轿内安装操纵箱、信号箱、层楼显示装置、门防夹装置及超载开关等，通过完成本次任务，使学生掌握这些设备的结构特点、安装方法、安装位置及验收标准等，学会如何根据国家标准和行业规范安装这些设备。轿内电气设备如图 3-15 所示。

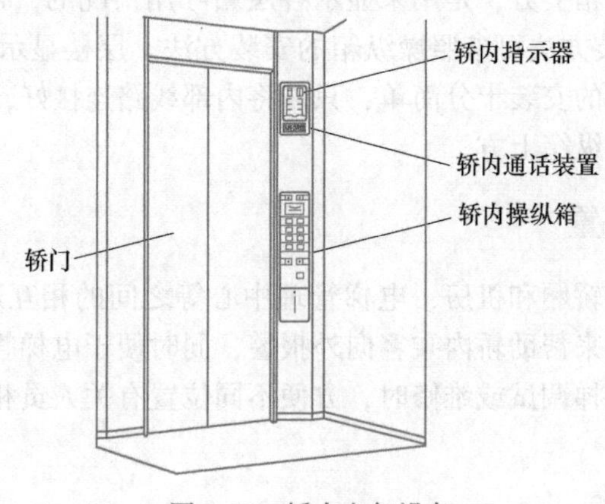

图 3-15　轿内电气设备

知识铺垫

轿内电气装置主要有操纵箱、信号箱、层楼显示装置、内部通话装置、关门保护装置及超载装置等。

一、轿内操纵箱

操纵箱是控制电梯关门、开门、起动、停层、急停等的控制装置。它有手柄式和按钮式两大类，按钮式又可分为大行程按钮和微动按钮两种，并可供有/无司机使用。有些高级电梯为使乘客方便，设有两只操纵箱，如图 3-16 所示。操纵箱安装工艺较简单，只要在轿厢相应位置装入箱体，将全部导线接好后盖上面板即可，一般面板都是精致成品，安装时切勿损伤。

对于操纵箱的拆卸维修则需要一定的方法，具体如下：

1）安装时，将操纵箱箱体放入轿厢操纵壁的操纵箱预留孔，利用两侧的螺栓将其固定在轿厢壁上。调整操纵箱距离轿壁面板±1mm后，将所有的固定螺栓紧固。

2）面板的固定：将面板侧的固定钩压入操纵箱体侧的圆柱形铆钉，然后把面板往下侧拉，则圆柱铆钉固定在固定钩的槽内。安装面板时，应注意不要压迫到操纵箱内的导线。

3）面板的拆卸：按面板固定方法相反的顺序，将面板往上侧拉，则圆柱铆钉从固定钩槽内脱出，这时可将面板从操纵箱拆下。

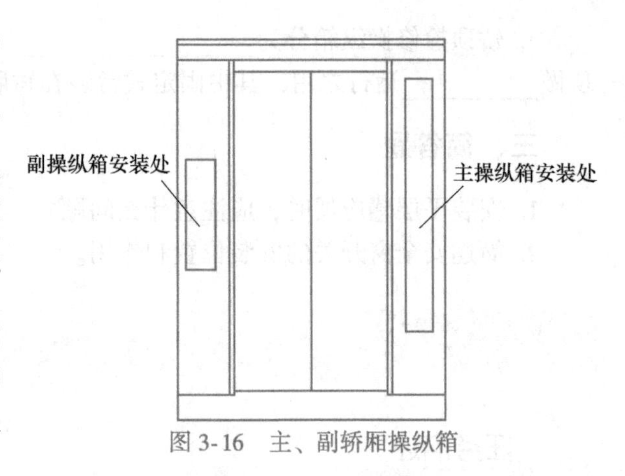

图 3-16 主、副轿厢操纵箱

安装轿内操纵箱时，需要注意操纵箱内的导线必须固定好，不要影响轿门的打开。

二、信号箱、层楼显示器

信号箱安装于操纵箱上方，是用来显示各层站呼用情况的，常与操纵箱共用一块面板，如图 3-17 所示。其安装方法可参照操纵箱的安装方法。层楼显示器是用来显示轿厢所在位置的装置，层楼显示器的安装十分简单，只需将内部线路连接好，安放于相应位置即可。通常安装于轿门上方或操纵箱上方。

三、内部通话装置

内部通话装置用于轿厢和机房、电梯管理中心等之间的相互通话，如图 3-18 所示。在电梯发生故障时，它用来帮助轿内乘客向外报警，同时便于电梯管理人员及时安抚乘客、降低乘客的恐惧感；在电梯调试或维修时，方便不同位置有关人员相互沟通。

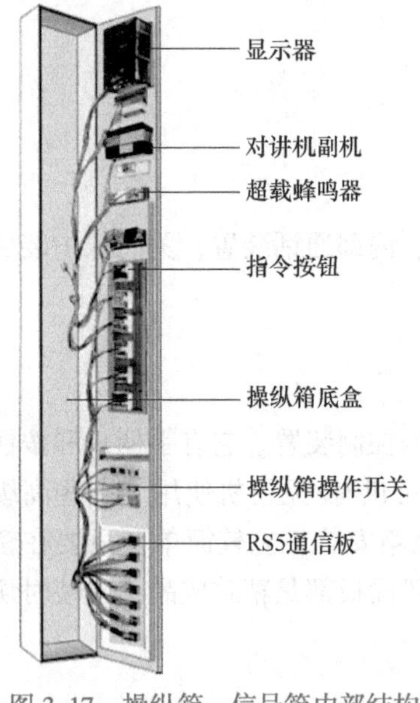

图 3-17 操纵箱、信号箱内部结构

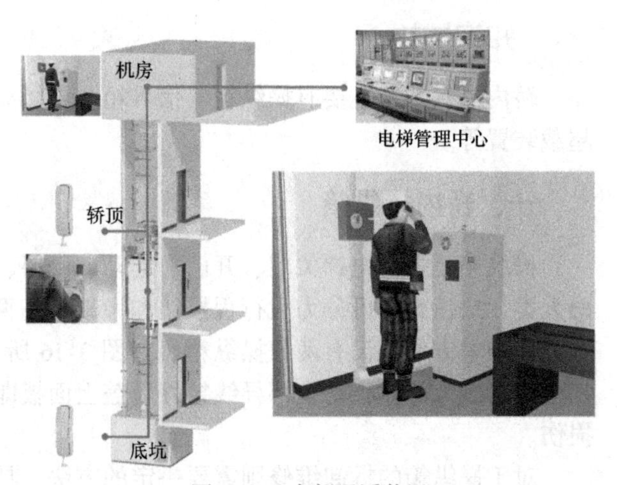

图 3-18 内部通话装置

四、关门保护装置

在关门过程中，通过安装在轿厢门口的光信号或机械保护装置实现关门保护，当探测到有人或物体在此区域时，立即重新开门。

常用的关门保护装置有安全触板、红外线光幕、电磁感应关门保护装置及超声波关门保护装置等。

1. 安全触板

安全触板是在轿门关闭过程中，当有乘客或障碍物触及时，使轿门重新打开的机械式门保护装置，如图 3-19 所示。

图 3-19 安全触板

安全触板属于电梯轿门上的一个软门，当电梯轿厢在关门过程中接触（安全触板）到物体时，连接在轿门的一个开关会给控制柜一个开门信号，使电梯开门，从而达到不伤人不伤物的作用。

该装置由触板、控制杆和微动开关组成。触板宽度为 35mm，最大推动行程为 30mm，一般装在轿门的边缘。当开关门机正在关门时，如果门的边缘碰触乘客或物件，装在安全挂板上的微动开关立即动作，切断关门电路，使门停止关闭，同时接通开门电路，门重新被打开。

一般情况下，对于中分式门，安全触板双侧安装；对于旁开式门，安全触板单侧安装，且装在快门上。安全触板动作的碰撞力不大于 5N。

2. 红外线光幕

光幕是由单片计算机（CPU）等构成的非接触式安全保护，安装在轿门两侧，如图 3-20 所示。用红外发光体发射一束红外光束，通过电梯门进出口的空间，到达红外线接收体后产生一个接受的电信号，表示电梯门中间没有障碍物，这样从上到下周而复始进行扫描。在电梯门进入口形成一幅光幕。通常光幕由发射器、接收器、电源及电缆组成。

图 3-20 红外线光幕

红外线光幕的安装位置及线路连接如图 3-21 所示。

3. 电磁感应关门保护装置

借助于电磁感应原理，在门区内组成两组电磁场，任意一组电磁场的变化都会作为不平衡状态出现。如果两组磁场不相同，则表明门区有障碍物，探测器断开关门电路。

4. 超声波关门保护装置

运用超声波传感器在轿门门口产生一个500mm×800mm的检测范围，只要在此范围内有人通过，由于声波受到阻尼，就会发出信号使门打开。如果乘客站在检测区内超过20s，其功能自动解除；门关闭时切除其功能，如图3-22所示。

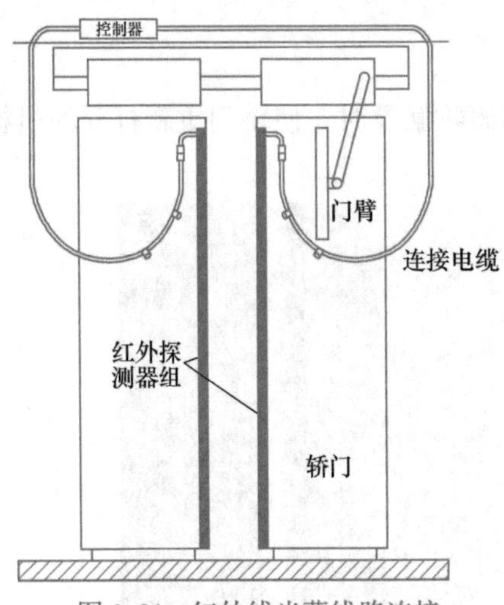

图3-21 红外线光幕线路连接

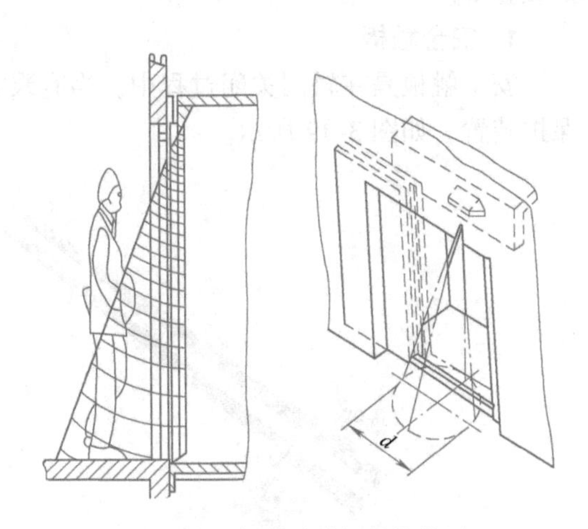

图3-22 超声波关门保护装置

五、超载装置

超载装置的作用是对电梯轿厢的载重实行自动控制。一般在载重达到电梯额定载重的110%时，超载装置切断电梯控制电路，使电梯不能起动，实行强制性载重控制；对于集选控制电梯，当载重量达到电梯额定载重80%～90%时，接通直驶电路，运行中的电梯不应答厅外截停信号。

电梯超载装置有多种形式，如机械式、电磁式等。

电磁式超载装置是根据电梯活动轿底依据载重产生弹性变化、通过霍尔传感器检测位移变化，从而实现对电梯轿厢超载进行检测。霍尔传感器实物如图3-23所示，其结构如图3-24所示。

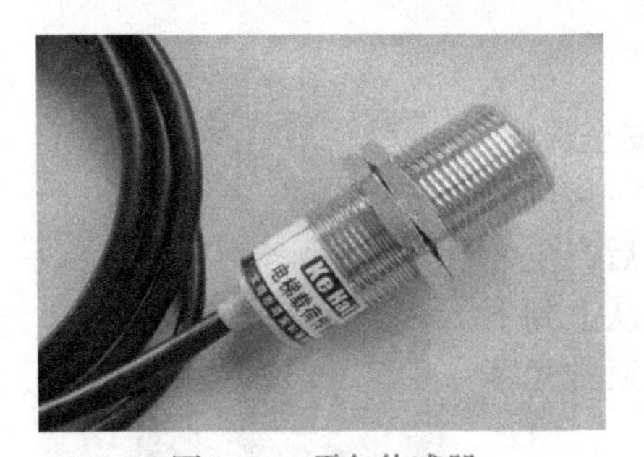

图3-23 霍尔传感器

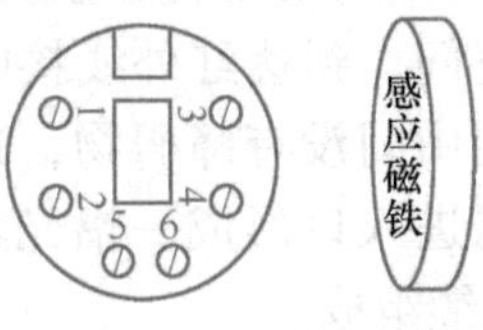

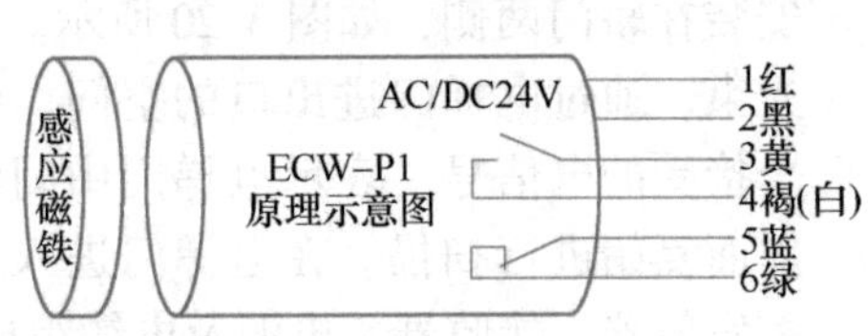

图3-24 传感器结构

霍尔传感器的接线端子功能见表3-3。

超载开关的安装位置如图3-25所示。

表 3-3　霍尔传感器接线端子功能

接线端子	导　线	功　能	说　明
1、2	红、黑线	系统工作电源	工作电源 AC/DC 24V(±10%)/100mA 触点容量：DC/AC 48V 500mA
3、4	黄、褐(白)线	超载继电器常开触点	
5、6	蓝、绿线	超载继电器常闭触点	

超载开关的调试方法如下：

1）参照图 3-25，用系统连接支架（支架用户自制），安装好超载装置，并尽可能将其安装在轿底中部。

2）将磁铁吸附在轿底，且标志面正对超载装置感应点。

3）安装调整超载装置，使轿底磁铁对准其上端面中心点。同时必须保证超载装置端面与磁铁断面相互平行。

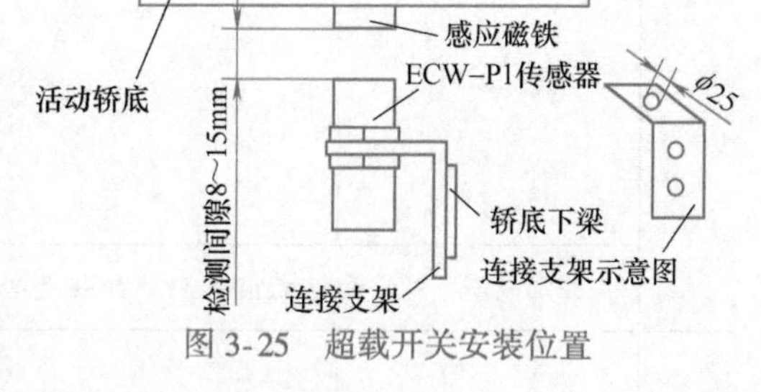

图 3-25　超载开关安装位置

4）在电梯额定负载时，调节超载装置使其指示灯刚好由暗到亮翻转，此时紧固超载装置，调试完毕。

任务施工

1. 安全

所有进入施工现场的人员都必须穿好工作服、防护鞋，戴好安全帽，系好安全带。

2. 安装准备

准备好轿内操纵箱、超载开关、门防夹装置、螺钉、尼龙卡带、绝缘带及黑胶布等。

3. 安装工艺流程

把设备、材料、工具都准备好，然后按照表 3-4 的流程进行安装。

表 3-4　轿内、轿底电气设备安装流程

步序	步骤名称	安装步骤图示	安装说明
1	操纵箱接线		把操纵箱面板的插件与井道中相应的插件连接好
	经验寄语：轿内操纵箱面板的接线不能拉扯得太紧		

（续）

步序	步骤名称	安装步骤图示	安装说明
2	操纵箱位置调整		把轿内操纵箱的位置调整好，四周均不要出现空隙，用螺钉把面板固定在操纵箱上
	经验寄语：固定面板之前先测试按钮是否能用		
3	固定超载传感器		在轿底把超载传感器安装在轿底横梁上
	经验寄语：超载装置应该有三个不同等级位置，分别是超载、满载和轻载位置		
4	调整超载传感器		调整超载传感器的位置，直到合适为止
	经验寄语：轻载开关最接近轿底，超载开关在最低位置，满载开关在中间位置		

工程验收

轿内和轿底电气设备安装完成后，即可按照表 3-5 的要求进行验收。

表 3-5　轿内、轿底电气设备验收表

序号	验收内容	参考图例
1	轿内操纵按钮动作应灵活，信号应显示清晰。轿内操纵箱及导线管、导线槽的外露可导电部分均必须可靠接地；接地支线应分别直接接至接地线干线接线柱上，不得互相连接后再接地；轿内操纵箱的安装应布局合理，横平竖直，整齐美观 轿内操纵箱内的各种开关的固定必须可靠，且不得采用焊接	
2	在关门过程中，通过安装在轿厢门口的光幕或机械保护装置，当探测到有人或物体在此区域时，立即重新开门	
3	在关门过程中，用物体挤压安全触板，电梯应停止关门动作，重新开门	
4	超载开关的位置要正确，在轿厢超载 10%时，超载开关应能断开	

错误情境解析

情境一：乘客在按动轿内操纵箱面板上的按钮时，出现了麻电现象。可能原因：轿内操纵箱的箱体接地不良或者根本没有接地。这种情况很危险，很容易出现人身安全事故。

综合训练

一、判断题（特种设备作业人员考核大纲要求）

(　　) 1. 电梯的满载装置不是安全保护装置。
(　　) 2. 当安全触板开关动作时，门机立即停止转动。
(　　) 3. 电梯进入消防运行时，安全触板及光电装置不起作用。
(　　) 4. 电梯的称量装置是安全保护装置之一。
(　　) 5. 电梯安全触板开关故障，可能导致电梯不关门的现象。

二、选择题（特种设备作业人员考核大纲要求）

(　　) 1. 轿厢内的报警装置应通到________。
A. 轿厢顶部　　B. “110”报警台　　C. 电梯井道中　　D. 有人值班处
(　　) 2. 电梯使用中，________开关动作时，会发出报警声，并且不能关门运行。
A. 安全触板　　B. 超载　　C. 底坑急停　　D. 机房急停
(　　) 3. 轿厢内应急灯是在________时自动亮起。
A. 超载　　B. 电梯出现故障
C. 电梯关不上门　　D. 电梯照明电源断电
(　　) 4. 按 GB 7588—2003《电梯制造与安装安全规范》规定，轿厢应有自动再充电的紧急照明电源，在正常照明的电源中断的情况下，它能至少供 1W 灯泡用电____h。
A. 30　　B. 40　　C. 1　　D. 2
(　　) 5. 电梯超载保护装置在轿厢载重量______时起保护作用。
A. 等于额定载荷　　B. 超过额定载荷
C. 超过额定载荷 10%　　D. 达到额定载荷 90%

三、简答题

1. 请说明轿顶检修操作装置有什么操作设施？有何作用？有何规定？

对接国标

GB 7588—2003《电梯制造与安装安全规范》的 8.17（照明）中规定：

8.17.1　轿厢应设置永久性的电气照明装置，控制装置上的照度宜不小于 50lx，轿厢地板上的照度宜不小于 50lx。

8.17.2　如果照明是白炽灯，至少要有两只并联的灯泡。

8.17.3　使用中的电梯，轿厢应有连续照明。对动力驱动的自动门，当轿厢停在层站上，按 7.8 门自动关闭时，则可关断照明。

8.17.4　应有自动再充电的紧急照明电源，在正常照明电源中断的情况下，它能至少供 1W 灯泡用电 1h。在正常照明电源一旦发生故障的情况下，应自动接通紧急照明电源。

8.17.5　如果 8.17.4 所述的电源同时也供给 14.2.3 要求的紧急报警装置，其电源应有相应的额定容量。

轿厢照明和通风电路的电源可由相应的主开关进线侧获得并在相应的主开关近旁设置电源开关进行控制。

知识梳理

- 安装轿厢电气系统
  - 安装轿顶电气设备
    - 工具：手电钻、扳手、螺钉旋具、卷尺、铅笔、剥线钳、压线钳等
    - 材料：螺栓、导线、导线护口、线鼻子、线号管等
    - 设备
      - 自动门机
        - 种类
          - 直流门机
          - 交流门机
          - 永磁同步门机
        - 方式
          - 中分自动开门机
          - 旁开自动开门机
        - 由电动机、传动机构，连动机构和控制箱组成
        - 开门速度：开门速度变化过程：低速启动运行→加速至全速运行→减速运行→停机惯性运行至开门
        - 关门速度：全速启动运行→第一级减速运行→第二级减速运行→停机惯性运行至门全闭
      - 平层感应器
        - 通常是1～2只安装在一个支架上
        - 从顶层往下逐个安装遮磁板
      - 轿顶检修盒
        - 种类
          - 固定式：安装在轿厢架上梁便于操纵的位置
          - 可移动式：在停止使用时应放入一特殊的安全箱体内
        - 如果轿内、机房也设有检修运行装置，应确保轿顶优先
      - 轿厢照明和风扇
        - 照明：日光灯照明和高级照明
        - 风扇：轴流风扇和扇叶风扇
      - 轿顶接线盒：连接轿厢电气设备与井道随行电缆的电气接线箱
      - 安全钳开关
        - 与限速器开关联合使用
        - 在电梯下降速度超过限速器动作速度时限速器动作切断电梯控制回路使曳引电动机失电而停车
        - 是一种非自动复位开关，当限速器动作后须恢复正常运行时，应先将此开关复位
      - 安全窗开关
        - 当电梯发生故障，打开活板门将乘客营救出去时，联锁开关即将电梯控制回路切断，使轿厢不能再开动
        - 此开关装在活板门四边任意一侧，当活板门开启大于50mm时此开关就自动切断控制回路
      - 到站钟：电梯到达目的层站时，发出音响，提醒乘客注意上下电梯。一般安装在轿厢顶部
  - 安装轿内、轿底电气设备
    - 工具：扳手、螺钉旋具、卷尺、铅笔等
    - 材料：螺栓、导线等
    - 设备
      - 轿内操纵箱
        - 控制电梯关门、开门、起动、停层、急停等
        - 分类
          - 手柄式
          - 按钮式
            - 大行程按钮
            - 微动按钮
      - 信号箱、层楼显示器：用来显示各层站呼梯情况，常与操纵箱共用一块面板
      - 内部通话装置
        - 用于轿厢和机房、电梯管理中心等之间的相互通话
        - 电梯发生故障时，它帮助轿内乘客向外报警
        - 便于电梯管理人员及时安抚乘客、减小乘客的恐惧感
        - 在电梯调试或维修时，方便不同位置有关人员之间相互沟通
      - 关门保护
        - 安全触板
          - 在轿门关闭过程中，当有乘客或障碍触及时，使轿门重新打开的机械式门保护装置
          - 由触板、控制杆和微动开关组成
          - 触板宽度为35mm，最大推动行程30mm
          - 关门碰到物体时，微动开关立即动作，切断关门电路，使门停止关闭；同时接通开门电路，门重新被打开
        - 红外线光幕
          - 非接触式安全保护，安装在轿门两侧
          - 由发射器、接收器、电源及电缆组成
        - 电磁感应式
          - 在门区内组成两组电磁场
          - 如果两组磁场不相同，表明门区有障碍物，不关门，而是开门
        - 超声波式
          - 在轿门门口产生一个50cm×80cm检测范围
          - 如果有人通过，就会发出信号开门，超时则取消
      - 超载装置
        - 作用：对电梯轿厢的载重实行自行控制
        - 超载
          - 在载重达到电梯额定载重的110%时，超载装置切断电梯控制电路
          - 电梯不关门、不起动、有报警声音
        - 满载
          - 在载重达到电梯额定载重的80%时，满载开关动作
          - 电梯直驶，不响应外呼信号，只响应内选信号
        - 轻载
          - 在载重不足电梯额定载重的10%时，轻载开关动作
          - 如果载重不足75kg，而又有多个内选信号，则电梯只响应最近的选层信号，到站后消除其他内选指令登记

项目四 安装底坑电气系统

项目引入

工程概况

某办公楼要安装一部电梯，单梯单井，底坑面积为2400mm×2300mm，深度为1700mm。梯型为AC-VVVF，梯速为1.0m/s，载重1000kg（13人）。需要安装底坑电气设备以及进行底坑布线。

作业条件

1）底坑土建施工完毕，如图4-1所示。

2）底坑的缓冲器、张紧装置安装到位，固定牢固可靠。

3）测量底坑的尺寸和各部件的位置，应符合图纸及规范要求。

4）底坑应有足够的照明条件。

图4-1 底坑土建

机具、材料

尼龙卡带、绝缘带、绝缘黑胶布、电锤、射钉枪、管钳、开孔器、手电钻、压线钳、剥线钳、煨管器、万用表、绝缘电阻表、膨胀螺栓、防锈漆等料具及其他常用电工工具。

学习目标

知识目标

1）掌握底坑检修盒及开关的安装方法和注意事项。

2）掌握底坑电气配线的基本知识。

3）掌握敷设底坑内线槽、电缆的方法。

技能目标

1）能根据底坑图纸要求安装底坑检修盒和开关。
2）能敷设底坑内的导线槽与电缆。

职业素养目标

1）底坑作业时，注意自身安全、他人安全和设备安全。
2）在施工现场要一人操作一人监护，符合电梯行业的操作规范。
3）安装过程中注意节约材料，爱护工具和调试仪表，时刻保持工作区的整洁。

任务　安装底坑电气系统

任务描述

在电梯底坑内安装底坑检修盒、防断绳开关、缓冲器开关以及进行底坑布线。通过完成本次任务，使学生掌握底坑电气设备的结构特点、安装方法、安装位置及验收标准等，学会如何根据国家标准和行业规范安装这些设备。

知识铺垫

底坑中需要安装的电气设备主要有底坑检修盒、缓冲器开关及防断绳开关。

一、底坑检修盒

底坑检修盒上有一只红色的电梯停止开关，是为了保证进入底坑的电梯检修人员的安全而设置的，应装在检修人员开启底坑门后就能方便摸到的位置，如图 4-2 所示。此开关应为双稳态非自动复位式，即关闭后手放开能保持关闭状态。此时应不能再操纵电梯运行。

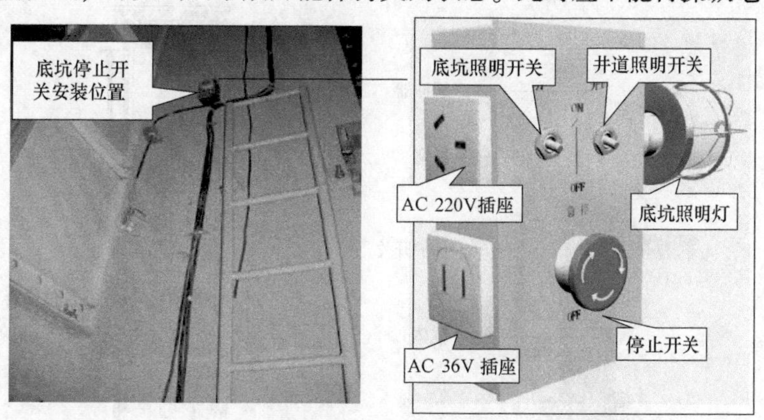

图 4-2　底坑检修盒

底坑检修盒上通常还设有 AC 220V 和 AC 36V 电源插座，供修理时插接电动工具。如果在底坑操纵电梯上下行是很危险的，所以，底坑检修盒没有“慢上”与“慢下”按钮，这一点与机房检修盒、轿顶检修盒及轿内检修盒不同。底坑检修盒的安装位置如图4-3所示。

底坑检修盒的安装要求如下：

1）检修盒的安装位置距层门门口不应大于1m，应选择距接线盒较近、操作方便、不影响电梯运行的地方。

2）底坑检修盒用膨胀螺栓或塑料胀塞固定在井道壁上。检修盒、导线管、导线槽之间都要跨接地线。

3）底坑检修盒上或近旁的停止开关的操作装置应是红色非自动复位的双稳态开关，并标以“停止”字样加以识别。

4）在底坑检修盒上或附近适当的位置需装设照明装置和电源插座。照明装置应加设控制开关，采用36V电压；电源插座选用2P+PE250V型，以供维修时插接电动工具用。

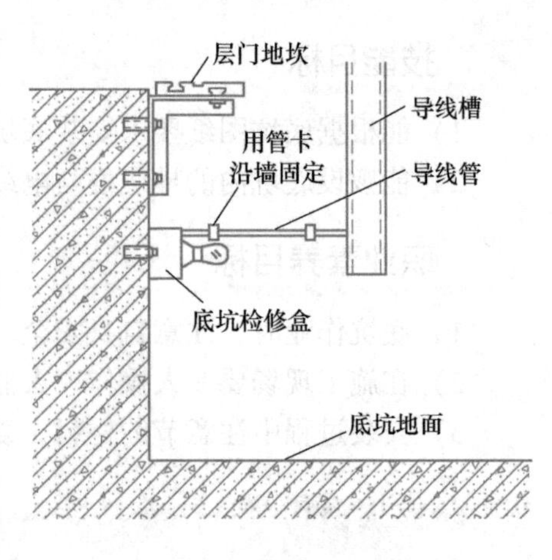

图4-3　底坑检修盒安装位置示意图

5）底坑检修盒上各开关、按钮要有中文标识。

二、缓冲器开关

缓冲器开关的作用在于监视液压缓冲器动作后是否能恢复到原来位置，若不能恢复至原来位置，说明该缓冲器发生故障，将对下一次动作的安全带来威胁。缓冲器开关应能自动切断电梯的控制电路，使电梯停止运行。安装时，当缓冲器活塞根部有凹槽时，可在缸体上加装一个抢箍，将缓冲器开关固定在抢箍上，微动开关触点可直接与凹槽接触，当缓冲器活塞未复位至原来高度时，微动开关触点未进入凹槽就保持断开状态。当缓冲器根部无凹槽时，可引用钢丝绳拉动连杆或直接带动开关触点动作，安装后开关应动作灵活可靠，反复性能好。缓冲器开关的结构如图4-4所示。

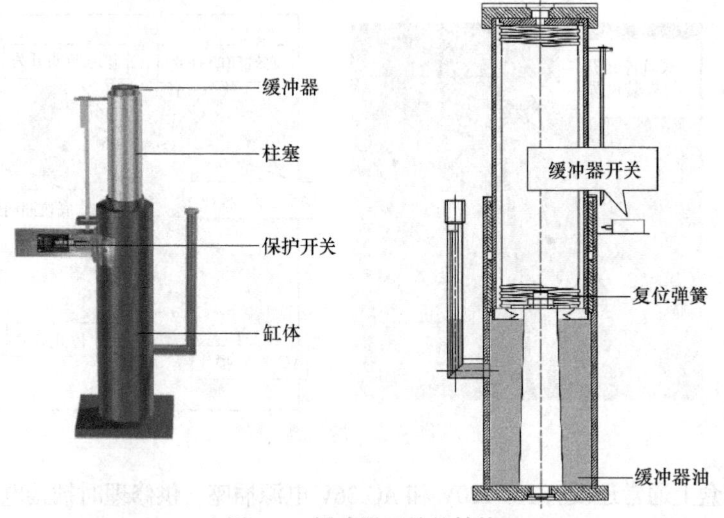

图4-4　缓冲器开关的结构

三、限速器及张紧装置的松绳及断绳开关

限速器及张紧装置的钢丝绳经长期使用后，可能产生延伸或意外断绳，此时断绳开关能自动切断电梯控制电路，使电梯停止运行，起安全保护作用。松绳及断绳开关安装于张紧轮碰块以下 50~100mm 处，开关支架可安装于轿厢导轨和补偿轮张紧装置导向槽附近，如图 4-5 所示。

四、配线选型

根据不同的用途，配线可选用导线、硬电缆或软电缆，应有不同的保护方式和敷设方式，具体如下：

1）导线若被敷设于金属或塑料制成的导线管（或导线槽）内或以一种等效的方式保护，则其可用于除电梯驱动主机主电路以外的全部线路。

2）硬电缆只能明敷于井道（或机房墙壁上），或装在导线管、导线槽及类似装置内使用。

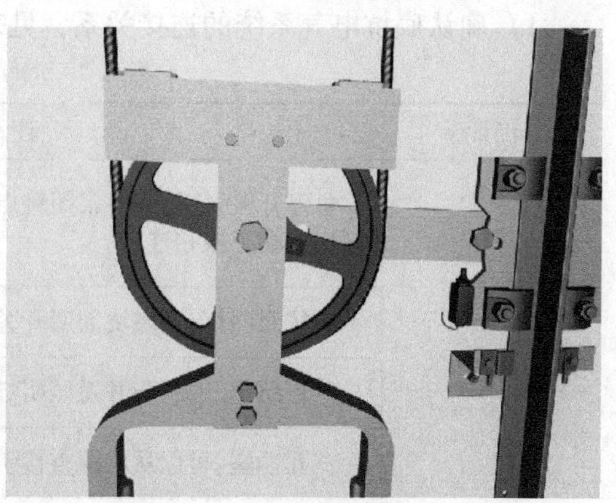

图 4-5 张紧装置及其开关

3）普通软电缆只有在导线管、导线槽或能确保起到等效保护作用的保护装置中使用。

五、底坑布线

在底坑内严禁使用可燃性及易碎性材料制成的管、槽，不易受机械损伤和较短分支处可用软管保护，如图 4-6 所示。金属线槽沿地面明敷设时，其壁厚不得小于 1.5mm。线槽敷设应横平竖直，无扭曲变形，内壁无毛刺，线槽应采用射钉或膨胀螺栓固定，每根线槽固定点不少于两个。安装后，其水平度和垂直度偏差不应大于 2/1000，全长偏差不应大于 20mm。线槽内导线总面积不应大于线槽净面积的 60%；导线管内线总面积不应大于线管内净面积的 40%；软管固定间距不应大于 1m，端头固定间距不应大于 0.1m。

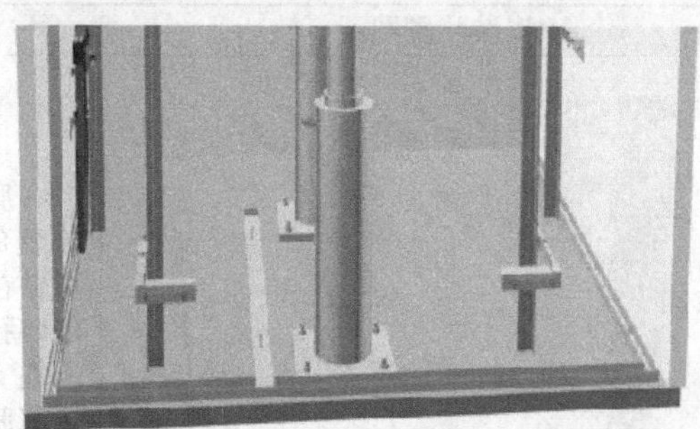

图 4-6 底坑线槽

软线和无护套电缆应在线管、线槽或能确保起到等效防护作用的装置中使用。护套电缆可明敷于井道或机房内使用，但不得明敷于地面。

线槽的金属外壳应有良好的保护接地（接零）。线管、线槽及箱、盒连接处的跨接地线

必须紧密牢固、无遗漏。

任务施工

1. 安全

所有进入施工现场的人员都必须穿好工作服、防护鞋，戴好安全帽，系好安全带。

2. 安装准备

1）确认底坑电气系统的连接关系，见表4-1。

表4-1 底坑电气系统连接关系

位置	连接部位	电压等级
底坑检修盒	急停开关：使用一对常闭触点，串联在电梯安全电路中，通常与控制柜的端子板相连	交流110V
	底坑照明灯：和底坑照明开关串联，需要从控制柜经变压器引入	交流36V
	井道照明开关：与井道照明灯串联，控制井道灯	交流220V
	三孔插座：可以从电源直接引入	交流220V
	两孔插座：需要从控制柜经过井道导线槽引入	交流36V
松绳及断绳开关	使用一对常闭触点，串联在电梯安全电路中，通常与控制柜的端子板相连	交流110V
缓冲器开关	使用一对常闭触点，串联在电梯安全电路中，通常与控制柜的端子板相连	交流110V

2）设备、材料要求：底坑检修盒及开关、松绳和断绳开关、缓冲器开关、膨胀螺栓、配套螺钉、尼龙卡带、绝缘带、异型塑料管及导线护口等。

3. 安装工艺流程

把设备、工具、材料都准备好，然后按照表4-2的要求进行施工。

表4-2 底坑电气设备安装流程

步序	步骤名称	安装步骤图示	安装说明
1	打孔		在底坑墙壁上选取检修盒的安装位置，用手电钻在墙壁上钻出4个安装孔位 在4个安装孔位均打入膨胀螺栓
	经验寄语：先把检修盒的壳体放置在安装位置，描出要打孔的位置。打孔时，钻头要垂直于墙面		

（续）

步序	步骤名称	安装步骤图示	安装说明
2	固定检修盒底座		把检修盒底座的安装孔对准墙壁上的4个膨胀螺栓，并用螺母固定好
3	检修盒的接线		把从井道总线槽引下来的线通过底坑的线槽引到检修盒内
	经验寄语：检修盒布线应该是从外往里穿出，等接好线以后再固定面板		
4	照明灯和插座接线	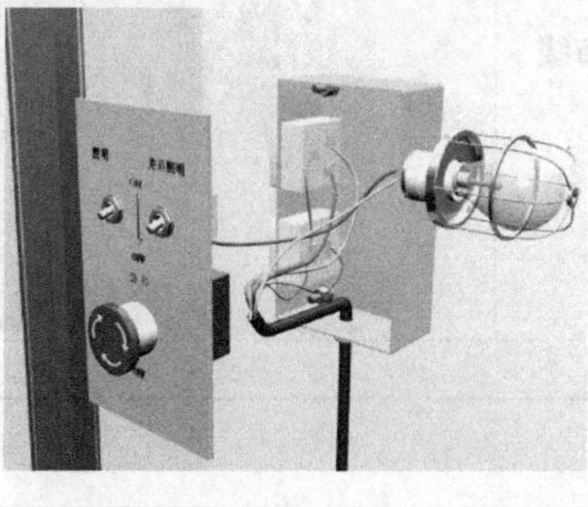	根据接线要求把照明灯和两个插座的线接好
	经验寄语：检修盒内的导线要留有一定余量，不能拉扯端子，线头固定要拧紧，不能松动		
5	开关接线	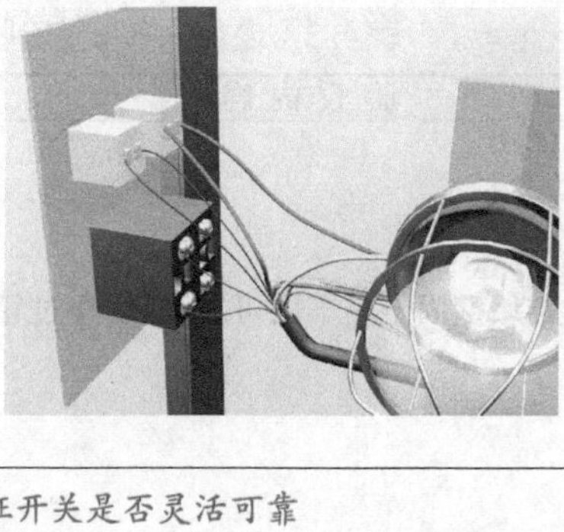	把检修盒面板上的底坑照明开关、井道照明开关和急停开关的线接好 把检修盒的面板与其底座固定好
	经验寄语：固定前，先验证开关是否灵活可靠		

（续）

步序	步骤名称	安装步骤图示	安装说明
6	确定安装位置	线槽与张紧轮开关间采用蛇皮管	把从井道总线槽引下来的线通过底坑线槽和蛇皮管引入开关处 在底坑的张紧装置附近，确定松绳和断绳开关的安装位置
7	安装开关支架		把松绳和断绳开关的支架固定在合适位置 把松绳和断绳开关固定在开关支架上，并调整好位置 把开关的线接好
	经验寄语：当张紧轮下落 50mm 时，开关应该动作，线槽和张紧轮之间采用蛇皮管连接		
8	缓冲器开关的布线		把从井道总线槽引下来的线通过底坑导线管和蛇皮管引到缓冲器开关，并把导线接好
	经验寄语：底坑布线要用导线管，导线管要和底坑地面有固定点		

工程验收

底坑电气设备安装完成后，可以按照表 4-3 的要求进行验收。

表 4-3　底坑电气系统验收表

序号	验 收 内 容	参考图例
1	检修盒与墙壁固定应牢固可靠，导线穿过箱体时应有护口	

（续）

序号	验收内容	参考图例
2	底坑检修盒的安装位置应合适、易于接近	
3	底坑检修盒应完整无损 用万用表检查检修盒上的插座是否合格	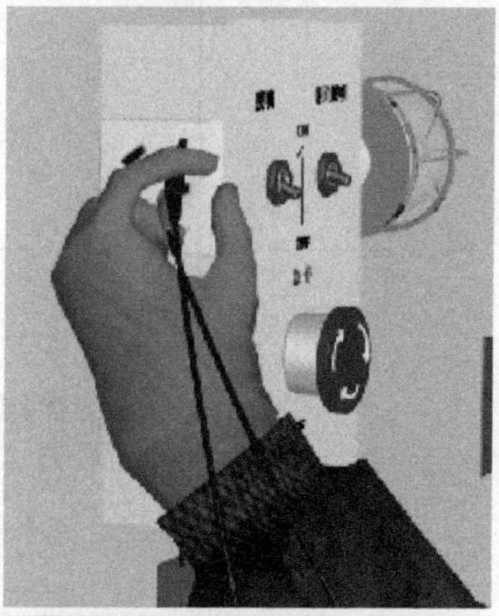 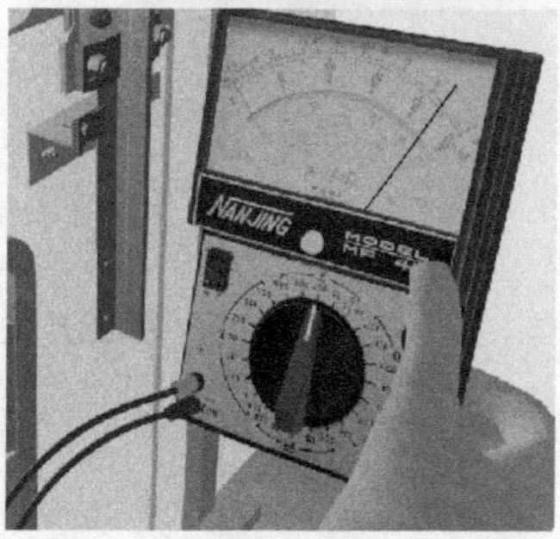
4	验证急停开关是否起作用，人为动作3次，开关应动作可靠有效，且为双稳态	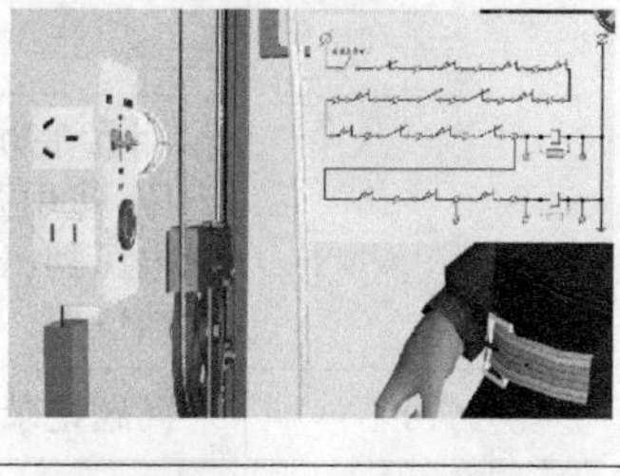
5	松绳及断绳开关的安装位置应保证在张紧装置下落50mm时，其开关能动作，且不能产生误动作	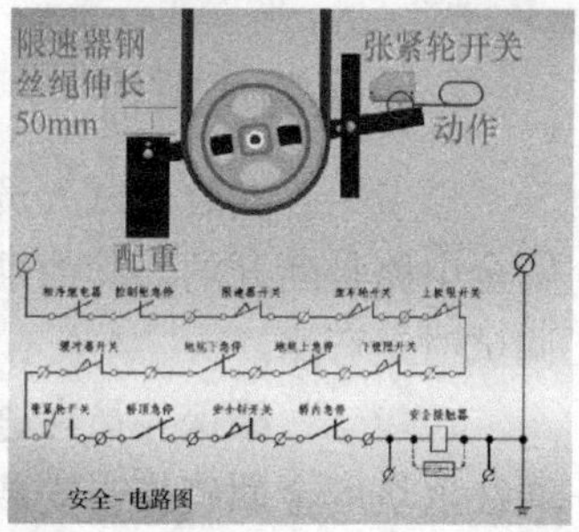

（续）

<table>
<tr><th>序号</th><th colspan="2">验 收 内 容</th><th>参考图例</th></tr>
<tr><td>6</td><td colspan="2">人为动作松绳及断绳开关 3 次以上,开关应工作可靠</td><td></td></tr>
<tr><td>7</td><td colspan="2">人为操作,让缓冲器开关动作 3 次以上,它应能通断可靠</td><td></td></tr>
<tr><td rowspan="11">8</td><td rowspan="11">验证开关</td><td>测试内容</td><td>结果</td></tr>
<tr><td>按下底坑急停开关,测量安全电路通断</td><td></td></tr>
<tr><td>恢复底坑急停开关,测量安全电路通断</td><td></td></tr>
<tr><td>按下松绳和断绳开关,测量安全电路通断</td><td></td></tr>
<tr><td>恢复松绳和断绳开关,测量安全电路通断</td><td></td></tr>
<tr><td>按下缓冲器开关,测量安全电路通断</td><td></td></tr>
<tr><td>恢复缓冲器开关,测量安全电路通断</td><td></td></tr>
<tr><td>往上拨动底坑照明开关,观察底坑照明灯亮还是灭</td><td></td></tr>
<tr><td>往下拨动底坑照明开关,观察底坑照明灯亮还是灭</td><td></td></tr>
<tr><td>往上拨动井道照明开关,观察井道灯亮还是灭</td><td></td></tr>
<tr><td>往下拨动井道照明开关,观察井道灯亮还是灭</td><td></td></tr>
<tr><td rowspan="3">9</td><td rowspan="3">测量底坑插座的电压,使用万用表交流电压挡,选用合适的挡位</td><td>测量内容</td><td>结果</td></tr>
<tr><td>测量底坑三孔插座的电压</td><td></td></tr>
<tr><td>测量底坑两孔插座的电压</td><td></td></tr>
<tr><td>10</td><td colspan="2">问题记录：</td><td>解决方法：</td></tr>
</table>

错误情境解析

情境一：安装调试人员在底坑工作后，急停开关处于断开状态，没有恢复就收工，表示安全电路是断开的。其他维保人员可能不会马上知道问题出在哪儿，只能一个个查找，造成调试时走弯路。

情境二：维保人员在进入底坑时，揪住电缆。正常情况下，每个电梯底坑都会设置一个通往底坑的金属爬梯，安装人员或维修人员要沿着梯子下底坑，不能揪住电缆，因为可能会造成电缆损坏或线芯断开。有些维修人员觉得背着工具下底坑不方便，就直接在底层地面把工具扔进底坑，这样可能会损坏底坑设备或者工具。

情境三：在底坑内作业时，轿厢突然下行失去控制，此时应立即按下急停开关，如果电梯停止则可，如果电梯仍然下移，切勿企图爬出底坑，应该立即平躺于缓冲器以下。

综合训练

一、判断题(特种设备作业人员考核大纲要求)

(　　) 1. 底坑停止开关必须使用双稳态开关，即有稳定的断开和闭合位置，不会自动复位。

(　　) 2. 当底坑底面下有人员能到达的空间存在，且对重尚未设有安全钳装置时，对重缓冲器必须能安装在（或平衡重运行区域的下边）必须一直延伸到坚固地面。

(　　) 3. 底坑检修盒上没有“慢上”“慢下”按钮。

(　　) 4. 缓冲器是电梯冲顶或蹲底的最后一道保护装置。

二、填空题

1. 底坑电梯停止开关，是为了保证进入底坑的____________的安全而设置的，应装在检修人员开启__________后就能方便摸到的位置。

2. 停止开关应为________________式，即关闭后手放开能保持关闭状态。此时轿箱内应__________再操纵电梯运行。

3. 检修盒的安装位置距层门门口________，应选择距________较近、操作方便、不影响______________的地方。

4. 底坑检修盒用__________或塑料胀塞固定在________上。检修盒、导线管、导线槽之间都要____________。

5. 底坑检修盒上或近旁的停止开关的操作装置应是_______________开关，并标以“__________”字样加以识别。

6. 在底坑检修盒上或附近适当的位置需装设__________插座。照明装置应加设____，采用________电压；电源插座选用2P+PE250V型，以供维修时插接_______使用。

7. 底坑检修盒上各开关、按钮要有____________标识。

8. 导线若被敷设于金属或塑料制成的_______________内或以一种等效的方式保护，则其可用于除________________________电路以外的全部线路。

9. 普通软电缆只有在____________或能确保起到等效保护作用的保护装置中使用。

10. 井道内敷设的电缆和导线若采用____________，应是阻燃和耐潮湿的，若采用非阻燃的电缆和导线，应采用________________的导线管或______________保护。

11. 导线槽应采用__________或____________固定，每根线槽固定点不少于______个。安装后，其水平度和垂直度偏差不应大于__________，全长偏差不应大于____________。

12. 导线槽内导线总面积不应大于导线槽净面积的________；导管内导线总面积不应大于导线管内净面积的________；软管固定间距不应大于________，端头固定间距不应大于_________。

《GB 7588—2003 电梯制造与安装安全规范》对底坑的要求：

5.7.3.4　底坑内应有：

a）停止装置，该装置应在打开门去底坑时和在底坑地面上容易接近。

15.7　底坑

在停止装置上或其近旁应标出“停止”字样，设置在不会出现误操作危险的地方。

10.4.1.2.1　非线性蓄能型缓冲器应符合下列要求：

a）当装有额定载重量的轿厢自由落体并以115%额定速度撞击轿厢缓冲器时，缓冲器作用期间的平均减速度不应大于1gn；

b）2.5gn以上的减速度时间不大于0.04s；

c）轿厢反弹的速度不应超过1m/s；

d）缓冲器动作后，应无永久变形。

10.4.1.2.2　“完全压缩”是指缓冲器被压缩掉90%的高度。

10.4.3　耗能型缓冲器

10.4.3.1　缓冲器可能的总行程应至少等于相应于115%额定速度的重力制停距离，即 $0.0674v^2$（m）。

10.4.3.3　耗能型缓冲器应符合下列要求：

a）当装有额定载重量的轿厢自由落体并以115%额定速度撞击轿厢缓冲器时，缓冲器作用期间的平均减速度不应大于1gn；

b）2.5gn以上的减速度时间不应大于0.04s；

c）缓冲器动作后，应无永久变形。

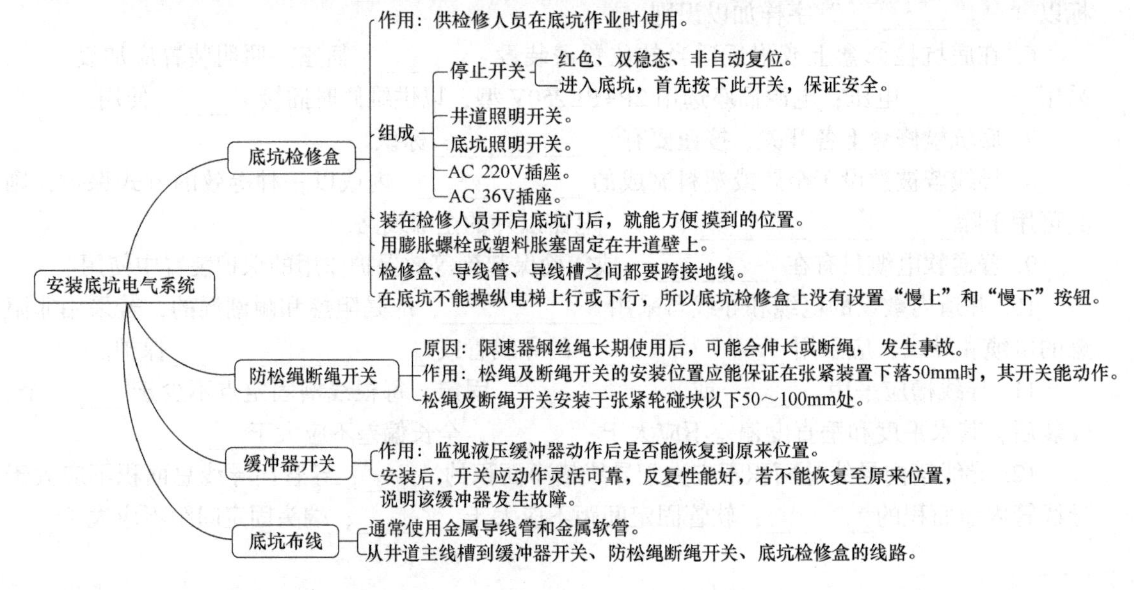

项目五

电梯调试及试验

项目引入

工程概况

某办公楼安装了一部电梯，单梯单井。梯型为 AC-VVVF，载重 750kg（10 人），梯速为 1.0m/s，电源电压为 AC 380V，办公楼供电系统为三相五线制，电动机功率为 11kW，断路器容量为 30A，铜导线规格为 $8mm^2$，变压器容量为 8kV·A。机房风扇一台，发热量为 4.72×10^6J/h，通风量为 $540m^3/h$，风扇尺寸为 $\phi25mm$。现需要对电梯进行各种试验及调试。

作业条件

1）电梯机械和电气设备均安装完毕。
2）电梯的所有布线完毕。
3）电梯能够运行。

机具、材料

本项目所用的仪表和器材见表 5-1。

表 5-1 试验仪表和器材

 砝码	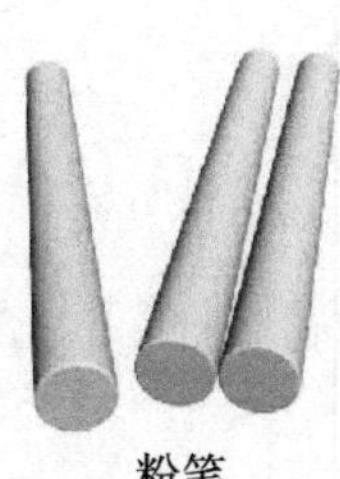 粉笔	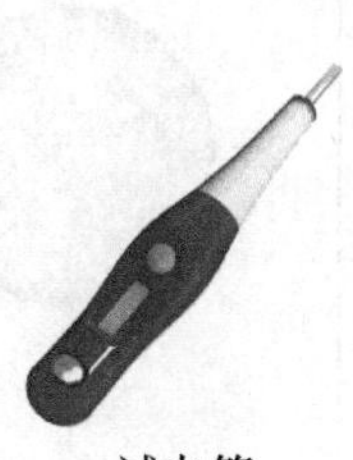 试电笔	 手电筒

（续）

测速仪	对讲机	声级计	拉力计
游标卡尺	钢卷尺	片塞尺	测试夹
钳形电流表	油石	水平尺	多用旋具
套筒螺钉旋具	电烙铁	焊锡	手灯
点温计	百分表		

学习目标

知识目标

1）了解电气系统的功能。
2）掌握电梯系统各部分的功能及工作原理
3）掌握电梯各种功能的调整和检测方法。

技能目标

1）熟悉电梯控制柜的图纸等技术资料。
2）会清点、检查与存放安装材料。
3）会准备安装工具。
4）会使用仪器仪表对需要的电气元件、线缆的性能、质量进行检测。
5）能按照图纸安装电气元件及线缆。
6）根据调整要求找到相应 GB，并能根据国标对电梯进行调整。
7）能对调试结果进行自检。

职业素养目标

1）通电调试电梯电气系统时，注意自身安全、他人安全和设备安全。
2）有人操作，有人监护，分工合作。
3）严格按照电梯行业的相关标准和规范进行调试。

任务一　慢车/快车调试

任务描述

当电梯整体安装完成后，分别在机房和轿顶进行检修和运行调试。在完成所有慢速运行试验的情况下，电梯在所有电气及机械安全保护装置作用下进行快速运行试验。通过完成本次任务，使学生掌握慢车/快车调试的前提条件、注意事项、调试步骤及结果验证。

知识铺垫

电梯的机械部件和电气部件安装完成后，还要自上而下拆除井道内的脚手架，并进行井道和导轨的初步清扫工作。用吊挂轿厢的起重设备把轿厢再升高些，拆除搁住轿厢的枕木，然后再用手拉葫芦使轿厢下行一段距离，约低于最高层楼平面 300~400mm。到井道底坑拆除对重下的填木。关闭好各楼层的层门，以防止他人跌入井道内。

电梯的机械部件和电气设备均安装好以后，在通电前要对电梯进行一系列检查，检查对象和检查要点见表 5-2。

表 5-2 电梯调试前的检查对象和检查要点

序号	检查对象	检查要点
1	机械安全部件	限速器、安全钳及限速器钢丝绳等均已安装完毕，且动作有效、可靠；电梯底坑部件安装完毕，若使用液压缓冲器，则应确认缓冲器油是否按要求加足；井道内无影响电梯运行的障碍物；层门安装良好；层门立柱与门洞之间应封闭良好；导轨安装已经检验合格 钢丝绳安装正确、紧固；限位开关安装固定；限速器钢丝绳张紧轮安装正确；轿厢安装完毕，拼装紧固；随行电缆安装固定良好；主机固定符合工厂的安装说明要求，并且主机大梁固定封闭等隐蔽工程到位；若为有齿轮曳引机，应确认减速箱的油是否加到位；应确认主机上的编码器固定是否牢固；限速器定位应符合国家标准
2	机房的各电气部件和电气线路	控制柜上的检修/正常开关在检修位置，急停开关被按下 接线工作均已完成，接线正确，接线螺栓均已拧紧而无松动现象 各电气部件的金属外壳均良好接地，且其接地电阻不大于 4Ω 线槽敷设规整，线槽间有铜片或黄绿线连接。控制柜安装定位规整 机房、井道保持整洁，轿厢门机安装正确
3	轿厢的所有电气线路	轿顶、轿内操纵箱、轿底的配置及接线工作均已完成。门机接线应正确；光幕接线正确。轿顶平层感应器接线正确，安装尺寸正确。确认井道，轿厢无人，并具备适合电梯安全运行的条件 请按《光幕用户手册》检查校对光幕 确认轿厢层楼显示装置显示正常
4	机房与井道之间的接线	机房内控制屏、选层器、安全保护开关等与井道内各层楼的呼梯按钮箱、门外指示灯、门锁电气触点等的接线正确，接线螺栓均已拧紧而无松动现象。检查每个层楼的通信插头接线是否接触良好，接线线号是否正确。检查锁梯层的锁梯钥匙开关是否接好。所有线与接地线(PE)应不相通
5	井道内各安全开关能有效动作	井道内上、下极限安全开关安装位置正确且开关动作有效 上、下限位开关安装位置正确且开关动作有效 上、下强迫减速开关安装位置正确且开关动作有效
6	不带层门的自动门机调试	1) 令电梯处于检修状态，并使电梯停于最高层楼平面以下的 1.5m 处 2) 把控制柜中的开关门电动机电路的熔断器暂用 2A 熔丝勾上，然后拆下开关门电动机轴上带轮上的皮带 3) 在轿内操纵箱上用手按关门和开门按钮，门电动机应转动，检查其转向是否与开关门方向一致，若不一致，应调换门电动机的极性或相序 4) 在进行第 3 步操作的情况下，手按关门/开门减速开关、限位开关，门电动机应有明显地减速和停止转动。然后用手转动第二级带轮，依靠其上的弧形开关打板顺序碰触减速开关和停止限位开关，门电动机也应减速和停止 5) 把皮带挂在门电动机轴上的带轮上，这样，掀按开关门按钮即可控制电梯轿门启闭。根据开关速度调节门电动机电路中调速元件和减速开关的位置，使轿门启闭平稳而无撞击声。同时，调整关门时间约为 3s，而开门时间小于 2.5s
7	带层门的自动门机调试	1) 装上轿门上的门刀，然后关好电梯轿门后使电梯慢速向上运行，使门刀插入外层门锁的两块橡胶(尼龙或涤纶)中间，然后令电梯关门和开门，进一步调整关门电动机的速度，直至平稳而无撞击声 2) 调整各层层门在点动启闭情况下层门与门立柱、门扇间的间隙(≤6mm)，以及各层机械钩子锁的锁紧程度与电气触点的闭合状况。使机械钩子的啮合长度≥7mm，并使电气触点同时可靠接通。待全部调整完毕后，即可拆除控制屏接线端子上的门锁触点钩线，使门锁保护装置起作用 3) 电梯的快速运行也必将在所有安全保护装置起作用的情况下进行 4) 在电梯快速运行试验之前，首先要将电梯慢速运行至整个行程的中间层楼，以防止电梯运行方向错误时，有时间采取紧急停车措施；轿内不设置司机或其他人员。并在机房内将电梯门关闭后，拆除开门继电器的吸引线圈接线端子，这样，在电梯到站后就不能开门，以防止快速调试过程中各个层楼的人员进入电梯
8	环境检查	机房内各电气机械部件、轿厢内的各电气元件、井道各层站的电气元件均处于干燥而无受潮或受水浸湿、浸泡现象。确认井道外的施工不可能影响电梯的安全运行

任务施工

1. 安全

所有进入现场的人员都必须穿好工作服、防护鞋，戴好安全帽，系好安全带。

2. 调试前的检查

1）再次确认井道、轿厢内无人。

2）无阻碍电梯运行的人或物。

3）将总电源关闭，接上抱闸线至端子。

4）确认当前电梯处于机房紧急电动运行状态，确认安全电路，门锁电路均为通路。

3. 慢车/快车调试

调试流程见表5-3。

表5-3　慢车/快车调试流程

序号	步骤名称	演示图片	步骤说明
1	扳动检修开关		把机房检修开关打到"检修"位置
2	闭合开关		合上总电源，将控制柜急停开关复位
	经验寄语：确认控制柜中变频器带电，显示正常，液晶显示器显示检修状态		
3	查看制动器		点动按下机房"慢下"按钮，确认电梯运行方向 查看制动器是否断开和制动，曳引机有无异常 检查机房的急停按钮是否起作用。按下机房急停开关，机房检修装置不起作用，电梯不能运行；松开急停开关，检修装置起作用。此时，一定不要恢复检修开关至"正常"状态
	经验寄语：如果电梯运行方向与指令相反，则需要调整曳引机的电源相序。电梯上行时便于观察情况。制动器通电时松闸运行，断电时抱闸制动		
4	验证轿顶急停开关验证轿顶检修优先		保持机房的检修状态，上轿顶，验证轿顶急停开关是否有效。按下轿顶急停开关，机房检修不起作用，电梯不能运行 把轿顶检修开关打到"检修"状态，确认轿顶是否优先。方法如下： 把机房检修、轿厢检修和轿顶检修开关均扳到"检修"位置，应只有轿顶的"慢上"和"慢下"起作用 在轿内或机房进行检修操作，此时把轿顶检修开关扳到"检修"位置，电梯立即停止

（续）

序号	步骤名称	演示图片	步骤说明
4	经验寄语：优先级别最高的是轿顶检修，其次是轿内检修，最后是机房检修。在轿顶开慢车时，顺便清扫井道（主要是导轨支架上、各层门上坎和地坎的垃圾）、轿厢和对重导轨上的灰沙及油污，并同时仔细观察和检查轿厢是否与井道内其他固定部件或建筑设施相碰撞，若有则排除。然后再慢速上下运行数次，进一步清洗轿厢和对重导轨，并用润滑油润滑。以检修速度自上而下逐层安装井道内各层的平层感应器，各层的平层感应器隔磁板及上、下端站的强迫减速开关、限位开关和极限开关，然后拆除控制柜接线端子的临时短接线，使检修运行也处于安全保护之下		
5	强迫减速开关、限位开关、极限开关的检查和调整		将电梯以运行至上、下强迫减速开关动作的位置，此时轿厢地坎低于顶层、底层层门地坎的距离应符合要求 使轿厢向上运行，直至上限位开关动作，此时轿厢地坎应高出顶层层门地坎50mm；以此速度使轿厢向下运行，直至下限位开关动作，此时轿厢地坎应低于底层层门地坎50mm 将上、下极限开关跨接后，使轿厢向上运行直至上极限开关动作，此时轿厢地坎应高出顶层层门地坎130mm；使轿厢向下运行直至下极限开关动作，此时轿厢地坎应低于底层层门地坎130mm
	经验寄语：调整完后，一定将跨接线取掉，恢复原来的接线		
6	机房开快车		把电梯以检修速度运行至中间层，确认轿内无人，井道无人 机房模拟开快车，首先单层上下运行，然后多层上下运行
	经验寄语：不能运行至上、下端站		
7	轿内选层		进入轿厢，实际操作，测试选层信号、平层是否有误差，不能运行至上、下端站层 在轿厢内按下操纵箱上的指令按钮，电梯即可自动定出运行方向，然后按下已定方向的开车按钮，电梯自动关门，待门全部闭合后，电梯自动起动加速进入稳速运行。在即将接近已定的指令层时，电梯即自动减速制动、平层、停车开门。这样连续运行多次，使所有楼层均能正常起动、停车、开门
8	测试开、关门按钮		应确认按下开门按钮后，控制柜开门继电器吸合，门机进入开门运行状态。到达开门限位后，开门继电器断开，开门运行状态终止。应确认按下关门按钮后，控制柜关门继电器吸合，门机进入关门运行状态，当到达关门限位或门锁接通时，延时时间到后，关门继电器断开，关门运行状态终止

（续）

序号	步骤名称	演示图片	步骤说明
9	检查井道各层楼显示装置的显示情况		检查层楼显示装置在快车及慢车状态切换时，其变化（层楼显示检修指示及快车楼层显示）速度不应过慢。若过慢则应检查该显示装置是否损坏，通信接线是否有误；若无显示，则应检查显示装置是否损坏，电源线+24V、-24V接线是否正确。检查显示装置有无缺点阵、显示发暗，如果有，应立即更换
10	调整限速器开关		精确调整限速器开关
11	调整张紧轮开关		精确调整张紧轮开关
12	调整安全钳开关		精确调整安全钳开关
13	调整缓冲器开关		精确调整缓冲器开关

（续）

序号	步骤名称	演示图片	步骤说明
14	调整平层装置		如果发现只有某层的准确度不好，其他均好的话，则调整某平层层的隔磁板（或永久磁体）的位置即可；若发现所有楼层的平层准确度均相差同一数值时，则应调整轿顶上的永磁感应器（或双稳态磁开关）位置
	经验寄语：如发现起动、减速、停车三个阶段有不舒适感时，应在机房内将控制柜上的起动、减速环节进行调整，直到达到满意为止。为了保证停车的舒适感，除了降低停车前的速度（一般可适当增加制动减速距离）外，还可适当调整电磁制动器的动作间隙和减少其制动力（制动器的压缩弹簧可稍放松些）		

工程验收

在慢车/快车调试过程中，要对电梯进行相应验收，见表 5-4。

表 5-4 慢车/快车调试验收表

序号	验收内容	示例图片
1	检查轿厢地坎和层门地坎之间的水平间隙，应在 30~33mm 之间。此处测量的是两个地坎间的水平间隙，不是垂直误差	
2	检查层门门锁的门轮与轿厢地坎外缘之间的间隙，应在 5~10mm。此处不一定是平层位置。每层平层插板安装位置、数量应正确 检查轿顶两个平层感应器的中心间距，确认两个平层感应器的中心间距，应为 200~220mm	
3	平层感应器与隔磁板之间的间隙应均匀，不能有接触摩擦，隔磁深度不能太小。平层插板插入平层开关约 2/3 左右，并确定平层开关动作可靠	

（续）

序号	验收内容	示例图片
4	检查终端保护开关与碰铁位置是否合适，轿门地坎、门头板与井道壁之间的间隙是否合适。轿厢部件与导轨之间不能有碰撞 1）终端强迫减速开关分为上终端强迫减速开关和下终端强迫减速开关 2）将电梯以0.25m/s速度上行至上终端强迫减速开关动作，此时轿厢地坎低于顶层层门地坎的距离应符合要求 3）将电梯以0.25m/s速度下行至下终端强迫减速开关动作，此时轿厢地坎高于底层层门地坎的距离应符合要求 4）调整完毕后，将所有接线恢复至调整前的状态 5）检查每层平层插板的安装位置、数量是否正确	
5	轿厢部件与井道中的线槽不能有碰撞、摩擦；随行电缆与井道固定部件没有刮蹭的可能。检查限速器绳是否运行顺畅，有无阻碍；井道有无凸出的钢筋头；轿厢门头板、轿门地坎处有无工具遗漏、水泥块、螺钉及榔头等物体	
6	在电梯运行至端站时，强迫减速开关要动作，限位开关不能动作	
7	下极限开关动作时，轿厢不能接触缓冲器 上极限开关动作时，对重不能接触缓冲器	
8	测试起动、加速、运行、减速及停车是否舒适。查看厅外呼梯按钮功能是否正常	

错误情境解析

情境一：电梯检修运行时，速度不正常，电动机抖动，变频器显示电流过大。可能原因：电动机编码器接线错误，将编码器 A、B 相调换一下。有检修运行信号输入，但电梯不能运行。可能原因：观察主控制器有没有报出影响电梯运行的故障。如果有，先参照故障表查出故障原因，排除故障后再运行。

情境二：电梯不能向上运行，只能向下运行。可能原因：上限位开关已动作（需特别注意外部开关的连接与主控制器的输入设定相搭配）。电梯上强迫减速开关和门区信号同时动作。电梯不能向下运行，只能向上运行。可能原因：下限位开关已动作（注意外部开关的连接与主控制器的输入设定相搭配）。

情境三：给电梯一个上行信号，电梯却下行。原因是曳引机的输入电源的相序不对，应立即切断总电源，使电梯紧急停车，然后更换曳引电动机进线端的快速运行绕组的相序（交流电梯）。但是应该在变频器的输出和曳引机之间调换，而不能调换控制柜的电源相序。

综合训练

一、填空题

1. 调整各层层门在点动起、闭情况下，层门与门立柱间，门扇间的间隙应______mm。
2. 机械钩子的啮合长度应______mm，并使电接点同时可靠接通。
3. 上限位开关动作时，轿厢地坎应高出顶层层门地坎______mm。
4. 下限位开关动作时，轿厢地坎应低于底层厅门地坎______mm。
5. 上极限开关动作时，轿厢地坎应高出顶层厅门地坎______mm。
6. 下极限开关动作时，轿厢地坎应高出底层厅门地坎______mm。
7. 层门门锁的门轮与轿厢地坎的外缘之间的间隙在______mm 范围内。
8. 轿顶两个平层感应器的中心间距，应确认两个平层感应器的中心间距______mm。
9. 平层板插入平层开关约________左右，并确定平层开关动作可靠。

二、简答题

1. 电梯调试前需要检查的机械安全部件有哪些？
2. 连接机房和井道之间的连线主要有哪些？

任务二 门联锁电路的调整

任务描述

对电梯进行慢车/快车调试后，要调整轿门门锁和各层门门锁的啮合关系，让门联锁电路正常接通和断开，同时验证机械门锁的锁闭情况。通过完成本次任务，使学生掌握门联锁电路的组成、连接关系、调整方法、注意事项及验收要求等。门锁装置为安全回路的一部分，分为层门门锁和轿门门锁。门联锁电路示意图如图 5-1 所示。

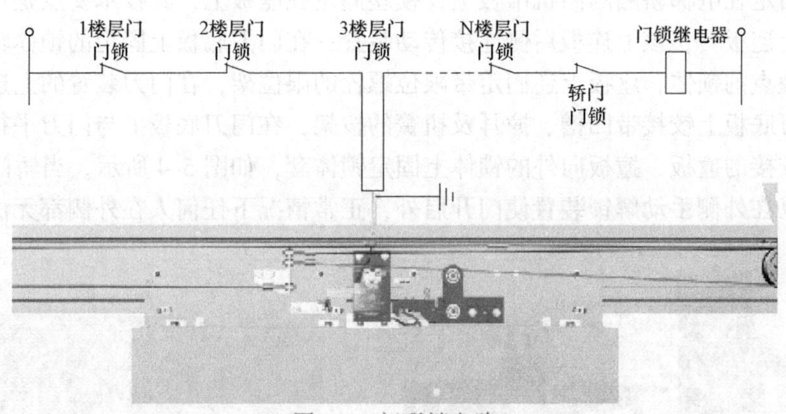

图 5-1　门联锁电路

知识铺垫

一、层门门锁

层门门锁装置由主门锁和副门锁构成，两者串联。主门锁由锁盒、锁钩和一对触点组成，锁钩和触点在锁盒内部。所有层门的门锁触点应串联在一起，当所有的层门完全关闭，锁钩和触点可靠接触后电梯才能运行。层门门锁如图 5-2 所示。

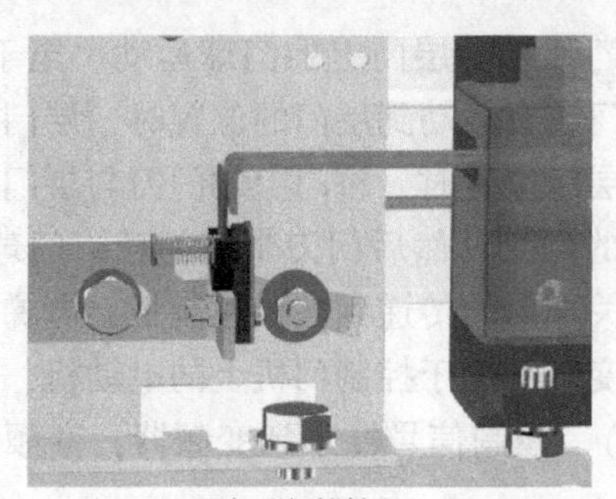
a) 层门副门锁触点

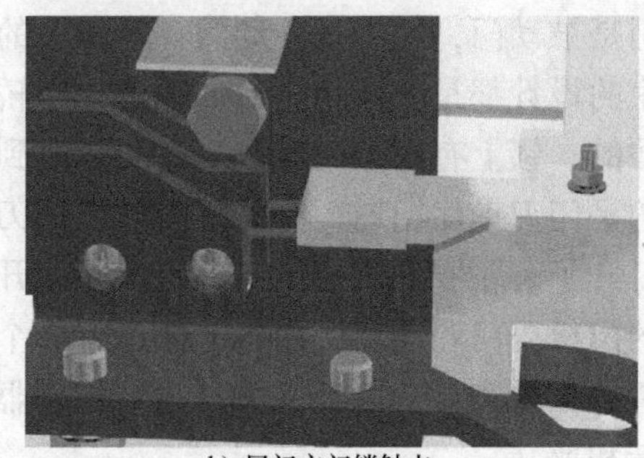
b) 层门主门锁触点

图 5-2　层门门锁

门锁装置有两种形式：机械门锁和电联锁。机械门锁的作用是：当电梯轿厢不在某一楼层停靠时，这一层的层门应被机械门锁锁闭而不能打开；电联锁的作用是：当电梯的层门打开时，电联锁的触点就断开，从而切断电梯的控制电路，使电梯无法运行。只有在轿门、层门都关好，电联锁触点接通后，才可使电梯控制电路接通，电梯才能运行。

机械门锁与电联锁组成一体的钩子锁称为层门钩子锁。电梯运行时，安装在轿门上的门刀从层门门锁上的两个橡皮轮之间通过。门刀处于层门门锁两个橡皮轮之间，当电梯停站开门时，用于带动层门横向移动，如图 5-3 所示。

二、轿门门锁

电梯轿门门锁装置包括门刀装置和门锁装置。门刀装置和门锁装置固定在门刀底板上，门刀底板固定在电梯轿厢的门机吊板上，锁座固定在座板上，其技术要点是：门刀装置的上连板固定上连板套，该上连板后侧连接传动装置；在门刀底板上固定的锁体轴铰接带锁钩和动门开关触点的锁体，座板上还固定带限位螺栓的限位架，在门刀装置的上连板与限位螺栓之间的门刀底板上铰接带凹槽、撞耳及扭簧的拨架，在门刀底板上与门刀平行设置通过轴和连板依次铰接的撞板，撞板向外的锁体上固定锁体套，如图 5-4 所示。当轿门锁闭时，除专业人员可以在外侧手动解锁装置使门开启外，正常情况下任何人在外侧都无法开启。

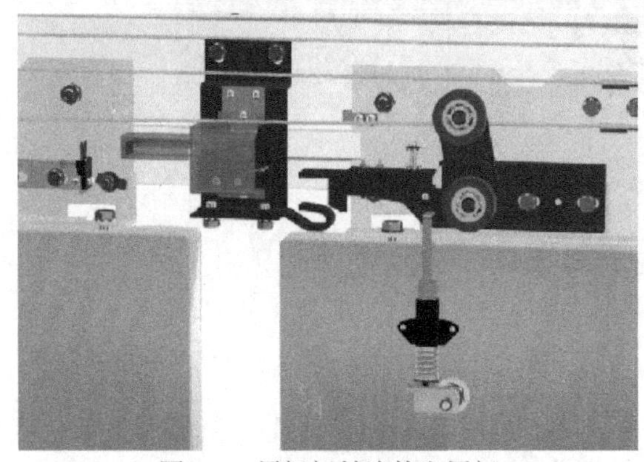

图 5-3　层门门锁滚轮和层门

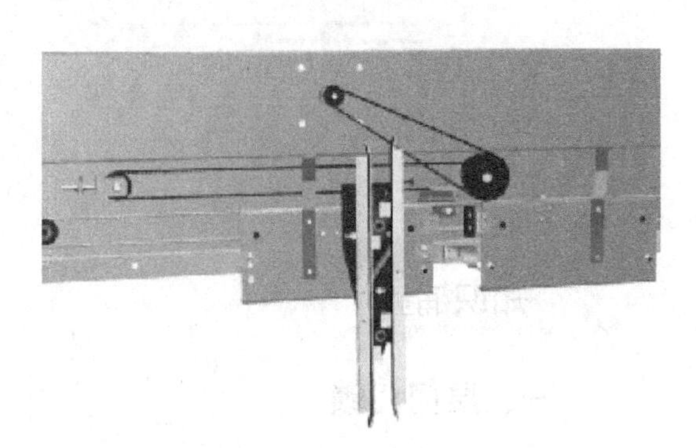

图 5-4　轿门门刀

三、层门和轿门的动作关系

层门是被动门，轿门是主动门，轿门上的门刀带动层门上的门球运动。至于带动方式，每个厂家的设计都是不同的。通俗地讲，当轿门没有运动到层门的位置时，层门上是有锁把层门锁住的，锁上有两个门球，当轿厢运动到层门位置时，轿门上的门刀与层门上的门球结合，有的是门刀夹住门球，有的是门球在门刀的两侧，然后门刀带着门球，门球带着门锁，层门就打开了。轿厢到每一层，都是由限位开关把信号传递到电梯控制柜，电梯控制柜控制轿厢上的门机开门和关门。门机上面还有一个变频器用于控制门机上的电动机，控制门机准确开关门的信号来自双稳态开关（也有编码器），控制信号输入到变频器，变频器控制电动机的正转和反转。

轿门的驱动装置是轿箱顶部的一个电动机，电动机通过胶带或其他连接设备使轿门启闭。轿门上还有门刀，可以理解为是一个矩形的金属框，可以张开和闭合。

轿门和层门没有机械方面的连接，都是独立的个体，只是有电气方面的联系，在开启轿门的同时，也接通了开启层门的电气开关。

四、门机调试的具体步骤

1. 调整门机前的准备

假设：

1）电动机 U、V、W 接线正确。

2）编码器方向设置正确。

3）已将此控制器初始化为相应控制模式（16 极永磁同步电动机矢量控制、6 极异步电动机矢量控制、6 极电动机开环 V/F 控制）。

4）已完成永磁同步电动机磁极位置的检测操作。

2. 运行前的参数检查

1）检查门机开门限位开关通断及极性是否正确，查看开门极限位置，用手将门全部打开，使开门限位开关动作；检查开门限位开关的接线、接近开关感应金属片的感应距离等。

2）检查门机关门限位开关通断及极性是否正确，查看关门极限位置，用手将门全部关闭，使关门限位开关动作，然后用手将门拉开使关门限位开关复位。

3. 门机检修试运行：

1）控制门机使电梯开门，直至门全部打开（开门限位开关动作）后松开。

2）控制门机使电梯关门，直至门全部关闭（关门限位开关动作）后松开。

注意　当门机控制器通电后，第一次开关门的速度可能较慢，且当门开到开门限位位置或关到关门限位位置时，门运行速度可能有轻微改变（冲击），开关门运行一次后，门机开关门速度恢复正常。

4. 门机开、关门限位输出信号极性的调整

5. 关门速度调整。

6. 关门减速距离、关门起动距离调整。

7. 开门减速、开门起动距离的调整。

8. 开、关门加减速时间的调整

1）加速时间调整：此参数设置的时间为门机从零速加到控制器设置的最大速度所需要的时间。当门机实际增大的速度值小于最大速度值时，加速时间将按比例减少。

2）减速时间调整：此参数设置的时间为门机从最大速度减到零速所需要的时间。当门机实际减小的速度值小于最大速度值时，减速时间将按比例减少。

五、电梯门的保护作用

1. 对坠落危险的保护

在正常运行时，应不能打开层门（或多扇层门中的任意一扇），除非轿厢在该层门的开锁区域内停止或停站。开锁区域不应超出层站地平面上下 0.2m 的范围。在用机械方式驱动轿门和层门同时动作的情况下，开锁区域可增加到不超出层站地平面上下 0.35m 的范围。

2. 对剪切的保护

如果一个层门或多扇层门中的任何一扇开着，在正常操作情况下，应不能起动电梯或保持电梯继续运行，但可以进行轿厢运行的预备操作。

在下列区域内，允许开门运行：

1）在开锁区域内，允许在相应的楼层高度处进行平层和再平层。

2）在满足相关要求的条件下，允许在层站楼面以上延伸到高度不大于 1.65m 的区域内，进行轿厢的装卸货物操作。相关条件如下：

① 层门的上门框与轿厢地面之间的净高度在任何位置时均不得小于 2m。

② 无论轿厢在此区域内的任何位置，必须有可能不经专门的操作便可使层门完全闭合。

任务施工

1. 安全

所有进入现场的人员都必须穿好工作服、防护鞋，戴好安全帽，系好安全带。

2. 工具

万用表、钢直尺、手电筒、常用电工工具。

3. 安装工艺流程

把工具、仪表都准备好，然后按照表 5-5 的流程进行门联锁电路的测量与调整。

表 5-5　门联锁电路测量与调整的步骤

序号	步骤名称	演示图片	说　明
1	断开门锁电路		1）测量时，需两人配合 2）断开门锁电气触点的连接导线
2	测量阻值		一人手动关门，另一人用万用表欧姆挡测量门锁电气触点的阻值
3	测量啮合间隙		当万用表指针指向零位时，说明阻值为零，触点导通，此时用钢直尺测量的层门门锁啮合的垂直尺寸不应小于 7mm
	经验寄语：知道啮合深度的要求，啮合 7mm 后电气触点接通		

工程验收

测量调整好门锁装置后，可以按照表 5-6 的要求对门联锁电路进行验收。

表 5-6　门联锁电路验收表

序号	验收内容	示例图片
1	检查层门锁闭装置。检查每层层门锁闭装置,每层层门必须设置锁闭装置	
2	层门打开。轿厢到达本层层门位置后,层门才能打开	
3	层门锁闭保持。层门张紧装置应能承受不小于 150N 的外力,从而保持门扇的锁闭状态	
4	验证层门锁闭。任何一层门打开,都可以使电梯停止运行 被打开的层门完全关闭后,电梯才能继续运行	

错误情境解析

情境一：一台正常运行的电梯，电梯层门处出现剪切、碰撞事故。导致这种事故有人为因素也有非人为因素。人为因素：①门锁开关被短接；②应急按钮被短接；③门锁电路被短接。非人为因素：①门锁开关触点不断开；②门锁继电器延时断开或不断开；③门锁电路故障短接。由于上述人为因素或非人为因素造成门联锁失效，而电梯在层门开启即未完全关闭时仍可以运行，这种情况下，如果有人在层门与轿门之间，就可能发生剪切、碰撞事故。在电梯维修期间发生的这类事故，多数是由于检修人员不按规范进行检修工作，如开启层门而不设立危险标志或派人看守，短接安全电路行车等造成层门处的事故。可以通过加强对检修人员的培训管理，提高检修人员的安全意识等方法来控制。

情境二：出现乘客坠落井道事故。事故原因有人为因素也有非人为因素。人为因素：①门锁电路被短接且门开启的情况下电梯运行至其他楼层；②利用紧急开锁装置开启层门；③在门锁损坏或门锁啮合尺寸过小的情况下用力扒开层门。非人为因素：①层门损坏；②无强迫关门装置或失效；③门锁电路故障短接。由于上述人为因素和非人为因素而导致电梯层门开启而电梯又不在本层停车区域时，就会造成人员踏入井道而坠落的事故。这类事故对当事人有较大的伤害，大部分会危及生命。因此应对电梯层门事故进行分析，使所有从事电梯维保的人员对层门事故从思想上重视，工作上认真负责，并采取必要的措施，以杜绝这类事故的发生。

情境三：电梯门联锁失效导致电梯出入口事故。导致电梯门联锁失效的主要原因有：电梯失保失修，电梯检修人员违章作业，门锁电路意外短路。处理方法：①在使用的电梯必须装设有效强迫关门装置。②所有客梯必须装设辅助门锁触点，即每个层门必须有主、副两套门联锁装置。③重点检查维护电梯层门的门锁及联锁装置、强迫关门装置。④行车中在任何情况下不可短接安全电路及门锁电路。⑤在轿厢不停本楼层而层门开启的情况下，必须设置临时护栏及警示牌或派专人看护。⑥当检修人员在机房进行检修时，必须采取相应的措施使电梯门不能开启，避免人员出入电梯。

情境四：电梯门还未关闭，人员在进入电梯轿厢的过程中，电梯就起动运行而造成的剪切致死。除了层门联锁装置电气触点因各种因素或故障不能断开或人为短接门锁电路以外，井道内敷设的线路由于碰撞或井道坠物及套管锈蚀等造成门锁电路短路也是一种因素。厚皮软电缆与硬电缆可以明敷于井道、机房的墙壁上，而其他各类电缆及导线必须由金属、塑料套管或线槽安装于井道、机房的墙壁上。事实上，不管采用何种线缆及安装方法，在电梯使用的过程中，很难避免因为井道坠物、金属锈蚀、导线绝缘层老化等原因造成导线与导线之间的短路，而且这种短路属于软故障，人们很难控制其发生的时间，而在电梯停层、电梯门开启时就会出现事故。

情境五：电梯层门联锁电路属于安全电路的一部分，并且较为独立，一般采用各层的主、副门联锁触点全部串联的方式。但如果发生上述的门联锁电路短路的情况，电梯在未关门的情况下仍会继续运行。因此，建议采用主、副门联锁电路分路的方法，也就是主门联锁电路装置安装方式不变，各层副门联锁装置在井道内串联成单一的副门联锁电路，并将其引至机房电气控制柜后再串入安全电路中。要求在井道壁安装副门联锁电路时，其管线与主门联锁电路的管线在进入井道主线槽前间距必须大于200mm。这样两个门联锁电路同时故障而造成门锁电路故障导致电梯事故的机会就会降至最低。也就是双门锁电路增加了安全电路的安全性，使电梯运行时的安全性大大提高。

综合训练

一、填空题

1. 层门门锁装置由__________和__________构成，两者串联。

2. 所有层门的门锁触点__________连在一起。

3. 开锁区域不应大于层站地平面上下_______m。

4. 在用机械方式驱动轿门和层门同时动作的情况下，开锁区域可增加到不大于层站地平面上下的__________m。

5. 层门的上门框与轿厢地面之间的净高度在任何位置时均不得小于________m。

二、简答题

1. 简述电梯门的保护作用。

2. 简述层门和轿门的动作关系。

任务三　平层准确度的测定及调整

任务描述

在电梯上行、下行过程中，单层运行和多层运行平层停车时，测量轿厢地坎和层门地坎的垂直距离并判断是否符合要求。通过完成本次任务，使学生掌握平层准确度测量及调整的方法、步骤、注意事项和验收要求。

知识铺垫

一、平层及平层准确度的定义

平层是指轿厢接近停靠站时，欲使轿厢地坎与层门地坎达到同一平面的动作，如图5-5所示。平层准确度是指轿厢到站停靠后，轿厢地坎上平面与层门地坎上平面垂直方向的误差值。平层误差应符合表5-7的规定。

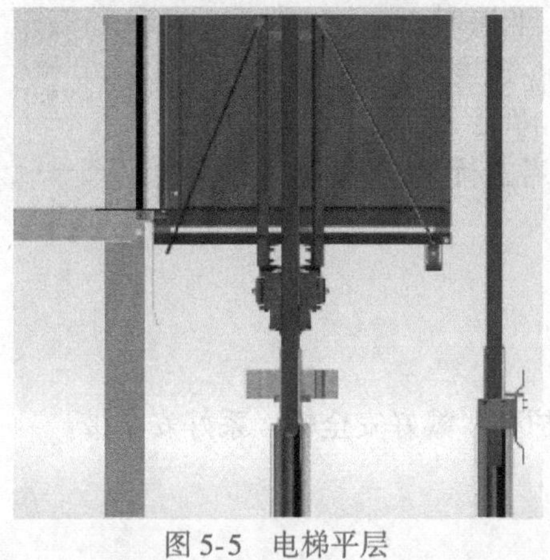

图5-5　电梯平层

表5-7　平层误差范围

电梯类型	额定速度/(m/s)	平层准确度/mm
交流双速电梯	0.25,0.5	≤±15
	0.75,1.0	≤±30
交、直流快速电梯	1.0~2.0	≤±15
交、直流高速电梯	>2.0	≤±5

二、电梯平层的原理及步骤

常用的电梯平层感应器一般有磁感应式和光电感应式两种，如图5-6所示。隔磁板安装在电梯井道内每个层站的平层区域内。当轿厢运行到某一平层区域时，该隔磁板插入轿顶上的平层感应器内，切断感应器电路，并将信号传入机房控制系统中，以实现楼层计数，电梯平层、停车、开关的控制。磁感应的有两组触点，一开一闭，使用时，按要求接好线即可。光电式感应器原理也是一样，只是接线有所区别。

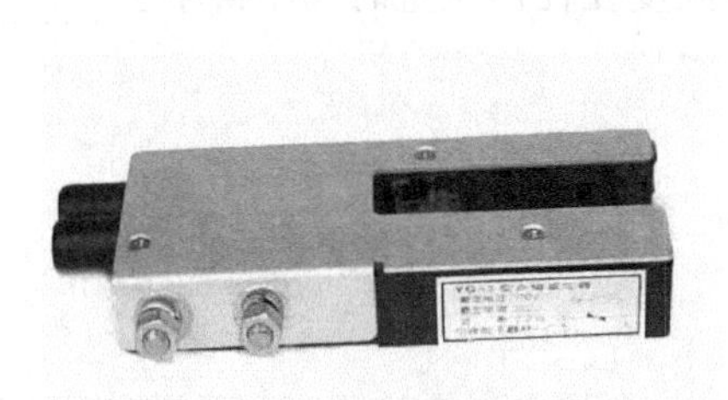

a）平层磁感应器

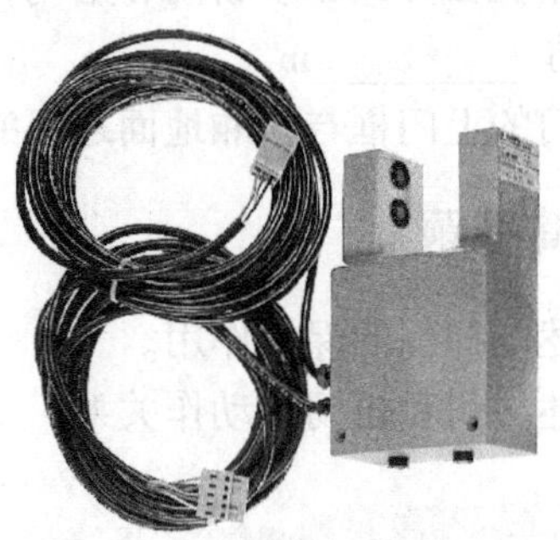

b）平层光电感应器

图 5-6　平层感应器

要使电梯到达平层区域后能自动平层，必须有一套自动控制系统，即电梯的自动控制装置。该装置的控制部分是干式舌簧感应器，它是将两只镍合金片密封在玻璃管内，置于 U 形磁铁的对侧，磁铁与舌簧感应器之间相距 28~40mm。干式舌簧感应器在强磁场的作用下，常开触点闭合，常闭触点断开。感应器安装在轿厢上，随轿厢一起运动。在电梯平层区域的井道内装有隔磁板，当其插入感应器缺口后，遮阻了大部分磁力线，使作用于舌簧片的磁场减弱，舌簧感应器内的簧片在自身力的作用下恢复常态，从而完成平层动作。

平层感应器由三个干式舌簧感应器组成，如图 5-7 所示。三个感应器安装在轿厢上，隔磁板安装在井道内。GX 为下行停车感应器，又称为上平层感应器；GM 为 1 个区感应器，又称为提前开门感应器；GS 为上行停车感应器，又称为下平层感应器。电梯上行时，井道内隔磁板依次插入 GX-GM-GS 三个感应器，下行时插入次序相反。在电梯平层时，隔磁板同时插入三个感应器中。平层时，电梯速度变化如下（以上行为例说明）：电梯以 v_m 速度进入平层区域时，隔磁板先插入 GX，速度则由 v_m 降至 v_p，准备平层；继续上行，插入 GM 时，提前开门；当上行至插入 GS 时，电梯停止。

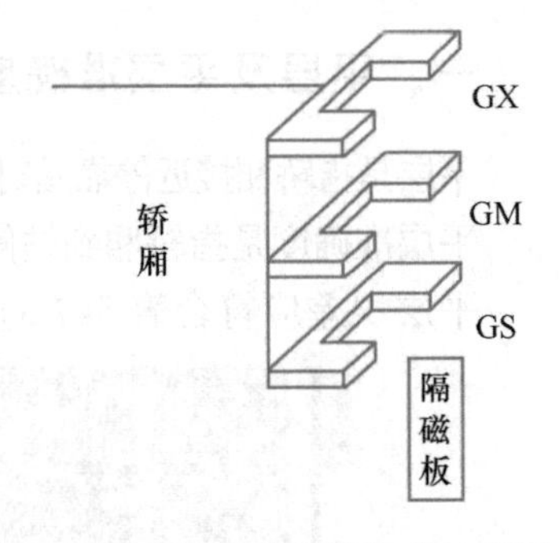

图 5-7　平层感应器组成示意图

任务施工

1. 安全

所有进入现场的人员都必须穿好工作服、防护鞋，戴好安全帽，系好安全带。

2. 工具

万用表、钢直尺、手电筒、常用电工工具。

3. 安装工艺流程

把工具、仪表都准备好，然后按照表 5-8 的流程进行平层准确度的测量与调整。

工程验收

表 5-8　平层准确度的测量步骤

序号	步骤名称	操作演示	说　明
1	确认空载		电梯轿厢空载
2	运行		电梯单层上、下运行;电梯多层上、下运行;全程上、下运行
3	测量		每次停车时,在地坎中间位置测量轿厢地坎和层门地坎的垂直偏差
4	运行到底层		电梯运行到底层平层位置
5	额定载重		加额定载重的砝码,单层,多层,上、下运行
6	测量平层准确度		在地坎中间位置测量轿厢地坎和层门地坎的垂直偏差

测量完平层准确度以后，按照表 5-9 的要求进行验收。

表 5-9 平层准确度验收表

序号	验收要点
1	电梯无论上行或下行至中间楼层停车时，停车位置具有重复性（即每次所停位置之间的误差在 2 ~3mm 范围内）
2	1）电梯逐层停靠，测量并记录每层停车时轿厢地坎与层门地坎的偏差值 ΔS（轿厢地坎高于层门地坎时为正，反之为负） 2）逐层调整隔磁板的位置，若 $\Delta S>0$。则隔磁板向下移动 ΔS；若 $\Delta S<0$，则隔磁板向上移动 ΔS 3）隔磁板调整完毕后，必需重新进行井道自学习 4）重新进行平层检查，若平层精度达不到要求，则重复步骤 1）~3）

错误情境解析

情境一：电梯正在运行，轿厢中的一个老太太和另外一个乘客专心聊天，电梯到站停车后，轿厢开门，老太太一边继续聊天一边后退，打算退出轿厢，不料被层门地坎绊了一跤，摔倒在地，造成骨折。经过检测，此层的平层准确度不符合要求，轿厢地坎比层门地坎低了 10cm 左右，所以造成了行动不便的老人在进出轿厢时摔倒。原因可能是其中一个平层感应器失效。

情境二：某医院有一台医用电梯，有时平层很好，有时平层准确度不符合要求，给病人和病床的出入带来麻烦。经过检测，电梯的机械结构和电气线路均无故障，但是，确实频繁出现不能准确平层的现象。经过电梯专家的进一步分析和设想，查到是由于安装在机房的一组电子设备干扰到电梯的控制系统，影响了电梯的平层。根据规定，电梯机房和井道中不允许安装电梯设备以外的其他设备，以免对电梯系统造成影响。

综合训练

一、选择题（特种设备作业人员考核大纲要求）

（ ）1. 在平层区域内，使轿厢达到平层准确度要求的装置叫______。

A. 平层感应板　　B. 平层感应器　　C. 平层装置　　D. 平层电路

（ ）2. 电梯不平层是指__________。

A. 电梯停靠某层站时，层门底坎与轿门底坎的高度差过大

B. 电梯运行速度不平稳　　C. 某层层门地坎水平度超标

D. 轿箱地坎水平度超标

二、填空题

1. 平层是在平层区域内，使轿厢地坎与________达到同一平面的运动。

2. 平层区是轿厢停靠站上方或下方的一段有限区域。在此区域内可以用________来使轿厢运行达到平层要求。

任务四　电梯称重装置开关的调整

任务描述

调整电梯的轻载、满载和超载开关，让轻载开关在轿厢载荷≤10%额定载荷时起作用，

满载开关在轿厢载荷达到 80%额定载荷时起作用，超载开关在轿厢载荷≥110%额定载荷时起作用。通过完成本次任务，使学生学会调整这三个开关的步骤、方法、注意事项和验收要求。轻载、满载和超载开关如图 5-8 所示。

图 5-8　轻载、满载和超载开关

知识铺垫

一、电梯的静载试验

静载试验及其调整的步骤如下：

1）将电梯置于最底层，切断动力电源，给轿厢平稳地加至 150%的额定载荷，除了曳引钢丝绳的伸长以外，曳引机不应转动。

2）如果曳引机转动，则说明电磁制动器的弹簧制动力矩不够，应压紧弹簧。

3）若曳引钢丝绳在曳引轮绳槽内有滑移现象，则说明曳引钢丝绳内的油性太大，致使其与绳槽的摩擦力太小。此时，应清除曳引钢丝绳的油污或调整导向轮的上下位置，使曳引钢丝绳在绳轮上的包角增大，从而增加摩擦力。

一般来说，静载试验就是按照一个标准进行的客梯和医用电梯，以及 2t 以下货梯需承载 200%的额定载荷，而其他各类电梯需要承载 150%的额定载荷。这时，电梯要保持一个静止状态，然后工人搬入前面所规定载荷的重物，使电梯静止 10min 承载重物，其系统内各承重构件应没有损坏，并且还要检查电梯曳引钢丝绳是否存在滑动移位，制动系统是否可靠。

二、电梯超载安全装置

使电梯行驶至最低层，在电梯轿厢内陆续平稳地加入 100%~110%的额定载荷，超载安全装置应动作，发出报警声，超载信号灯亮，电梯不能起动，自动门不能关闭。

电梯超载安全装置能够称量轿厢内的重量，电梯超过额定载重量时，应不起动并发出蜂鸣声，警告后进入的乘客及时退出轿厢。

按设置位置的不同，超载安全装置可分为轿底称重式、轿顶称重式和机房称重式；按结构形式的不同，超载安全装置可分为机械式、电磁式和传感器式。

将传感器安装在绳头板处，需要附加一块绳头板，将传感器放在主绳头板与附加绳头板中间，如图 5-9 所示。

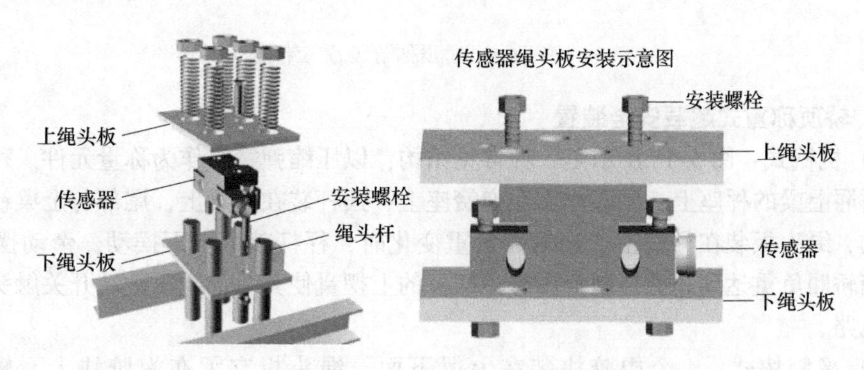

图 5-9　传感器安装在绳头板处

1. 轿底称重式超载安全装置

一般轿底是活动的，称为活动式轿厢。这种形式的超载装置通常采用橡胶块作为称量元件。橡胶块均匀分布在轿底框上，有 6~8 个，整个轿厢支承在橡胶块上，橡胶块的压缩量能直接反映轿厢的重量，如图 5-10~图 5-12 所示。

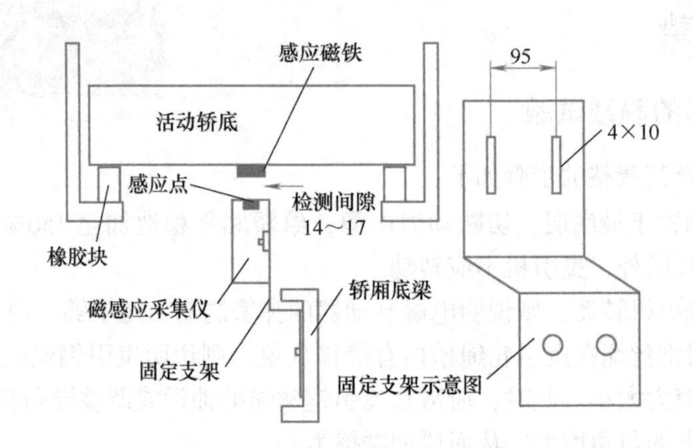

图 5-10　轿底称重式超载安全装置安装示意图

在轿底框中间装有两个微动开关：一个在 80%负重时起作用，用于切断电梯外呼截停电路；另一个在 110%负重时起作用，用于切断电梯控制电路。微动开关的螺钉直接装在轿底上，只要调节螺钉的高度，就可调节对超载量的控制范围。

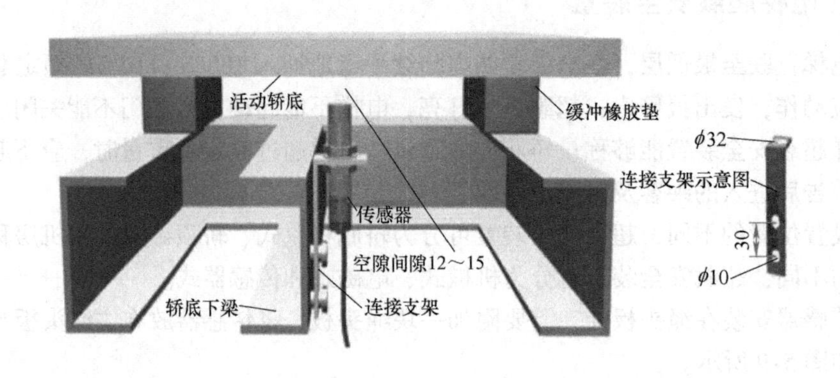

图 5-11　轿顶称重装置三维视图

2. 轿顶称重式超载安全装置

1）机械式：图 5-13 所示是一种常见结构，以压缩弹簧组作为称量元件。秤杆的头部铰支在轿厢上梁的秤座上，尾部浮支在弹簧座上；摆杆装在上梁上，尾部与上梁铰接。采用这种结构，绳头板装在秤杆上。当轿厢负重变化时，秤杆就会上下摆动，牵动摆杆也上下摆动。当轿厢负重达到超载控制范围时，摆杆的上摆量使其头部碰压微动开关触头，切断电梯控制电路。

2）橡胶块式：4 个橡胶块装在上梁下面，绳头板支承在橡胶块上，轿厢负重时，微动开关就会分别与装在上梁下面的触头螺钉接触，达到控制超载的目的，如图 5-14 所示。

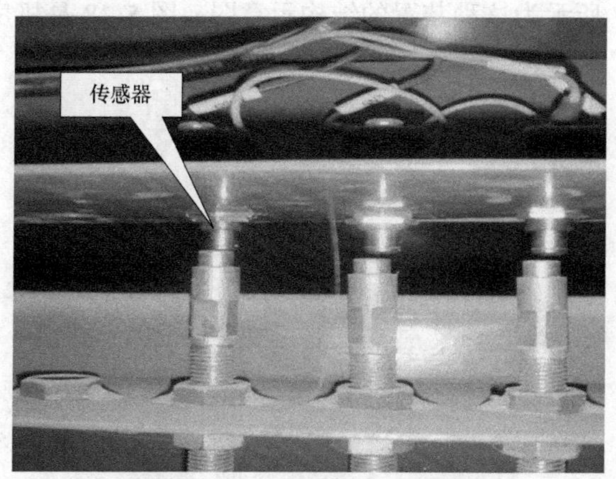

图 5-12　轿底称重装置实物

图 5-13　轿顶称重装置实物

另外，橡胶块式称量装置结构简单、灵敏度高，且橡胶块既是称量的敏感元件，又是减振元件，但它的缺点主要是橡胶易老化变形，当出现较大称量误差时，需要更换橡胶块。

3）负重传感器式：前面两种形式的装置只能设定一个或两个称量限值，不能给出载荷变化的连续信号。为了适应其他的控制要求，特别是计算机应用于群控后，为了使电梯运行达到最佳的调度状态，需对每台电梯的容流量或承载情况进行统计分析，然后选择合适的群控调度方式。因此可采用负重式传感器作为称量元件，它可以输出载荷变化的连续信号。

目前用得较多的是应变式负重传感器。图 5-15 所示是一种将应变式负重传感器装于轿顶的称量装置，图 5-16 为应变片传感器实物，也可将传感器安装于机房或活动轿底下。

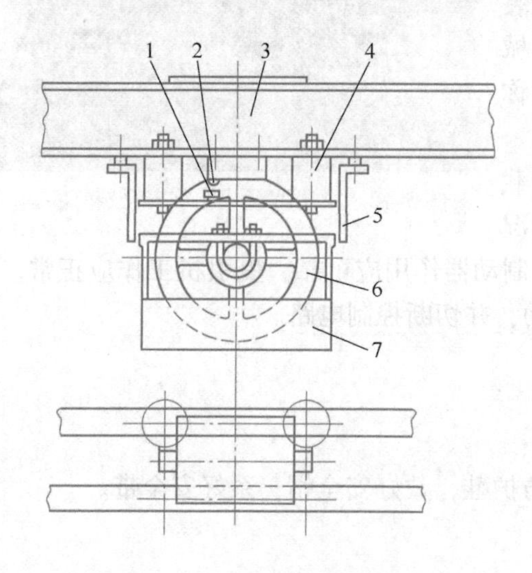

图 5-14　橡胶块式轿顶称量装置

1—触头螺钉　2—微动开关　3—上梁
4—橡胶块　5—限位板　6—轿顶轮　7—防护板

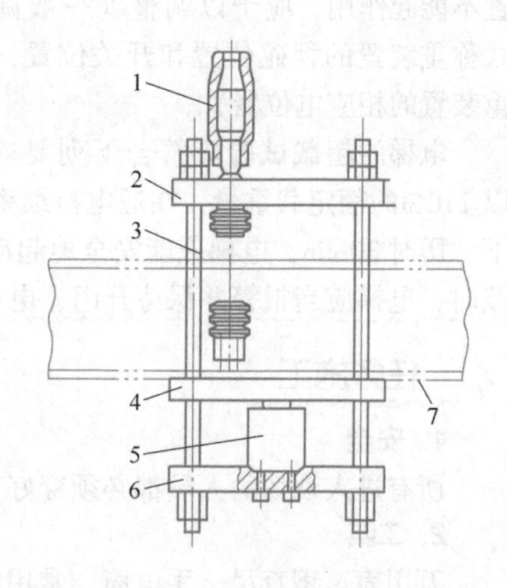

图 5-15　负重传感器称量装置示意图

1—绳头锥套（4~5 只）　2—绳吊板　3—拉杆螺栓
4—托板　5—传感器　6—底板　7—轿厢上梁

3. 机房称量式超载安全装置（机械式）

当轿底和轿顶都不能安装超载安全装置时，可将其移至机房之中。此时，电梯的曳引绳绕法应采用2∶1（曳引比为1∶1）。图5-17所示为这种装置的结构示意图，图5-18是机房称量式超载安全装置实物。

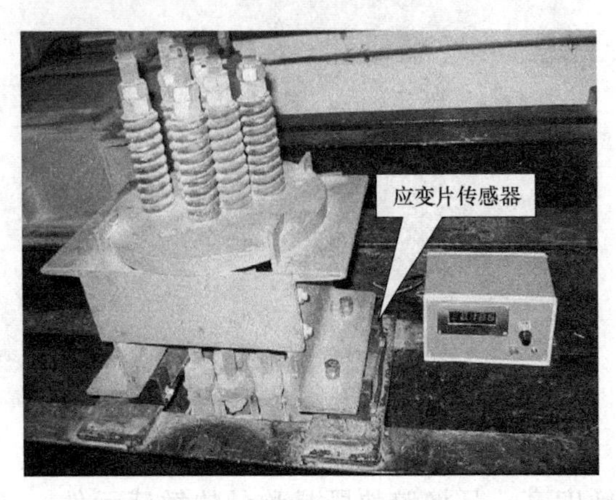

图5-16　应变片传感器

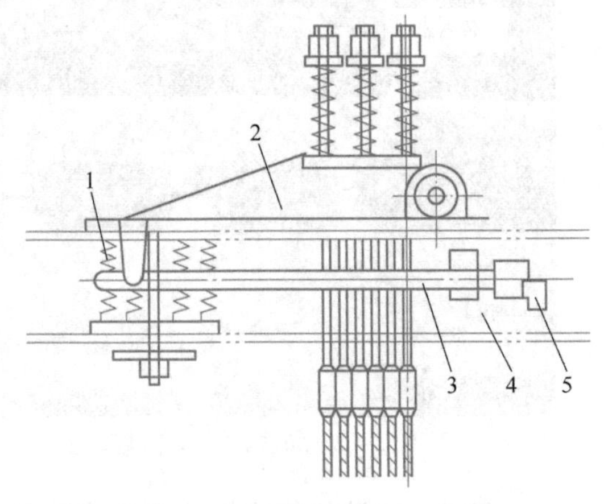

图5-17　机房称量式超载安全装置
1—压簧　2—秤杆　3—摆杆
4—承重梁　5—微动开关

由于安装在机房之中，该装置具有调节维护方便的优点。

三、电梯的超载试验及其调整

对于有/无司机两用的集选控制电梯，其超载装置应在轿厢内载荷达到额定载重的110%时动作，使电梯不能关门，又不能开车。如果超载装置不能起作用，应予以调整（一般调整轿底机械式称重装置的秤砣位置和开关位置，或电子式称重装置的相应电位器）。

图5-18　机房称量式超载安全装置实物

电梯的超载试验应符合下列要求：轿厢应载以110%的额定载重量，在通电持续率40%的情况下，历时30min，电梯应能安全地起动和运行，制动器作用应可靠，曳引机工作应正常。超载时，电梯应当报警并保持开门，电梯不能开动，并切断控制电路。

任务施工

1. 安全

所有进入现场的人员都必须穿好工作服、防护鞋，戴好安全帽，系好安全带。

2. 工具

万用表、钢直尺、手电筒、常用电工工具。

3. 安装工艺流程

把工具、仪表都准备好，然后按照表5-10的流程进行称重装置开关的调整。

表 5-10　称重装置开关的调整流程

序号	步骤名称	参考图例	步骤说明
1	检修慢下	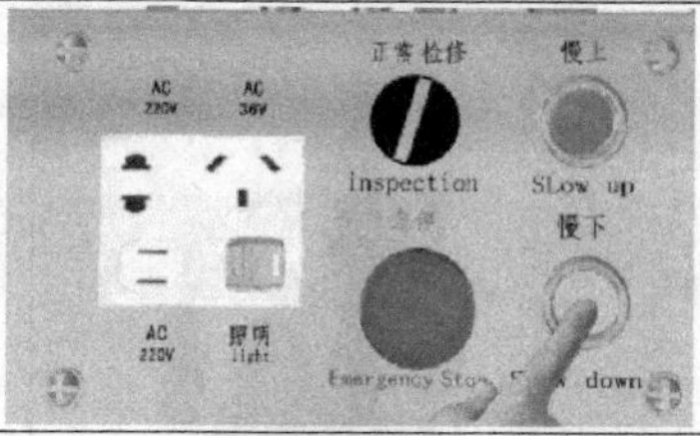	上轿顶,将电梯调整为检修状态,电梯慢下
2	下至底坑		电梯慢下至底坑
3	断开超载电路	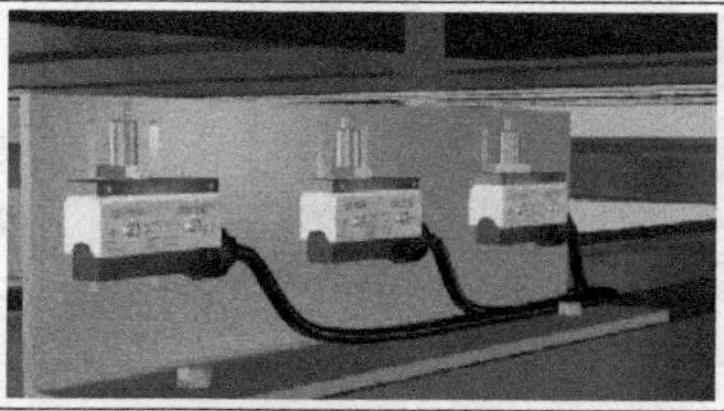	使超载开关不起作用
4	轿顶急停和检修	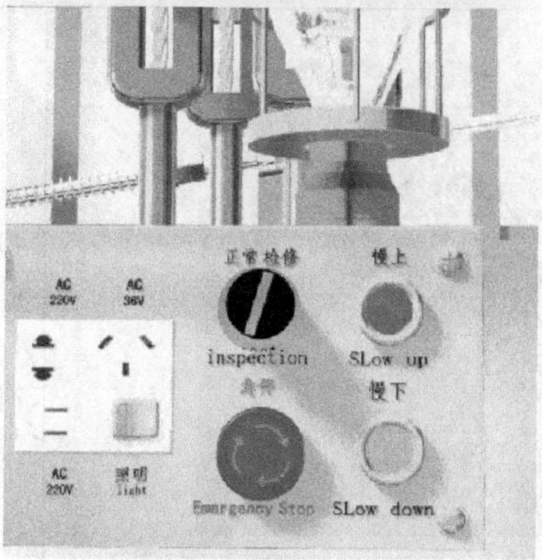	在轿顶按下急停开关,检修开关拨至检修位置
5	装砝码		往轿内装砝码,均匀分布,直至载荷为额定载重的110% 上轿顶,恢复电梯的急停和检修
	经验寄语:保证不能响应外召		
6	单层运行 机房观察		电梯单层上、下运行 工作人员在机房观察曳引机、钢丝绳、制动器的工作是否正常

（续）

序号	步骤名称	参考图例	步骤说明
7	轿内观察		工作人员应在轿内感觉轿厢运行状态
	经验寄语：单层运行完成后，应该让电梯多层上、下运行，再分别观察。然后全程内起动、运行、制动30次，电梯应能可靠地起动、运行、制动和停止，曳引机工作无异常，制动器可靠		
8	调整超载开关	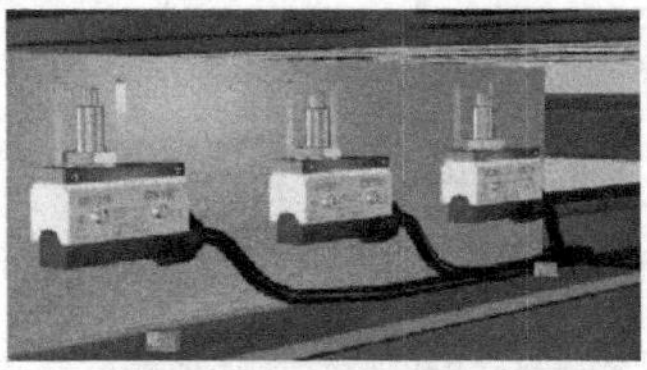	调整超载开关：把超载开关调整到刚好动作的位置。此时，超载灯亮，蜂鸣器响，电梯不关门、不运行
9	加减砝码进行验证		卸下一个人重量的砝码，超载报警取消，再装上一个人重量的砝码，超载报警再次响起 反复几次，验证超载开关是否有效

工程验收

把电梯称重开关调整好，然后按照表5-11的要求进行验收。

表5-11　称重装置开关验收

序号	验收要求
1	验证轻载开关：在轿厢内放入低于10%额定载荷的砝码，在轿内操纵盘上按下多于一个的选层按钮，电梯应该只响应最近一个选层信号，到达后全部消号
2	验证满载开关：在轿厢内装入80%额定载荷，轿内选层，电梯运行，厅外呼梯同向外召，电梯不响应外召，直驶到内选楼层

（续）

序号	验收要求
3	验证超载开关：在轿厢内装入110%额定载荷，超载灯亮，超载报警声响起，电梯不关门、不起动。卸下一个人重量的载荷，超载现象消失，电梯正常起动运行

错误情境解析

情境一：某培训中心电梯，6层，额定载重1000kg（13人），电梯一下进入18人，从6层开始溜梯，安全钳动作，造成困人。原因分析：超载报警装置有效，但因电梯瞬间严重超载，抱闸制动力不足以制停瞬间超载的轿厢，导致溜车坠梯。

情境二：某酒楼电梯，7层，1000kg（13人），电梯乘载14人（轻量人员），向下运行时发生故障，乘客被困电梯轿厢达半个小时。原因分析：电梯乘载14名乘客，超载装置有效，但未报警，这是由于该电梯轿厢重新装修，轿厢实际乘客量比原额定乘客量小，电梯实际已经处于超载运行状态，电梯控制系统超载驱动保护动作，造成电梯停止运行，从而出现困人事件。

情境三：某商场内一台乘客电梯，10层10站，额定载重量为1000kg（15人），额定速度为1.0m/s。因-1层未使用，-1层内、外呼均已取消，无法登记呼梯信号，且-1层层门门锁被拆除，层门用铁丝绑死无法开启。上午9：40左右，该电梯轿厢承载14名乘客从1层往-2层运行，轿外呼梯面板显示满员，-1层内、外呼虽已取消，该电梯却异常停靠在-1层，轿门开启，层门被铁丝绑死无法开启，电梯进入故障停止状态，无法继续运行，将14名乘客困在-1层。原因分析：该电梯发生故障困人事故是电梯由1层向-2层运行时，在运行过程中因轿内载荷分布发生变化，超载保护装置动作引起电梯在就近楼层正常停靠，再加上-1层层门被人为绑死无法开启，造成电梯进入故障停止状态，导致电梯困人事故的发生。

情境四：某医院一台病床电梯，1000kg，1.75m/s，17层/17站/17门（含地下室一层），某日20：30左右电梯空载上行，在15层进入6个人，电梯响应外呼继续上行，到16层开门，此时轿厢外站了大约40名护士，在走进轿厢10人左右时，监控录像里清晰地显示了超载信号“overload”，但是可能当时人多声音大，加上大家回家心切，此时乘客并未注意到超载报警提示，在连续又走进去17个人时，电梯突然下坠，然后安全钳动作，将轿厢制停在导轨上。原因分析：静载试验合格，说明该电梯抱闸制动力及曳引轮和钢丝绳之间的摩擦力都足够。经试验，该梯超载时仍然执行门开着情况下的再平层运行，由此可知该事故原因是：电梯严重超载时，轿厢下沉，离开平层位置，电梯作再平层运行，但此时电动机输出转矩不足，而抱闸已打开，从而造成溜车坠梯。

综合训练

一、判断题（特种设备作业人员考核大纲要求）

（　）1. 为防止乘客过多而引起超载，乘客电梯轿厢的有效面积应控制在标准允许范围内。

(　　) 2. 电梯超载开关不是安全保护装置。

(　　) 3. 限速器断绳开关是保护电梯不能超载的开关。

(　　) 4. 电梯的超载保护是当轿厢内负载超过 110%额定载荷时，能自动切断起动控制电路，电梯无法起动，并发出警告信号。

(　　) 5. 当电梯载重≥120%额定载重时，超载装置才起作用。

二、选择题(特种设备作业人员考核大纲要求)

(　　) 1. 电梯使用中，________开关动作时，会发出报警声，并且不能关门运行。

A. 安全触板　　B. 超载　　C. 底坑急停　　D. 机房急停

(　　) 2. 超载保护装置在轿厢载重量____时起保护作用。

A. 等于额定载荷　　B. 超过额定载荷

C. 超过额定载荷 10%　　D. 达到额定载荷 90%

(　　) 3. 超载保护装置起作用时，电梯门______，电梯也不能起动，同时发出声响和灯光信号。

A. 关闭　　B. 打开　　C. 不能关闭　　D. 不能打开

(　　) 4. 轿厢应设超载装置，当轿厢载荷超过额定载荷 10%，且不少于______时，超载装置应可靠动作。

A. 50kg　　B. 75kg　　C. 80kg　　D. 100kg

任务五　电梯平衡系数的测定及调整

任务描述

通过测量不同载重情况下的曳引电动机电流来描绘出电梯的平衡系数。通过完成本次任务，使学生掌握平衡系数的测量方法、注意事项及验收要求。

知识铺垫

一、平衡系数的含义

平衡系数是表示对重与轿厢（含载重量）相对曳引机的对称平衡度。对重侧对重块的多少与轿厢的自重和额定载重量总和有关。当对重的总重量等于轿厢自重加轿厢内所载负荷重量时，曳引机输出的曳引转矩最小（只需克服摩擦力）。平衡系数值应为 40%~50%。在综合考虑电梯空载下行和满载上行等特殊条件运行的最大曳引转矩后，其理想值应选取 50%。

平衡系数是电梯运行于平衡状态的参数，影响驱动电动机的输出功率。牵引式电梯使用对重的主要目的是为了降低电梯驱动电动机的功率消耗。额定载重量为 1t，速度为 1.5m/s 的 6 层 6 站牵引式电梯，可以使用功率为 15kW 的驱动电动机，而额定载重量为 1t，速度 1.5m/s 的 20 层 20 站电梯，同样也可以使用功率为 15kW 的驱动电动机。因为无论 6 层 6 站，还是 20 层 20 站，两台电梯在运行中，其对重侧与轿厢侧重量不平衡状态量基本一致，牵引轮上形成的力距差基本相同，因此都可以使用15kW功率的驱动电动机。

二、配重的选择

对重配重多少才合适呢？对重装置的重量等于轿厢自重加上轿厢内负载，这样牵引机运行负荷最小。但轿厢内负载经常变化，每次运行时都是从空载到满载之间的某一个不确定值，而对重在电梯安装调试完毕后就已经确定，不能随便改变，所以上述理想的平衡状态很少存在。但是我们仍然可以选择恰当重量的对重或者选择一个合适的平衡系数，使电梯平常运行时能接近理想的平衡状态。

电梯运行速度曲线是固定不变的，电动机输出转矩 M 是影响电梯输出功率的唯一变量，从电梯结构看，电动机输出转矩直接受到电梯对重侧重量与轿厢侧重量的不平衡状态量影响。如果牵引轮两边的不平衡量很大，当电梯运行方向与这种不平衡转矩反向时，电动机就要输出较大转矩，消耗更多电能；当运行方向与其一致时，电动机处于发电状态，这一部分势能又以电的热效应损失，消耗在放电电阻上。当电梯对重侧与轿厢侧的重量在平衡状态下运行时，电动机输出转矩最小，其功率和电能消耗也最小。载重量为额定载重量的40%~50%的工况最多，因此要求平衡系数在0.4~0.5，这样两侧的重力差最小，输出转矩也最小。

每台电梯的平衡系数 K 取多大值（0.4~0.5）较为理想？调试时，可根据电梯的具体情况决定实际的平衡系数。如果电梯经常轻载运行，平衡系数可取接近规范下限（0.4）值；如果电梯经常重载运行，则取接近规范上限（0.5）值，这时电能消耗最少。

任务施工

1. 安全

所有进入现场的人员都必须穿好工作服、防护鞋，戴好安全帽，系好安全带。

2. 器具

砝码、万用表、手电筒、钳形电流表、常用电工工具。

3. 安装工艺流程

把工具、仪表都准备好，然后按照表5-12的流程进行平衡系数的测量。

表5-12　平衡系数测量步骤

序号	步骤名称	演示图片	说明
1	调整位置		把轿厢开到井道中间位置，使轿厢和对重在同一平面上

（续）

序号	步骤名称	演示图片	说明
2	做标记		在机房曳引钢丝绳上做一明显的标记
3	轿厢至底层		将轿厢运行到底层
4	装砝码		在轿厢中装入 30% 额定载荷的砝码
5	上行测量		连续快车运行轿厢至顶层，当轿厢运行到与对重在同一水平位置时，在机房的两个人，一人记录和观察曳引轮上的标记，一人用钳形电流表测量电流值
6	下行测量		电梯从顶层快速运行至底层，在同一位置记录电流值
7	填表	规定的表格	重复以上步骤，在轿内载荷 40%、50%、60% 时，测量电流值，将以上测量电流值记录在表中

（续）

序号	步骤名称	演示图片	说明
8	绘图、测定		根据测量数据，绘制电梯上、下行负载曲线图，两条曲线的交点所对应的横坐标就是平衡系数

工程验收

按照表 5-11 的步骤测量完成后，可以使用绘图的方式得到电梯的平衡系数。

如果平衡系数在 40%~50%，说明电梯合格；如果低于 40%，说明对重的重量太小；如果高于 50%，说明对重的重量太大，对后两种情况需要进行相应调整。

错误情境解析

情境：某酒店的一部乘客电梯，7 层 7 站，额定速度为 1.5m/s，额定载重量为 1000kg（13 人）。为了美观，对轿厢进行了大面积的装潢。结果，此电梯在未满载的情况下于 3 楼的下行过程中突然发生溜车蹲底，乘客被困，幸好未造成人员伤亡。经过对事故现场的检验和调查，得知的情况是该客梯安装完成后，电梯的平衡系数为 46%，经过特种设备检验部门验收合格，投入使用，但是后来又对轿厢进行大面积装潢，同时也未改变对重的重量。装潢后也没有进行再次检验。经过现场检测，该电梯的平衡系数为 20%，远低于 40%的下限要求。同时检测到此台电梯的制动器制动力不足，限速器-安全钳联动功能失效。

综合训练

一、判断题(特种设备作业人员考核大纲要求)

（　　）1. 电梯平衡系数偏大时，可以在轿顶放置对重块进行调整。

（　　）2. 增加对重重量可以增大平衡系数。

(　　) 3. 货梯平衡系数应选用较小值。

(　　) 4. 电梯平衡系数不符合要求时，可以在轿顶放置平衡铁进行调节。

二、选择题(特种设备作业人员考核大纲要求)

(　　) 1. 各类电梯的平衡系数应在______范围内。

A. 0.4~0.45　　B. 0.45~0.5　　C. 0.4~0.5　　D. 0.5~0.6。

(　　) 2. 额定载荷为 1000kg，平衡系数为______的电梯，当轿内承载______ kg 时，负载转距最小，电梯处于最佳状态。

A. 0.4；500　　B. 0.45；450　　C. 0.5；400　　D. 0.45；500

(　　) 3. 电梯平衡系数______时，电梯空载上行时容易冲顶。

A. 太小　　B. 太大　　C. 变化　　D. 0.4~0.5

(　　) 4. 调整电梯的平衡系数时，对重块放多少，应根据______来确定。

A. 轿厢的自重　　B. 电梯的额定速度

C. 额定载重量　　D. 轿厢的自重和额定载重量

三、填空题

1. 平衡系数是表示____________与________（含载重量）相对________的对称平衡度。

2. 对重侧对重块的多少与轿厢的__________和______________________有关。

3. 当对重的总重量等于____________________________时，曳引机输出的曳引转矩最小（只需克服摩擦力）。

4. 平衡系数值应为____________________。在综合考虑电梯空载下行和满载上行等特殊条件运行的最大曳引转矩后，其理想值应选取__________。

5. 平衡系数是电梯________________参数，影响驱动电动机的____________。牵引式电梯使用对重的主要目的是为了________________________。

四、简答题(特种设备作业人员考核大纲要求)

1. 对重起什么作用？其重量如何确定？

2. 什么是电梯的平衡系数？为何取值为 0.4~0.5？

《GB 7588—2003　电梯制造与安装安全规范》第 14.2.5.3 条：

在超载情况下：

a）轿内应有音响和（或）发光信号通知使用人员；

b）动力驱动自动门应保持在完全打开位置；

c）手动门应保持在未锁状态。

知识梳理

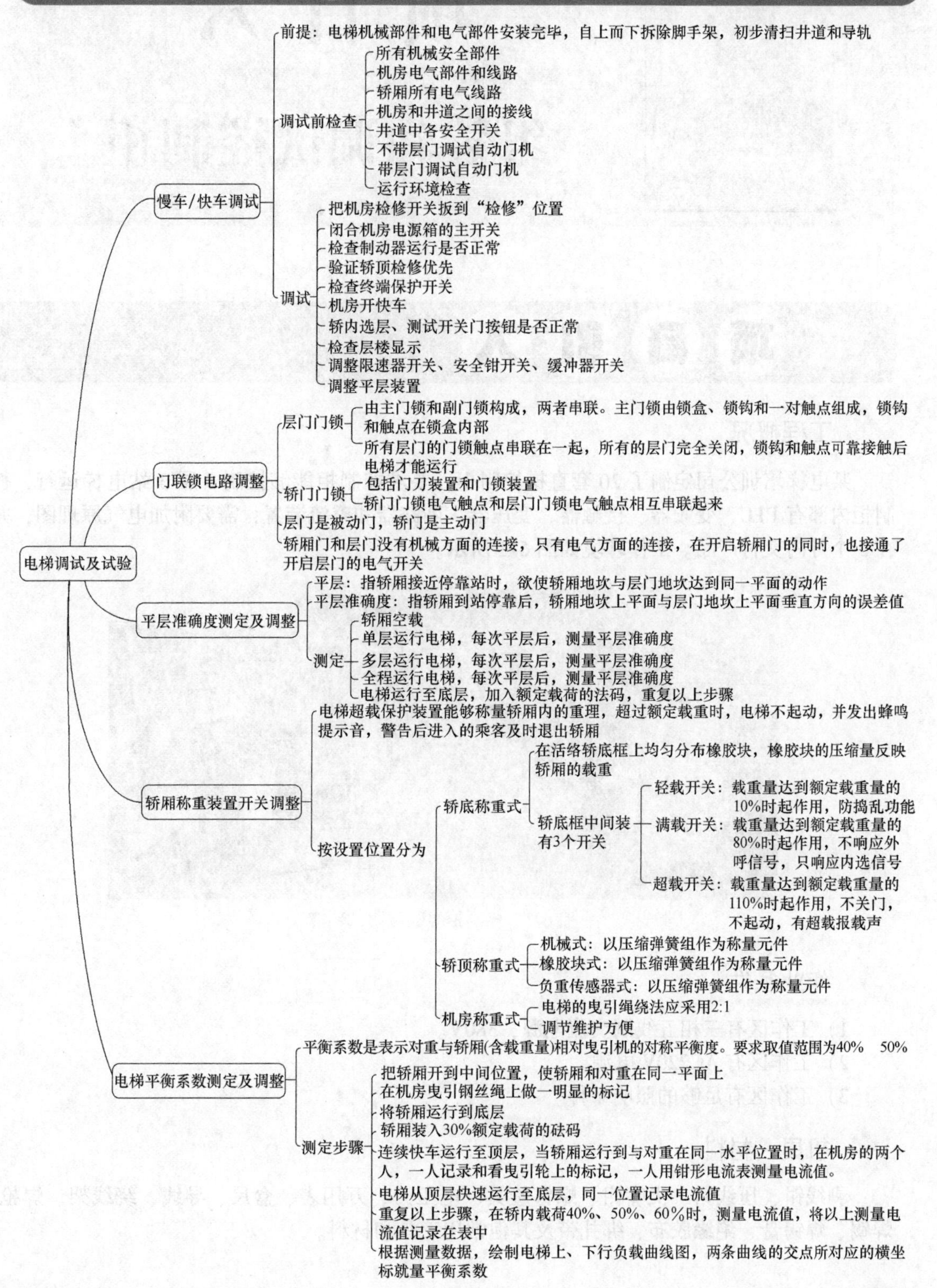
电梯调试及试验
慢车/快车调试
前提：电梯机械部件和电气部件安装完毕，自上而下拆除脚手架，初步清扫井道和导轨
调试前检查
所有机械安全部件
机房电气部件和线路
轿厢所有电气线路
机房和井道之间的接线
井道中各安全开关
不带层门调试自动门机
带层门调试自动门机
运行环境检查
调试
把机房检修开关扳到“检修”位置
闭合机房电源箱的主开关
检查制动器运行是否正常
验证轿顶检修优先
检查终端保护开关
机房开快车
轿内选层、测试开关门按钮是否正常
检查层楼显示
调整限速器开关、安全钳开关、缓冲器开关
调整平层装置
门联锁电路调整
层门门锁
由主门锁和副门锁构成，两者串联。主门锁由锁盒、锁钩和一对触点组成，锁钩和触点在锁盒内部
所有层门的门锁触点串联在一起，所有的层门完全关闭，锁钩和触点可靠接触后电梯才能运行
轿门门锁
包括门刀装置和门锁装置
轿门门锁电气触点和层门门锁电气触点相互串联起来
层门是被动门，轿门是主动门
轿厢门和层门没有机械方面的连接，只有电气方面的连接，在开启轿厢门的同时，也接通了开启层门的电气开关
平层准确度测定及调整
平层：指轿厢接近停靠站时，欲使轿厢地坎与层门地坎达到同一平面的动作
平层准确度：指轿厢到站停靠后，轿厢地坎上平面与层门地坎上平面垂直方向的误差值
测定
轿厢空载
单层运行电梯，每次平层后，测量平层准确度
多层运行电梯，每次平层后，测量平层准确度
全程运行电梯，每次平层后，测量平层准确度
电梯运行至底层，加入额定载荷的法码，重复以上步骤
轿厢称重装置开关调整
电梯超载保护装置能够称量轿厢内的重理，超过额定载重时，电梯不起动，并发出蜂鸣提示音，警告后进入的乘客及时退出轿厢
按设置位置分为
轿底称重式
在活络轿底框上均匀分布橡胶块，橡胶块的压缩量反映轿厢的载重
轿底框中间装有3个开关
轻载开关：载重量达到额定载重量的10%时起作用，防捣乱功能
满载开关：载重量达到额定载重量的80%时起作用，不响应外呼信号，只响应内选信号
超载开关：载重量达到额定载重量的110%时起作用，不关门，不起动，有超载报载声
轿顶称重式
机械式：以压缩弹簧组作为称量元件
橡胶块式：以压缩弹簧组作为称量元件
负重传感器式：以压缩弹簧组作为称量元件
机房称重式
电梯的曳引绳绕法应采用2:1
调节维护方便
电梯平衡系数测定及调整
平衡系数是表示对重与轿厢(含载重量)相对曳引机的对称平衡度。要求取值范围为40%　50%
测定步骤
把轿厢开到中间位置，使轿厢和对重在同一平面上
在机房曳引钢丝绳上做一明显的标记
将轿厢运行到底层
轿厢装入30%额定载荷的砝码
连续快车运行至顶层，当轿厢运行到与对重在同一水平位置时，在机房的两个人，一人记录和看曳引轮上的标记，一人用钳形电流表测量电流值。
电梯从顶层快速运行至底层，同一位置记录电流值
重复以上步骤，在轿内载荷40%、50%、60%时，测量电流值，将以上测量电流值记录在表中
根据测量数据，绘制电梯上、下行负载曲线图，两条曲线的交点所对应的横坐标就量平衡系数

项目六

组装和调试控制柜

项目引入

工程概况

某电梯培训公司定制了20套直梯控制柜，要求控制柜能够控制3层3站电梯运行，控制柜内部有PLC、变频器、接触器、变压器、断路器和整流装置，需要附加电气原理图，并在3个月内交付产品。工作环境如图6-1所示。

图6-1　控制柜组装和调试环境

作业条件

1）工作区有三相五线制交流电源，380V。
2）工作区有AC220V电源。
3）工作区有足够的照明条件。

机具、材料

剥线钳、压线钳、尖嘴钳、螺钉旋具、电工刀、万用表、盒尺、导线、绕线架、焊枪、焊锡、焊锡膏、绝缘胶布、绑扎带及其他常用工具和材料。

学习目标

知识目标

1）熟悉控制柜的各个原理图及其功能、作用。

2）掌握控制柜内的布线要求。

3）掌握 PLC、变频器、整流桥的功能和作用。

4）掌握每个电路的检查和调试方法。

技能目标

1）能根据各个电路原理图安装控制柜电路。

2）能够正确使用工具、仪表。

3）会检查和调试电路。

4）会分析和排除简单故障。

职业素养目标

1）安装电路时，分工协作，调试电路时，一人操作，一人监护，保证安全，不擅自离开电梯安装岗位。

2）安装过程中，注意节约材料、爱护工具和调试仪表，时刻保持工作区的整洁。

3）安装完毕后，将电梯安装工作区清理干净，不留杂物、废品。在安装与调试过程中做到料尽脚下清。

4）通电调试电梯电气系统时，不忽略任何小的故障，并且注意自身安全、他人安全和设备安全。

5）5S 意识。

任务一　组装和调试电源电路

任务描述

某直梯控制柜组装车间，控制柜的结构骨架已连接完成，现需要在控制柜内部对其电源电路进行组装和调试。要求通过断路器从 AC380V 进线电源分接出 AC220V 电压；通过变压整流电路整流出 DC24V、DC110V 电压；通过变压器转换出 AC110V 电压。通过此任务的学习，使学生掌握控制柜内部的布线要求，电源电路的工作原理、调试方法并能排除简单故障。

知识铺垫

一、识读电梯电源电路

1. 识图

电梯电气系统电源电路部分为整个电梯系统供电，其中包括不同等级及规格的电压。要组装电梯电气系统，首先要把电源电路接好，才能保证各部分电路正常运行，所以我们要识读下面的电源电气原理图，如图6-2所示。

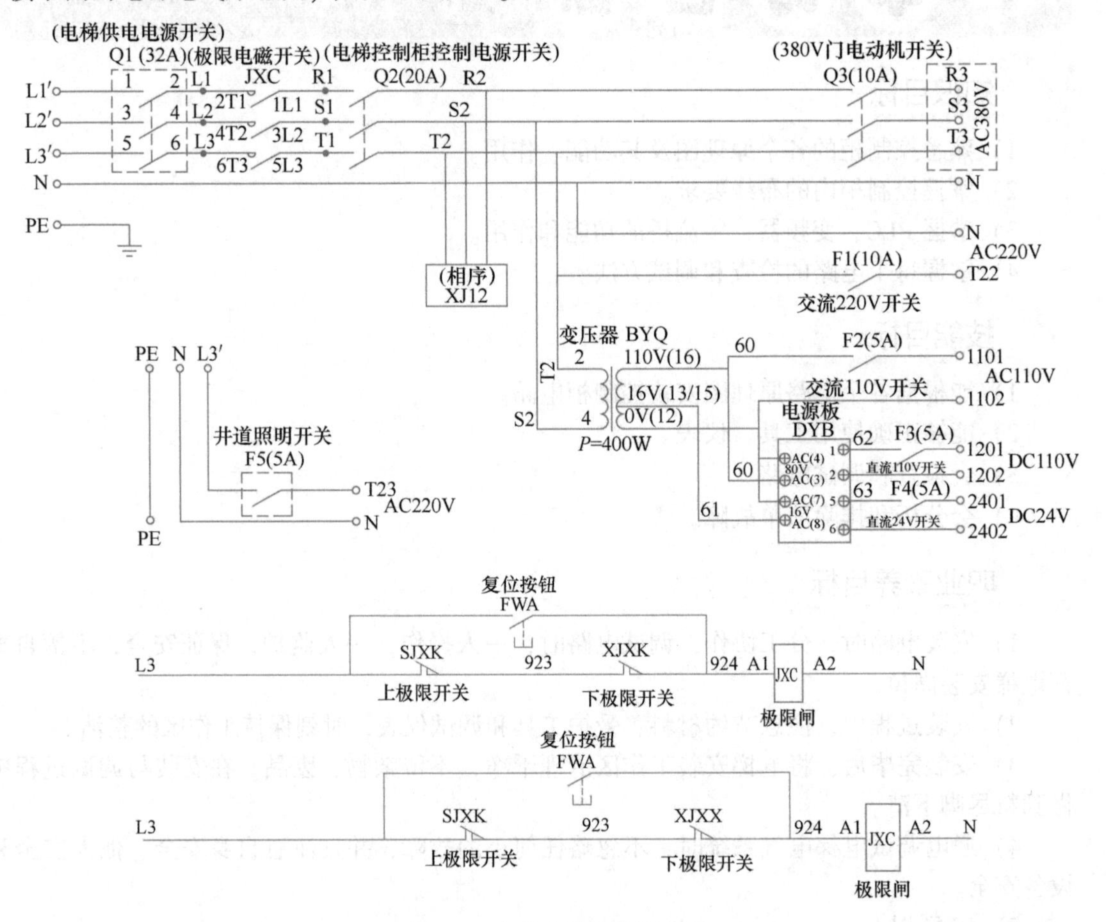

图6-2 电梯电源电路原理图

首先，可以根据电压等级把电梯电源电路原理图分为几部分，电源的主电路部分为电路提供380V电压。电梯电气系统中的低压配电系统均采用TN-S系统，TN-S系统就是三相五线制，该系统的N线和PE线是分开的，如图6-3所示。它的优点是PE线在正常情况下没有电流通过，因此不会对接在PE线上的其他设备产生电磁干扰。此外，由于N线与PE线分开，N线断开也不会影响PE线的保护作用；单相交流电源取L3与N之间的电压220V；110V单相交流电压由变压器经380V变换获得；110V和24V直流电压也是由变压器和整流桥变换获得。

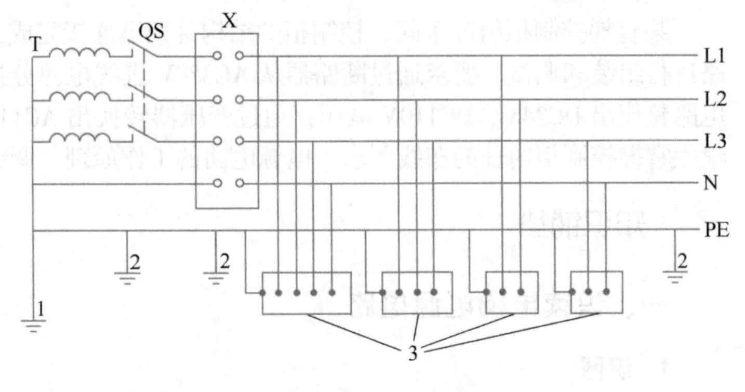

图6-3 TN-S系统

2. 认识电源电路符号

图6-4中的电路元件从左到右依次为三相断路器、

相序继电器、单相断路器、变压器。电源电路图中的文字符号分别为 L1、L2、L3 为三相交流电源引入线，R1、S1、T1 和 R2、S2、T2 为三相交流电源线，N 为零线，T22 为 220V 电压电源线。

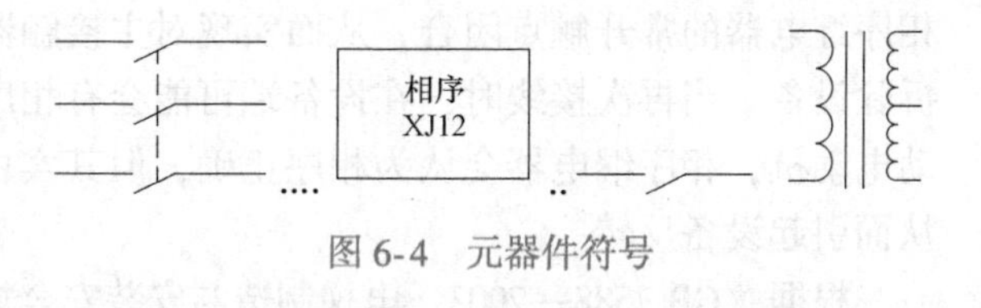

图 6-4 元器件符号

在图 6-2 中 BYQ 为变压器，DYB 为整流滤波电源板，其余 1101、1102 分别代表交流 110V 电源，1201、1202 分别代表直流 110V 电源正负极，2401、2402 分别代表直流 24V 电源的正负极。

二、认识部分零部件

1. 断路器

低压断路器也称为自动开关（或自动空气开关），是一种既有开关作用又能进行自动保护的低压电器。在配电线路或电动机控制电路中作为电源开关，不频繁地接通或分断配电电路或电动机的电源。不同型号的低压断路器的保护功能有所不同，本套电梯控制柜中采用 DZ47 系列小型断路器，如图 6-5 所示。

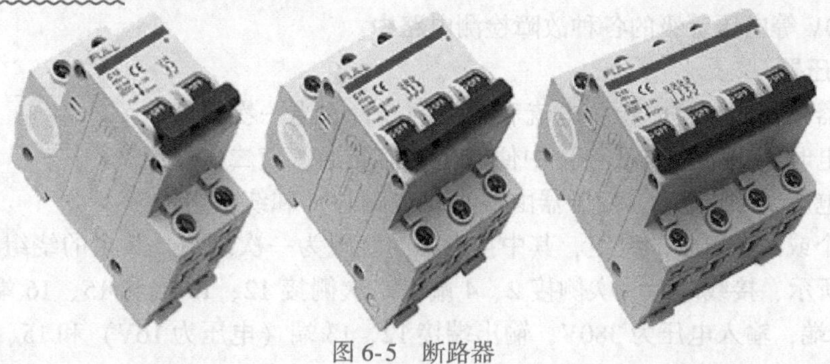
图 6-5 断路器

这种断路器适合交流 50Hz/60Hz、额定电压为 400V，电流不大于 60A 的电路中。在使用过程中，断路器应垂直于配电板安装，电源引线接断路器的上接线端，负载引线接下接线端。

2. 相序继电器

一般情况下，电动机工作的接线顺序是有规定的，如果由于某种原因导致相序发生错乱，电动机将无法正常工作甚至被损坏。三相电源中有 A 相、B 相、C 相，假如按 A、B、C 相序接入电动机，电动机正转，那么，若按 A、C、B 相序接入电动机，电动机就是反转了。为了防止电动机反转，加入了相序继电器，用于防止进来的电源线相序反相，造成电动机反转。相序保护就是为了防止这类事故发生。图 6-6 是一种相序继电器，接线时，要注意将电源线接在上端（标有 L1、L2、L3 处），输出端使用 11 和 14 常开触点。相序继电器串联在电梯的安全电路中。当所接相序正确时，11 和 14 点接通，绿色指示灯点亮，否则，表示电源相序不正确，11 和 14 点不接通。

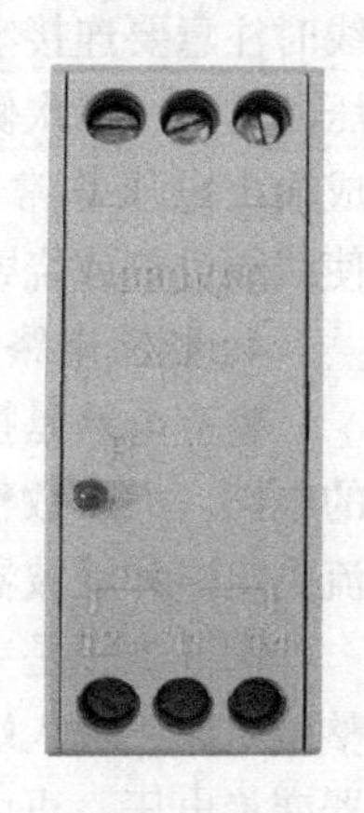
图 6-6 相序继电器

当电路中相序与指定相序不符时，相序继电器将触发动作，切断控制电路的电源，从而达到切断电动机电源、保护电动机的目的。

如果将相序继电器接于电源端，则闭合电源后，相序检测正确，

相序继电器的常开触点闭合，从而实现对主接触器的控制，对设备供电。由于设备维修需要拆除设备，当再次接线时，在设备端可能会有相序的变化，而电源端相序没有改变，此时起动电动机，相序继电器会认为相序正确，但其实由于设备端接线改变，相序可能已经错误，从而引起设备反转。

根据《GB 7588—2003 电梯制造与安装安全规范》的规定，对于供电电源的错相及电压降低都应有防护措施。相序继电器在所有电梯控制系统中是不可缺少的环节。当电梯供电系统出现相序错误及断相时，电梯不能运行。在直流电梯中，驱动直流发电机的原动相序错，会导致发电机输出电压极性反向，由于反励磁磁场的存在，导致电梯飞车，造成事故。在交流电梯中，电梯的向上与向下运行是通过改变电动机供电电源的相序实现的，当相序发生错误时，会使上、下运行反向。在控制系统中，必须采用相序保护，否则将造成人身和设备的事故。

相序继电器是由电阻、电容和氖泡组成的三相交流电相序检测电路，适用于 380V 交流电路中断相和错相保护。相序继电器的型号含义如图 6-7 所示。

XJ12 系列三相交流保护继电器（又称相序继电器等）主要用于交流 50/60Hz，额定电压 460V 以下，工业三相 220V、380V、440V、460V 等电压等级的各种故障检测电路中。

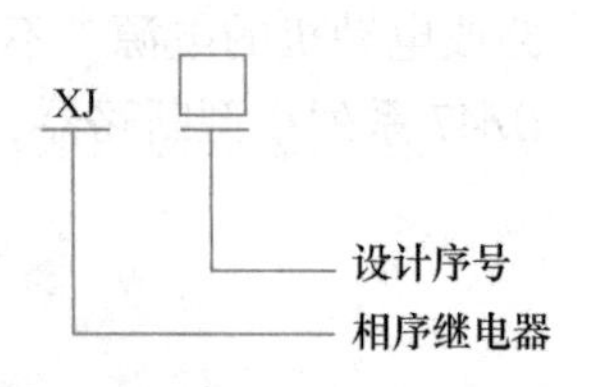

图 6-7 相序继电器型号含义

3. 变压器

变压器是变换交流电压、电流和阻抗的器件，当一次绕组中通有交流电时，铁心（或磁心）中便产生交流磁通，使二次绕组中感应出电压（或电流）。变压器由铁心（或磁心）和绕组组成，通常有两个或两个以上的绕组，其中接电源的绕组为一次绕组，其余的绕组称为二次绕组。如图 6-8 所示，接线时，一次侧接 2、4 端，二次侧接 12、13 端和 15、16 端。也就是输入端接 2、4 端，输入电压为 380V，输出端接 12、13 端（电压为 16V）和 15、16 端（输出电压为 80V）。变压器实物及铭牌如图 6-8 所示。

变压器的图形符号如图 6-9 所示。一次绕组为 2、4 端，二次绕组有抽头，所以可以获得两个电压等级的输出电压，分别为 16V 和 80V。变压器在使用过程中应该平放，接线时注意要连接牢固，避免出现虚接，且变压器的一、二次侧不能接错，如果接错将造成输出电压非常高，导致绕组中电流过大，使线圈过热或烧毁变压器。

4. 整流电路

整流电路是把交流电能转换为直流电能的电路。大多数整流电路都是由变压器、整流主电路和滤波器等组成。

图 6-10a 是一个典型的二极管全波桥式整流电路，输入端加上交流电压，经过变压器变换电压，再由 4 个二极管组成的整流电路对交流电进行整流，在负载 R_L 上获得相

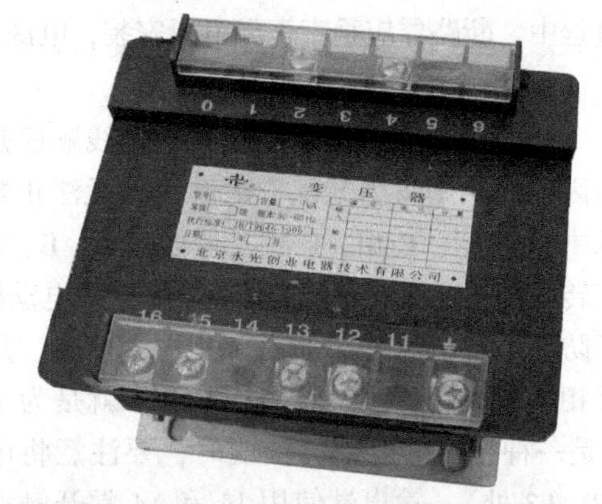

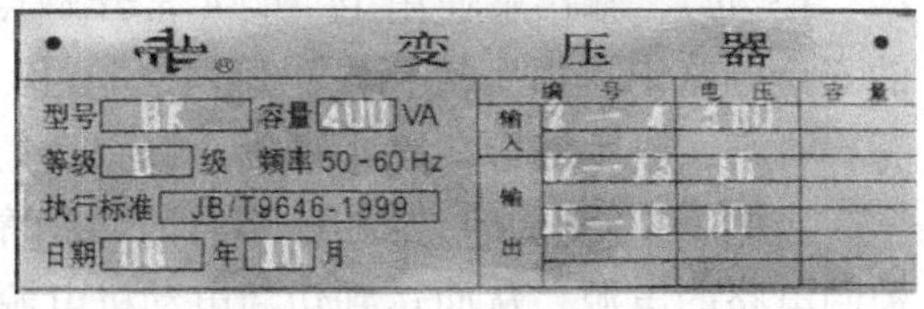

图 6-8 变压器及铭牌

应的直流电，整流电路的输出电压虽然是单一方向的，但是脉动较大，不能适应大多数电子电路及设备的需要，因此一般整流后还需要滤波电路将脉动的直流电压变为平滑的直流电压。电容滤波电路是最为简单的滤波电路，在电梯电气系统中，整流滤波电路由整流桥堆和电容器组成，可获得较为平滑的直流电，如图 6-10b 所示。

通过图 6-10b 分析 4 只二极管的工作情况，在一个周期内，交流电正半周时，二极管 VD1 和 VD3 导通，VD2 和 VD4 截止；在交流电负半周时，二极管 VD2 和 VD4 导通，VD1 和 VD3 截止。而输出获得的直流电的大小，可以通过计算求出，输出电压的平均值是峰值的 0.9 倍。本控制柜中用的是集成的整流桥堆，如图 6-11 所示。

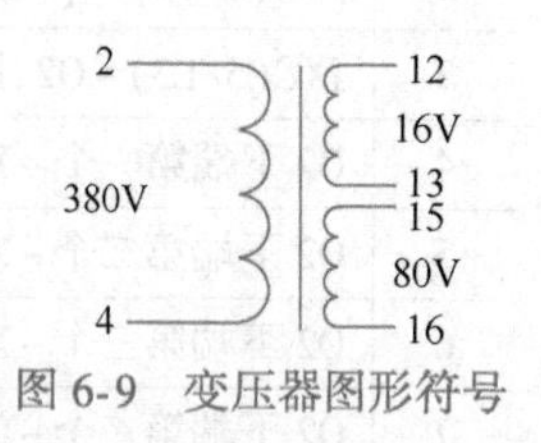

图 6-9　变压器图形符号

整流桥堆就是由两只或 4 只二极管组成的整流器件。桥堆有半桥和全桥两种，半桥又有正半桥和负半桥两种。全桥由 4 只二极管组成，有 4 个引出脚。其中，两只二极管负极的连接点是全桥直流输出端的“正极”，另两只二极管正极的连接点是全桥直流输出端的“负极”。这里用的是全桥，如图 6-10a 所示。

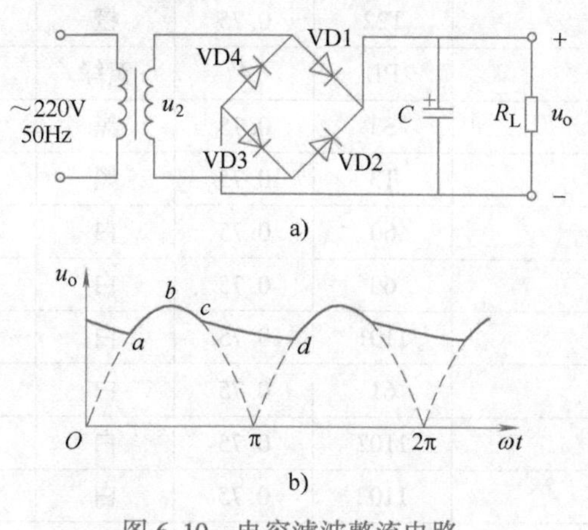

图 6-10　电容滤波整流电路

图 6-11　整流桥堆

整流桥堆有 4 个引脚，其中标有“+”的引脚为输出直流电的正极，在它对角的另一个引脚为输出直流电的负极，另外两个引脚为交流输入。本任务所用的整流桥电路板如图 6-12 所示。

在本控制柜中，由于不同元器件需要的电压不尽相同，所以要通过整流滤波电路来获得需要的电压，需要的直流电压为 24V 和 110V。

任务施工

1. 安全

施工时，注意自身安全、他人安全和设备安全。

2. 安装准备

1）识读电源电路原理图，制作电路接线表，见表 6-1。

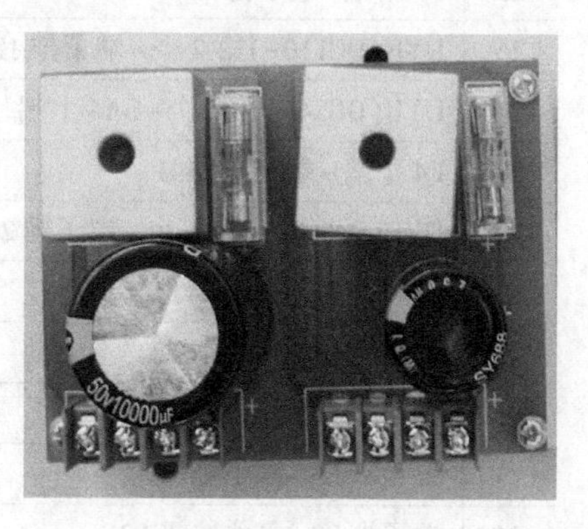

图 6-12　整流桥电路板

表 6-1　电源电路接线表

序号	路　径	线号	线径/mm^2	颜色	线型
1	JXC(1/L1)~Q2 上端第一个	R1	0.75	黑	RV
2	JXC(3/L2)~Q2 上端第二个	S1	0.75	黑	RV
3	JXC(5/L3)~Q2 上端第三个	T1	0.75	黑	RV
4	Q2 下端第一个~XJ12 上端第一个	R2	0.75	黑	RV
5	Q2 下端第二个~XJ12 上端第二个	S2	0.75	黑	RV
6	Q2 下端第三个~XJ12 上端第三个	T2	0.75	黑	RV
7	Q2 下端第一个~Q3 上端第一个	R2	0.75	黑	RV
8	Q2 下端第二个~Q3 上端第二个	S2	0.75	黑	RV
9	Q2 下端第三个~Q3 上端第三个	T2	0.75	黑	RV
10	大端子 N~端子排 N	N	0.75	浅蓝	RV
11	Q3 上端第三个~F1 上端	T2	0.75	橙	RV
12	F1 下端~端子排 T22	T22	0.75	橙	RV
13	端子排 PE~接地	PE	4	黄绿	BV
14	Q3 下端第二个~BYQ(4)	S3	0.75	黑	RV
15	Q3 下端第三个~BYQ(2)	T3	0.75	黑	RV
16	BYQ(16)~F2(上端)	60	0.75	白	RV
17	F2(上端)~DYB 第 3 个 80V(AC)	60	0.75	白	RV
18	F2(下端)~端子排 1101	1101	0.75	白	RV
19	BYQ(13)~BYQ(15)(封线)	61	0.75	白	RV
20	BYQ(12)~端子排 1102	1102	0.75	白	RV
21	端子排 1102~DYB 第 7 个 80V(AC)	1102	0.75	白	RV
22	DYB80V(AC)第 4 个~DYB16V(AC)第 7 个	1102	0.75	白	RV
23	BYQ(13)~DYB16V(AC)第 8 个	61	0.75	蓝	RV
24	DYB(DC110V+)第 1 个~F3 上端	62	0.75	蓝	RV
25	F3 下端~端子排 1201	1201	0.75	蓝	RV
26	DYB(DC110-)第 2 个~端子排 1202	1202	0.75	蓝	RV
27	DYB(DC24+)第 5 个~SA4 上端	63	0.75	蓝	RV
28	F4 下端~端子排 2401	2401	0.75	蓝	RV
29	DYB(DC24V-)第 6 个~端子排 2402	2402	0.75	蓝	RV
30	大端子 L1~JXC(2/T1)	L1	4	黄	BV
31	大端子 L2~JXC(4/T2)	L2	4	绿	BV
32	大端子 L3~JXC(6/T3)	L3	4	红	BV
33	大端子 L3~端子排 L3	L3	0.75	黑	RV
34	端子排 L3~复位按钮 L3	L3	0.75	黑	RV

（续）

序号	路　径	线号	线径/mm²	颜色	线型
35	复位按钮 924~JXC(A1)	924	0.75	橙	RV
36	JXC(A1)~端子排 924	924	0.75	橙	RV
37	JXC(A2)~端子排 N	N	0.75	浅蓝	RV
38	电源端 L3′~F5 上端	L3′	0.75	黑	RV
39	F5 下端~端子排 T23	T23	0.75	黑	RV

2）检测元器件。安装前检测元器件的质量。

3）工具、仪表准备：剥线钳、压线钳、螺钉旋具、万用表等。

4）安装工艺流程见表 6-2。

表 6-2　安装工艺流程

步序	步骤名称	安装步骤图示	安装说明
1	剥线	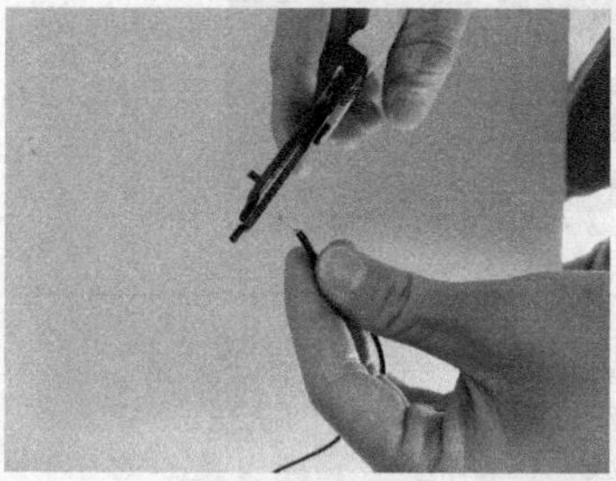	估测需要的导线长度，选择合适线径的导线，截取合适长度，并留有余量 使用剥线钳把导线端部剥去约 10mm 绝缘层 把露出的铜丝线头拧成麻花状，使其不松散
2	套线号管	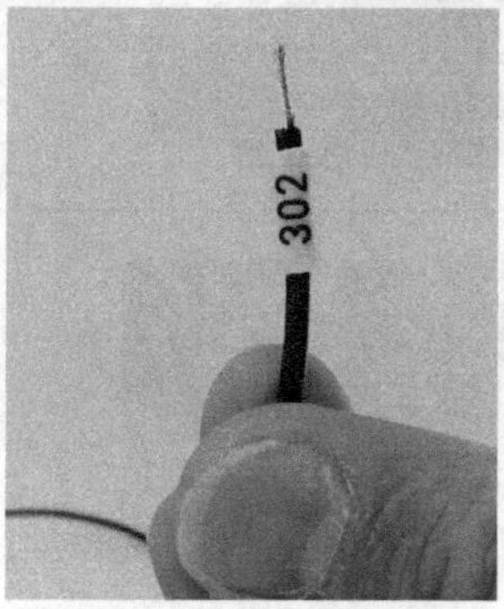	根据所接线路套上相应的线号管
3	套线鼻子	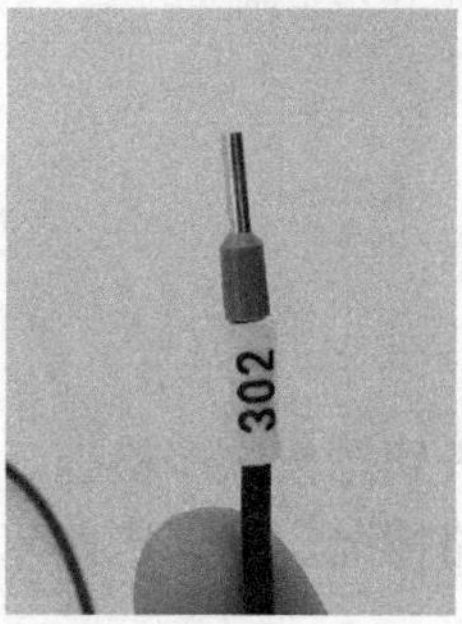	把合适的线鼻子套入线头

（续）

步序	步骤名称	安装步骤图示	安装说明
4	压线鼻子	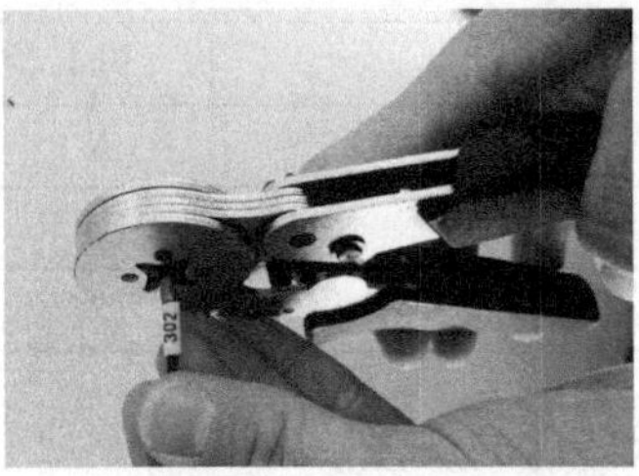	使用压线钳把线鼻子压接好，用同样的方法制作另一端 
5	接线	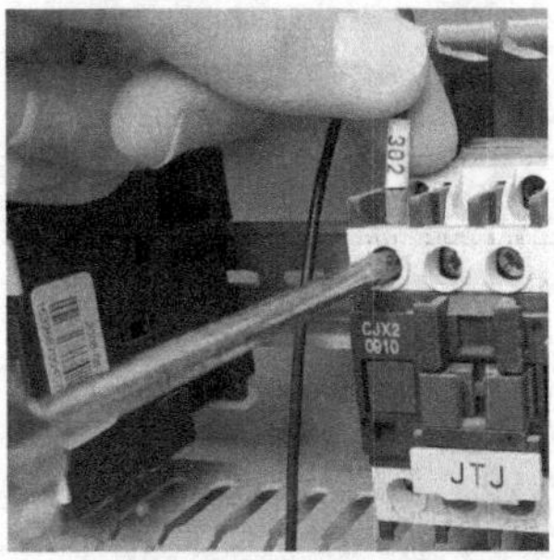	把导线一端插在所接位置。用十字螺钉旋具把导线固定好
6	布线	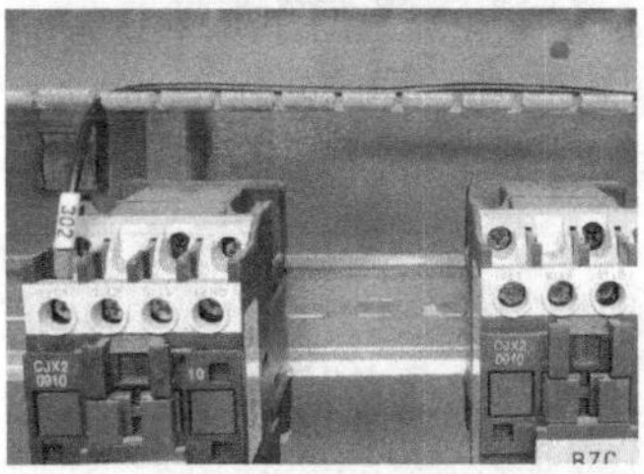	根据线路走向把导线横平竖直地布置在线槽中
7	接端子排		有些导线是需要接在控制柜的专用端子排上

5）根据接线表进行接线。

工程验收

一、断电检测

1）检查所接电路，根据电路图从头到尾按顺序检查。

2）用万用表初步测试电路有无短路情况。确保电路未通电的情况下使用万用表蜂鸣挡检查电路。检查结果见表6-3。

表 6-3　电源电路断电检测结果

序号	测量项目	导通/断开	序号	测量项目	导通/断开
1	JXC(1L1)~Q2(R1)	通	10	F3 下接线端~端子排 1201	通
2	JXC(3L2)~Q2(S1)	通	11	DYB(5)~F4 上接线端	通
3	JXC(5L3)~Q2(T1)	通	12	F4 下接线端~端子排 2401	通
4	Q2(S2)~变压器(4)	通	13	DYB(6)~端子排 2402	通
5	Q2(T2)~变压器(2)	通	14	变压器 1102~端子排 1102	通
6	Q2(T2)~F1 上接线端	通	15	端子排 T22~端子排 N	断
7	F1 下接线端~端子排 T22	通	16	端子排 2401~端子排 2402	断
8	DYB(1)~F3 上接线端	通	17	端子排 1201~端子排 1202	断
9	DYB(2)~端子排 1202	通	18	端子排 1101~端子排 1102	断

二、通电检测

1）整理试验台多余的导线和工具，避免对电路造成影响。

2）为保证人身安全，在通电检测时，一人操作一人监护，认真执行安全操作规程的有关规定，由指导教师检查并监护现场。

3）在指导教师检查无误后，经允许后才可以通电检测，检测结果见表 6-4。

表 6-4　电源电路通电检测结果

序号	测量项目	测量结果（电压）±7%	序号	测量项目	测量结果（电压）±7%
1	Q2(R1)~Q2(S1)	AC380V	10	BYQ(12)~BYQ(13)	AC16V
2	Q2(S1)~Q2(T1)	AC380V	11	BYQ(15)~BYQ(16)	AC80V
3	Q2(R1)~Q2(T1)	AC380V	12	(闭合 F2)端子排 1101~1102	AC110V
4	Q2(R2)~Q2(S2)	AC380V	13	DYB(1)~DYB(2)(直流挡)	DC110V
5	Q2(S2)~Q2(T2)	AC380V	14	DYB(5)~DYB(6)(直流挡)	DC24V
6	Q2(R2)~Q2(T2)	AC380V	15	(闭合 F3)端子排 1201~1202(直流挡)	DC110V
7	BYQ(2)~BYQ(4)	AC380V	16	(闭合 F4)端子排 2401~2402(直流挡)	DC24V
8	F1 上接线端~N	AC220V	17	DYB(3)~DYB(4)	AC80V
9	(闭合 F1)端子排 T22~N	AC220V	18	DYB(7)~DYB(8)	AC16V

错误情境解析

情境一：接线时，把工具和仪表放在控制柜内部。工具和仪表均带有金属部分，通电时会危及人身安全和设备安全。

情境二：把标有 1101 线号的导线接在 1201 的端子上，造成错误，因为 1101 属于交流信号，而 1201 属于直流信号，两者不能互接；把标有 2401 线号的导线接在 2402 的端子上，造成 DC24V 电源短路，因为 2401 和 2402 分别表示 DC24V 电源的正负极，通电时可能会引起跳闸，非常危险。

综合训练

一、判断题（特种设备作业人员考核大纲要求）

（　　）1. 每台电梯应配备供电系统断、错相保护装置，该装置在电梯运行中也同样应起作用。

（　　）2. 接触器是用来频繁地遥控接通或断开交直流主电路及大容量控制电路的低压电器还具有欠电压，零电压保护，操作频率高，工作可靠，性能稳定，维护方便，寿命长等优点。

二、选择题

（　　）1. 三相交流电源中，每相电压的相位差______。

A. 120°　　B. 360°　　C. 60°　　D. 180°

（　　）2. “零、地分开”应理解为____和______始终分开。

A. 零线；中性线 N；　　B. 零线；保护线 PE；

C. 中性线 N；保护线 PE；　　D. 中性线 N；相线；

（　　）3. 变压器铭牌上标注的电压等级不包含下列哪个？

A. AC380V　　B. AC110V　　C. AC16V　　D. AC80V

（　　）4. 整流桥输出的 DC24V 电压是由下列哪个电压产生的？

A. AC220V　　B. AC110V　　C. AC16V　　D. AC80V

（　　）5. 整流桥输出的 DC110V 电压是由下列哪个电压产生的？

A. AC220V　　B. AC110V　　C. AC16V　　D. AC80V

（　　）6. 电源电路生成的电压不包括下列哪个？

A. AC220V　　B. AC110V　　C. DC24V　　D. AC80V

E. DC110V　　F. AC380V

（　　）7. R3、S3、T3 之间的电压是多少？

A. AC220V　　B. AC110V　　C. DC24V　　D. AC380V

（　　）8. T22 和 N 之间的电压是多少？

A. AC220V　　B. AC110V　　C. DC220V　　D. AC380V

（　　）9. 1201 和 1202 之间的电压是多少？

A. AC220V　　B. AC110V　　C. DC110V　　D. AC380V

（　　）10. 2401 和 2402 之间的电压是多少？

A. AC24V　　B. AC110V　　C. DC24V　　D. AC380V

（　　）11. 1201 和 1202 之间，哪个是正极？

A. 1201　　B. 1202

（　　）12. 2401 和 2402 之间，哪个是负极？

A. 2401　　B. 2402

任务二　组装和调试呼梯、选层电路

任务描述

某直梯的控制柜电源电路已可以正常使用，现在需要对层站呼梯盒的呼梯、显示电路，轿内操纵箱的选层、显示电路进行组装和调试。要求这些呼梯、选层和显示信号能正确输入至 PLC 的相应端子。通过完成本次任务，使学生掌握外呼电路、内选电路的工作原理、安装过程及检测和调试方法，并学会排除简单故障。

知识铺垫

电梯的电气系统由驱动系统和控制系统两部分组成。有些电梯采用 PLC-变频器控制，具有控制准确、调试方便、运行稳定及电路简单等特点。PLC 控型电梯的核心是一台 PLC 控制器，要求其控制系统能进行下列运行：根据轿厢所处位置及乘客所处层数判定轿厢运行方向，保证轿厢缓慢起停，将轿厢停在选定的楼层；同时根据楼层的呼叫顺向停车，自动开关门；另外，在轿厢内外均要有信号灯显示电梯运行的方向及楼层数。

一、识读层站呼梯、轿内选层电路

1. 识图

电梯电气系统 PLC 输入指令指的是电梯正常运行时人为输入给电梯的指令。这些指令包括电梯的外呼信号、轿厢内选信号、开关门指令、锁梯、消防、对讲等。图 6-13 所示电路主要包括一层上呼，二层上呼，二层下呼，三层下呼，一层、二层、三层轿厢内选指令及开关门按钮等。这些按钮把操纵电梯的指令输入到 PLC 控制器中，再由控制器对输入的信号进行处理运算，输出相应的指令驱动电梯运行，使电梯应答输入指令。所以输入指令的对象就是可编程序控制器（PLC），图 6-13 所示为把输入设备和 PLC 连接起来的电路。

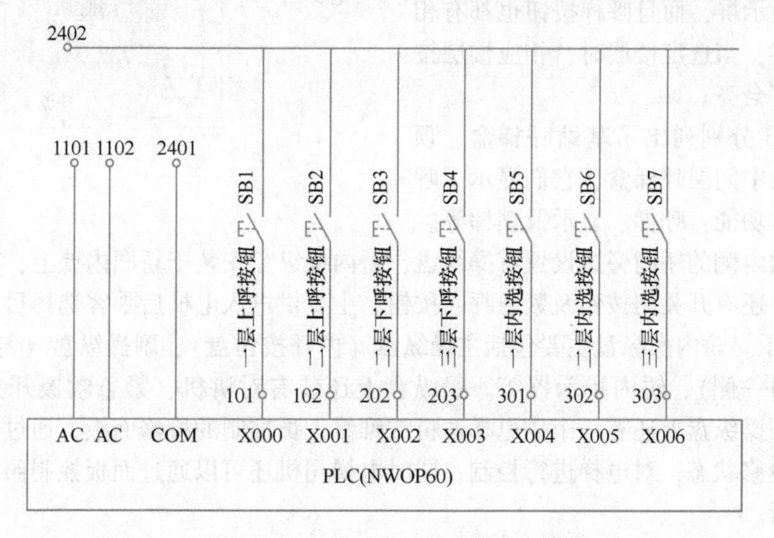

图 6-13　层站呼梯、轿内选层电路

在电梯控制系统中，电梯的指令输入系统主要是由轿内操纵盘和厅外呼梯盒构成。轿内操纵盘和厅外呼梯盒把输入信号送到 PLC 中，当然，轿内操纵盘和厅外呼梯盒上也有 PLC 输出的信号，如楼层显示、层选指示、对讲系统等。

2. 认识电路符号

本电路中所有的输入信号都是由常开按钮来实现的，基本符号 SB1、SB2，表示一层、二层上呼按钮，SB3、SB4 表示二层、三层下呼，SB5、SB6、SB7 表示一层、二层、三层内选按钮。PLC 为 60I/O 点。图中线号 1101、1102 表示交流 110V 电源，2401、2402 表示直流 24V 电源的正负极，X000~X006、X0017、X0018 分别是 PLC 输入端子的标号，其他线号是用以区分导线的线号。

二、认识输入设备

1. 呼梯盒

(1) 呼梯盒结构介绍

呼梯盒是指在电梯轿内或层门外，对电梯进行选层开关门控制及对讲和锁梯等的控制装置。把设在轿内的称为轿内操纵盘，把设在层站层门外的称为厅外呼梯盒。在图 6-14 中可以看到它们的连接方式及安装位置。

对于厅外呼梯盒，在电梯的最低层和最高层站，层外呼梯盒上仅安装一个单键按钮（顶层向下，底层向上），其余中间层均为上下两个方向。另外，基站还包括一个锁梯钥匙，供开关电梯使用，在消防基站的呼梯盒上方有一个消防开关，平时用玻璃面板封住，在发生失火时，打碎面板，压下开关，使电梯进入消防运行状态。不管是厅外呼梯盒还是轿内操纵盘，都有楼层显示屏，而且呼梯按钮也都有相应的指示灯，当选定楼层时，相应楼层按钮的指示灯会亮。

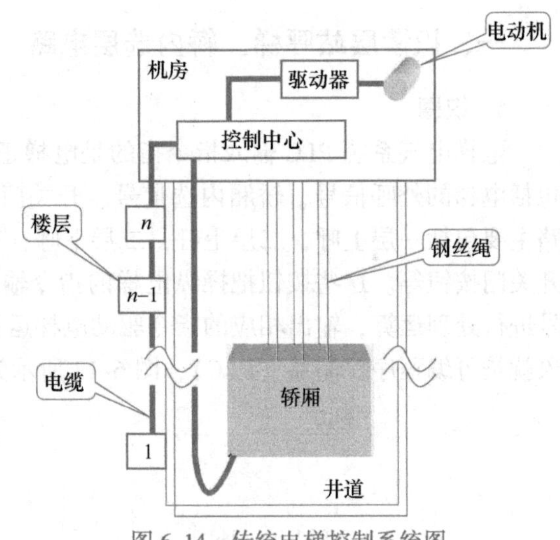

图 6-14 传统电梯控制系统图

图 6-15 分别列出了基站呼梯盒、顶层呼梯盒及中间层呼梯盒，它们显示了呼梯盒的基本功能：呼梯、显示及锁梯等。

在轿厢内侧的轿门旁边设置有操纵盘，轿内操纵盘安装于轿厢内壁上，有代表各楼层的数字按钮，还有开关门按钮及紧急呼叫按钮，主要供进入电梯后乘客选择目的楼层使用，如图 6-16 所示。轿内操纵盘主要包括主操纵盘（内呼按钮盘）、副操纵盘（与主操纵盘对应，在轿厢的另一侧）、轿内指示器等。操纵盘上还装有对讲机、紧急救援开关——警铃按钮等。在轿厢操纵盘上还有一个供电梯司机或维修人员控制的检修面板，通过检修面板可以把电梯置于检修状态，对电梯进行控制；同时电梯司机还可以通过面板控制照明、风扇及电梯的直驶运行。

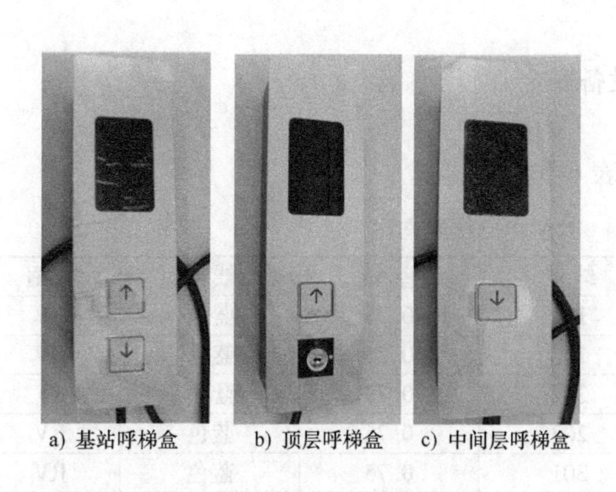
a) 基站呼梯盒　b) 顶层呼梯盒　c) 中间层呼梯盒

图 6-15　厅外呼梯盒

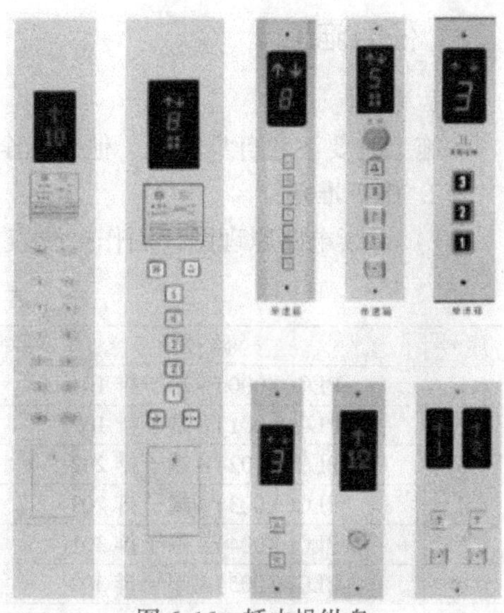
图 6-16　轿内操纵盘

（2）常见轿内操纵盘各开关、按钮的功能和使用方法

轿内操纵盘面板上装有单排或双排按钮组，按钮的数量由楼层的多少确定。按钮在压力下接通，使层楼指令继电器自我保护，按钮失电压后会自动复位。有司机操作时，可以根据需要按下一个或几个欲去层站的按钮，轿厢停层指令被登记，关门起动后轿厢就会按被登记的层站停靠。

2. 可编程序控制器

本控制柜所用可编程序控制器（PLC）如图 6-17 所示。

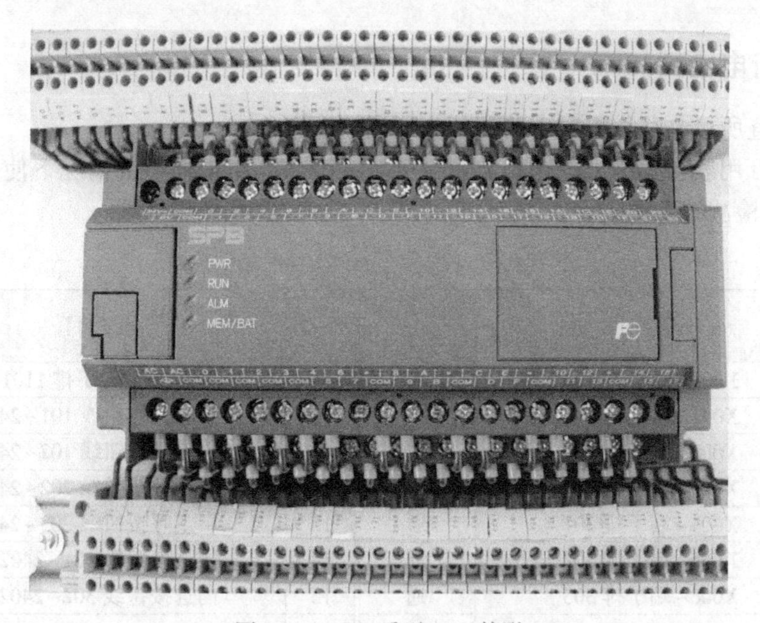

图 6-17　SPB 系列 PLC 外形

任务施工

1. 安全

施工时要注意自身安全、他人安全和设备安全。

2. 施工准备

1）识读电路原理图，制作接线表，见表6-5。

表6-5 呼梯、选层电路接线表

序号	路径	线号	线径/mm^2	线色	线型
1	PLC(X000)~端子排101	101	0.75	蓝色	RV
2	PLC(X001)~端子排102	102	0.75	蓝色	RV
3	PLC(X002)~端子排202	202	0.75	蓝色	RV
4	PLC(X003)~端子排203	203	0.75	蓝色	RV
5	PLC(X004)~端子排301	301	0.75	蓝色	RV
6	PLC(X005)~端子排302	302	0.75	蓝色	RV
7	PLC(X006)~端子排303	303	0.75	蓝色	RV
8	PLC(AC)~端子排1101	1101	0.75	白色	RV
9	PLC(AC)~端子排1102	1102	0.75	白色	RV
10	PLC(输入端COM)~端子排2401	2401	0.75	蓝色	RV

2）检测电气元件：安装前应检测元器件的质量。

3）工具、仪表准备：剥线钳、压线钳、螺钉旋具、万用表等。

4）安装工艺流程，详见项目六的任务一。

5）根据接线表进行接线。

工程验收

一、断电检测

1）检查所接电路，按照电路图从头到尾按顺序检查。

2）用万用表初步测试电路有无短路情况。确保电路未通电的情况下使用万用表蜂鸣挡检查电路，检测结果见表6-6。

表6-6 呼梯、选层电路断电检测表

序号	测量项目	测量结果（通断）	序号	测量项目	测量结果（通断）
1	X000~端子排101	通	9	PLC的AC端~端子排1101、1102	通
2	X001~端子排102	通	10	一层呼梯按钮线101~2402	断
3	X002~端子排202	通	11	二层上呼按钮线102~2402	断
4	X003~端子排203	通	12	二层下呼按钮线202~2402	断
5	X004~端子排301	通	13	三层下呼按钮线203~2402	断
6	X005~端子排302	通	14	内选按钮线301~2402	断
7	X006~端子排303	通	15	内选按钮线302~2402	断
8	PLC输入COM端~端子排2401	通	16	内选按钮线303~2402	断

二、通电检测

1）整理试验台多余的导线和工具，避免对电路造成影响。

2）为保证人身安全，在通电检测时，一人操作，一人监护，认真执行安全操作规程的有关规定，由指导教师检查并监护现场。

3）在指导教师检查无误后，才可以通电检测，通电检测结果见表6-7。

表6-7　呼梯、选层电路通电检测表

序号	测量项目	测量电压
1	PLC的AC端子之间(交流挡)	AC110V
2	PLC的输入COM端~端子排2402(直流挡)	DC24V
3	端子排101~端子排2402(直流挡)	DC24V
4	端子排102~端子排2402(直流挡)	DC24V
5	端子排202~端子排2402(直流挡)	DC24V
6	端子排203~端子排2402(直流挡)	DC24V
7	端子排301~端子排2402(直流挡)	DC24V
8	端子排302~端子排2402(直流挡)	DC24V
9	端子排303~端子排2402(直流挡)	DC24V

错误情境解析

情境：通电调试本电路时，无论按下哪个按钮，电路都没有反应。经过查找，得知PLC输入端的COM端子没有接线，导致输入信号无法送达PLC。可知，呼梯盒内部的COM端子松动，也会导致此呼梯盒的信号断路。正常情况下，按下某一个按钮，与之对应的PLC接点指示灯将会点亮。

综合训练

选择题（特种设备作业人员考核大纲要求）

（　　）1. 最低层呼梯盒有几个呼梯按钮？

A. 1个　　B. 2个　　C. 3个　　D. 4个

（　　）2. 中间层呼梯盒有几个呼梯按钮？

A. 1个　　B. 2个　　C. 3个　　D. 4个

（　　）3. 最高层呼梯盒有几个呼梯按钮？

A. 1个　　B. 2个　　C. 3个　　D. 4个

（　　）4. 开门按钮和关门按钮在哪个设备上？

A. 一层呼梯盒　　B. 二层呼梯盒　　C. 三层呼梯盒　　D. 轿内操纵盘

（　　）5. 选层信号使用的是什么类型的电压？

A. AC110V　　B. AC220V　　C. DC24V　　D. DC110V

任务三　组装和调试传感器电路

任务描述

某控制柜内部已有正确的电源电路可以使用，现需要对超载开关、司机开关、锁梯开关、端站保护开关、开关门限位及门区开关的电路进行组装和调试，要求这些信号能正确送达 PLC 的输入端子。通过完成本次任务，使学生掌握这些电路的工作原理、调试方法，学会排除简单故障。

知识铺垫

一、识读电梯传感器电路

1. 识图

在电梯井道内有多种传感器，通过传感器检测发出电信号并反馈给电梯的控制系统，根据不同信号的含义及作用，控制系统发出命令控制电梯的运行与停止、加速与减速、开门与关门及平层检测等功能。所以在电梯电气系统中，电梯井道的传感器都是向控制系统输入信号的，这些传感器通过电缆把信号传递给控制系统，其电路原理图如图 6-18 所示。

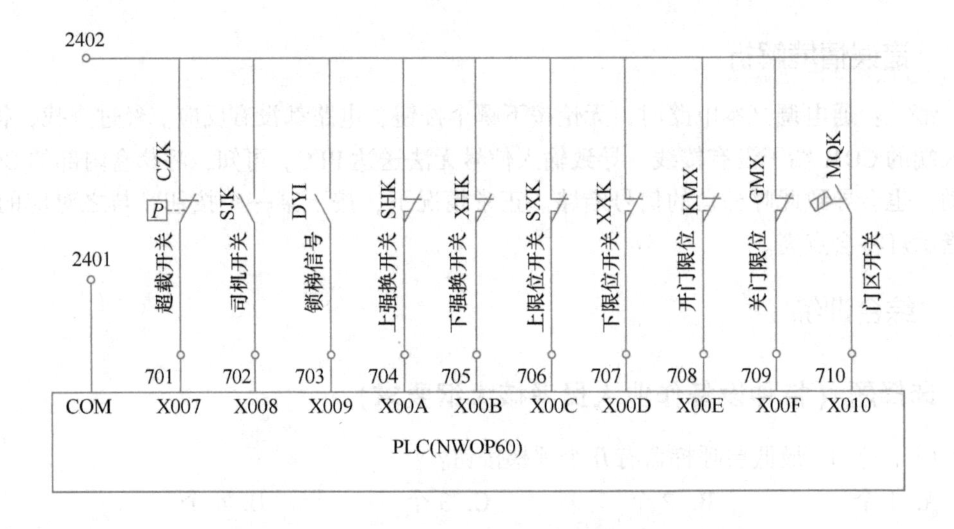

图 6-18　传感器电路原理图

在电梯井道传感器电原理图中，基本的电气元件均为传感器开关，这里只画出其使用的开关触点，并没有画出传感器的符号。图 6-18 中相应文字符号分别表示：SHK—上强换开关，XHK—下强换开关，SXK—上限位开关，XXK—下限位开关，MQK—平层传感器开关，KMX—开门限位开关，GMX—关门限位开关，2401、2402 分别代表 24V 直流电源的正负极。

在电梯井道中上、下终端设置极限开关及限位开关，保护轿厢不超出井道安全范围，如果超出上限位或下限位设置的位置，电梯则不能向该方向运行，但可以向相反方向运行，防止电梯冲顶或蹲底。在电梯井道的顶层及底层装有终端极限开关。当电梯因故障失控，上下限位开关不起作用时，轿厢可能发生冲顶或蹲底时，此时，终端极限开关动作，发出报警信号并切电梯动力电路，使电梯停止运行。

2. 超载开关

当轿厢内负载超过110%额定载荷，且不少于75kg时，超载开关动作，能自动切断起动控制回路，电梯不关门，不起动，并发出警告信号。

3. 司机开关

有司机操作的电梯，在司机操作状态下，应点动关门，按住关门按钮，直到门完全关闭才能松开关门按钮。如果门关到一半距离，就松开关门按钮，则电梯会重新开门。但是在有司机状态下，电梯到站后会自动开关门，不会自动关门。电梯司机持有的是电梯司机操作证，不具有电梯维修或保养的资格，所以在维修电梯时，不能请电梯司机配合操作电梯。

4. 强迫换速开关

强迫减速开关动作时，切断电梯的快速运行回路，电梯被强迫减速，为停止做准备。

为防止电梯达到两端站时因为故障导致电梯不减速，要强迫电梯换速，但它并不能真正意义上防止电梯冲顶或蹲底。只能降低冲顶和蹲底的风险，或者在某种意义减低冲顶和蹲底的机率。真正防止冲顶和蹲底的是限位开关和极限开关。当梯速≤1.75m/s时，电梯端站需要上、下各一个端站开关，一个端站桥板，其中上、下端站开关安装在井道，端站桥板安装在轿顶。上、下端站开关应安装在轿厢地坎距顶（底）层厅门地坎2.5m（梯速≤1.75m/s）时该开关动作的位置。梯速≥2.0m/s的超高速电梯应增添端站开关的数目，以便实施更安全的保护。一般装有两个上强迫减速限位和两个下强迫减速限位。因为快速电梯一般分为单层运行速度和多层运行速度两种，在不同的速度运行下减速距离也不一样，所以要分多层运行减速限位及单层运行减速限位。端站开关不建议采用非接触式的感应开关，如磁感应开关等。

5. 限位开关

该限位装置是为防止电梯越程而设。以防电梯的冲顶和蹲底，当缓速器动作后，电梯减速运行到停车位置时，电梯仍不能停止运行，轿厢上的碰铁和限位开关的碰轮接触，限位开关触点切断电梯控制系统中的方向继电器或接触器电路，使其释放，电梯停止运行。

上限位开关一般在电梯运行到最高层，且高出平层5~8cm处动作。动作后电梯快车和慢车均不能再向上运行。反之，下终端限位一般在电梯运行到最底层，且低于平层5~8cm处动作。动作后电梯快车和慢车均不能再向下运行。

二、认识传感器零部件

1. 端站开关

在电梯控制系统中，井道中端站开关的形式有很多种，但不同电梯系统使用的传感器也不同。在低端的电梯系统中，井道中的端站开关用的还都是机械式的行程开关，通过采用轿厢上的挡铁与行程开关接触，把信号输入给控制系统，所以行程开关也是电梯控制系统中的传感器。

端站开关均采用行程开关，在使用过程中应注意常开触点与常闭触点的区分，必要时可以通过仪表测量来区分，端站开关如图 6-19 所示。

图 6-19　端站开关

2. 平层传感器

电梯的平层传感器又称为接近开关，常见的接近开关有以下几种：涡流式接近开关、电容式接近开关、霍尔接近开关、光电式接近开关、热释电式接近开关及其他形式的接近开关。

当磁性物件接近霍尔接近开关时，开关检测面上的霍尔元件因产生霍尔效应而使开关内部电路状态发生变化，由此识别附近有磁性物体存在，进而控制开关的通或断。这种接近开关的检测对象必须是磁性物体，如图 6-20 所示。

用磁场作为被传感物体的运动和位置信息载体时，一般采用永久磁钢来产生工作磁场。为保证霍尔元件，尤其是霍尔开关器件的可靠工作，在应用中要考虑有效工作间隙的长度。在计算总有效工作间隙时，应从霍尔接近开关表面算起。

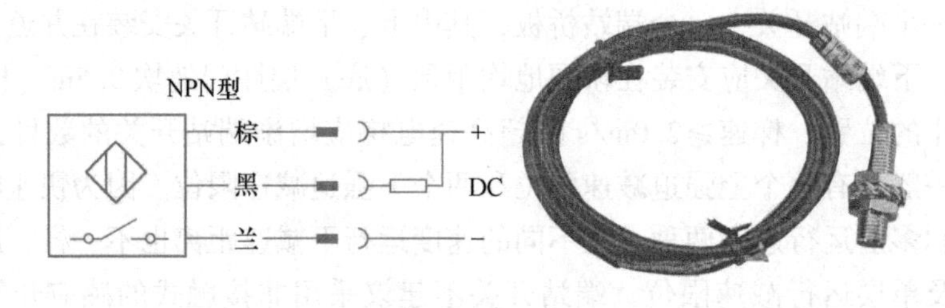

图 6-20　霍尔接近开关

霍尔接近开关的电压为 DC3~28V，其典型的应用范围一般为 DC5~24V，过高的电压会引起内部霍尔元件稳升而变得不稳定，而过低的电压容易让外界的温度变化影响磁场强度特性，从而引起电路误动作，其输出电流最大值为 50mA。采用不同的磁铁时，检测距离会有所不同，建议采用磁铁直径和产品检测直径相等。

任务施工

1. 安全

施工时，要注意自身安全、他人安全和设备安全。

2. 安装准备

1）识读原理图，制作接线表，见表 6-8。

2）检测电气元件：安装前应检测元器件的质量。

3）准备工具、仪表：剥线钳、压线钳、螺钉旋具、万用表等。

4）安装工艺流程，详见项目六的任务一。

5）根据接线表进行接线。

表 6-8　PLC 井道信息输入线路接线表

序号	路径	线号	线径/mm^2	线色	线型
1	X007~端子排 701	701	0.75	蓝	RV
2	X008~端子排 702	702	0.75	蓝	RV
3	X009~端子排 703	703	0.75	蓝	RV
4	X00A~端子排 704	704	0.75	蓝	RV
5	X00B~端子排 705	705	0.75	蓝	RV
6	X00C~端子排 706	706	0.75	蓝	RV
7	X00D~端子排 707	707	0.75	蓝	RV
8	X00E~端子排 708	708	0.75	蓝	RV
9	X00F~端子排 709	709	0.75	蓝	RV
10	X010~端子排 710	710	0.75	蓝	RV

工程验收

一、断电检测

1）检查所接电路：按照电路图从头到尾按顺序检查。

2）用万用表初步测试电路有无短路情况。确保电路未通电的情况下使用万用表蜂鸣挡检查电路，检测结果见表 6-9。

表 6-9　PLC 井道信息输入电路断电检测表

序号	测 量 项 目	测量结果(导通/断开)
1	X007~端子排 701	通
2	X008~端子排 702	通
3	X009~端子排 703	通
4	X00A~端子排 704	通
5	X00B~端子排 705	通
6	X00C~端子排 706	通
7	X00D~端子排 707	通
8	X00E~端子排 708	通
9	X00F~端子排 709	通
10	X010~端子排 710	通

（续）

序号	测 量 项 目	测量结果(导通/断开)
11	内选呼梯盒 701 号线～内选呼梯盒 2402	断
12	内选呼梯盒 702 号线～内选呼梯盒 2402	断
13	内选呼梯盒 703 号线～内选呼梯盒 2402	断
14	井道线路 704 号线～井道线路 2402	断
15	井道线路 705 号线～井道线路 2402	断
16	井道线路 706 号线～井道线路 2402	断
17	井道线路 707 号线～井道线路 2402	断
18	井道线路 708 号线～井道线路 2402	断
19	井道线路 709 号线～井道线路 2402	断
20	井道线路 710 号线～井道线路 2402	断

二、通电检测

1）整理试验台多余的导线和工具，避免对电路造成影响。

2）为保证人身安全，在通电检测时，一人操作，一人监护，认真执行安全操作规程的有关规定，由指导教师检查并监护现场。

3）在指导教师检查无误后，经允许后才可以通电检测，检测结果见表 6-10。

表 6-10 PLC 井道信息输入电路通电检测表

序号	测量项目	测量结果（电压）	序号	测量项目	测量结果（电压）
1	端子排 701～端子排 2402	DC24V	6	端子排 706～端子排 2402	DC24V
2	端子排 702～端子排 2402	DC24V	7	端子排 707～端子排 2402	DC24V
3	端子排 703～端子排 2402	DC24V	8	端子排 708～端子排 2402	DC24V
4	端子排 704～端子排 2402	DC24V	9	端子排 709～端子排 2402	DC24V
5	端子排 705～端子排 2402	DC24V	10	端子排 710～端子排 2402	DC24V

错误情境解析

情境一：某大厦运行的一部电梯，限载人数 11 人。某次，实际乘梯人数达到 14 人，事实已经超载，但是电梯并没有报警，而是关门起动运行。但是电梯并没有按照预定的上行方向运行，而是向下溜车，造成蹲底。经过检查，是因为超载开关的电路没接好。

情境二：开门限位的电路没接好，会导致电梯开门已经到位时，门机还在不停地执行开门动作，出现“咔咔”的声响。关门限位的电路没接好，会导致电梯门已经关闭时，门机还在不停地执行关门动作，出现“咔咔”的声响。

综合训练

一、判断题(特种设备作业人员考核大纲要求)

(　　)1. 电梯的超载保护是当轿厢内负载超过 110% 额定载荷时，能自动切断起动控制回路，电梯无法起动，并发出警告信号。

(　　)2. 有司机操作的电梯，在司机操作状态下，应点动关门。

(　　)3. 在电梯维修、保养时，可以要求司机配合操作电梯。

(　　)4. 由司机操纵的电梯在使用中，不经允许不得使电梯转入自动运行状态。

(　　)5. 电梯司机发现电梯运行异常时，应记入运行记录后继续运行，待维修人员到达时进行停梯修理。

(　　)6. 电梯限位开关动作后，切断危险方向运行，但可以反向运行。

(　　)7. 电梯的限位开关动作将切断电梯快速运行电路。

二、选择题

(　　)1. 锁梯开关在哪个设备中?

A. 一层呼梯盒　B. 二层呼梯盒　C. 三层呼梯盒　D. 轿顶检修盒
E. 轿内操纵箱

(　　)2. 上强迫换速开关在哪个设备中?

A. 一层呼梯盒　B. 二层呼梯盒　C. 井道　D. 轿顶检修盒
E. 轿内操纵箱

(　　)3. 下强迫换速开关在哪个设备中?

A. 一层呼梯盒　B. 二层呼梯盒　C. 井道　D. 轿顶检修盒
E. 轿内操纵箱

(　　)4. 上限位开关在哪个设备中?

A. 一层呼梯盒　B. 二层呼梯盒　C. 井道　D. 轿顶检修盒
E. 轿内操纵箱

(　　)5. 下限位开关在哪个设备中?

A. 一层呼梯盒　B. 二层呼梯盒　C. 井道　D. 轿顶检修盒
E. 轿内操纵箱

(　　)6. 上极限开关在哪个设备中?

A. 一层呼梯盒　B. 二层呼梯盒　C. 井道　D. 轿顶检修盒
E. 轿内操纵箱

(　　)7. 下极限开关在哪个设备中?

A. 一层呼梯盒　B. 二层呼梯盒　C. 井道　D. 轿顶检修盒
E. 轿内操纵箱

(　　)8. 开门限位在哪个设备上?

A. 一层呼梯盒　B. 二层呼梯盒　C. 井道　D. 轿厢
E. 轿内操纵箱

(　　)9. 关门限位在哪个设备上?

A. 一层呼梯盒　　B. 二层呼梯盒　　C. 井道　　D. 轿厢
E. 轿内操纵箱

(　　) 10. 门区开关在哪个设备上？
A. 一层呼梯盒　　B. 二层呼梯盒　　C. 井道　　D. 轿厢
E. 轿内操纵箱

(　　) 11. 电梯超载时应当______________。
A. 报警并保持开门　B. 关门后报警　C. 电梯不能开动　D. 电梯慢速运行

(　　) 12. 电梯使用中，_________开关动作时，会发出报警声，并且不能关门运行。
A. 安全触板　　B. 超载　　C. 底坑急停　　D. 机房急停

(　　) 13. 超载保护装置起作用时，使电梯门______，电梯也不能起动，同时发出声响和灯光信号。
A. 关闭　　B. 打开　　C. 不能关闭　　D. 不能打开

(　　) 14. 轿厢应设超载装置；当轿厢载荷超过额定载荷 10%，且不少于_________时，超载装置应可靠动作。
A. 50kg　　B. 75kg　　C. 80kg　　D. 100kg

(　　) 15. 发现建筑物出现火灾时，电梯司机首先应_________。
A. 立即将电梯驶往着火层救人　　B. 舍弃电梯逃离　　C. 打火警电话报警
D. 将电梯驶往疏散层（或基站）放出乘客，锁梯或转入消防状态

任务四　组装和调试检修运行电路

任务描述

某控制柜内部的电源电路已可以正常使用，现在需要对轿顶检修、轿内检修和机房检修运行电路，轿内开门按钮和关门按钮的电路进行组装和调试，要求轿顶检修优先级别最高、轿内检修次之，机房检修优先级别最低。通过完成本次任务，使学生掌握检修运行的优先关系，电路的工作原理、调试方法，学会排除简单故障。

知识铺垫

一、识读电梯检修控制电路

1. 识图

在电梯电气系统中，检修控制电路是一个重要的部分。电梯在正常运行状态时，检修电路不起作用，但是当电梯系统出现故障或需要电动控制电梯轿厢进行移动时，就需要用到检修功能。电梯因突然停电或发生故障而停止运行，若轿厢停在层距较大的两层之间或蹲底、冲顶时，乘客将被困在轿厢中。为救援乘客，电梯均应设有紧急操作装置，可使轿厢慢速移动，从而达到救援被困乘客的目的。

当电梯处于检修状态时，电梯取消正常运行状态，不再响应正常运行指令，此时电梯以点动控制慢速运行。对于采用 PLC 控制的电梯系统，检修电路只是把检修状态的信号输入给 PLC，其中的逻辑关系运算由 PLC 执行，从而输出相应的控制信号，控制电梯运行。所以对于电梯检修控

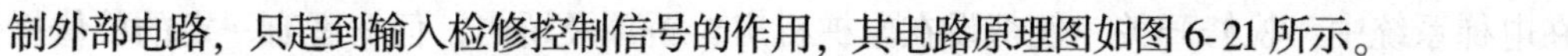
制外部电路，只起到输入检修控制信号的作用，其电路原理图如图 6-21 所示。

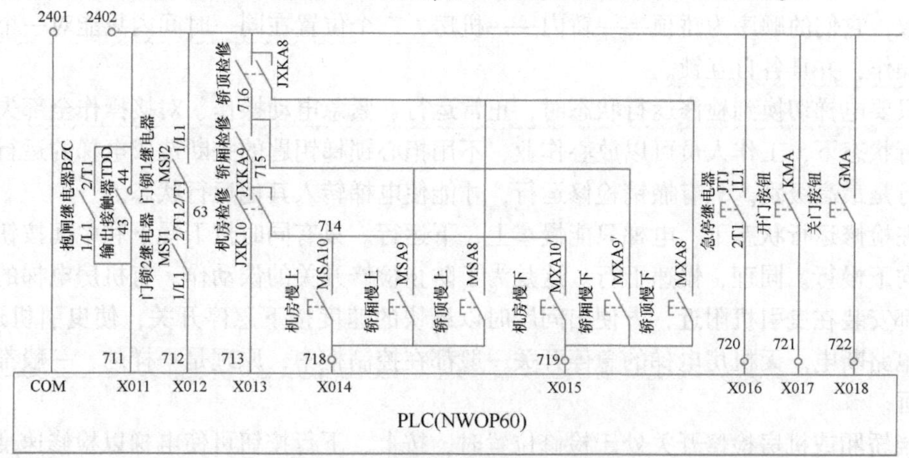

图 6-21　电梯检修控制电路原理图

电梯检修运行就是在电梯检修状态时，检修装置使轿厢运行的控制功能。操作人员通过本功能，可通过电梯轿顶检修开关控制电梯进行慢速（≤0.63m/s）检修运行，以点动的方式控制电梯上、下行，进行电梯的检修工作。本控制柜的检修盒如图 6-22 所示。

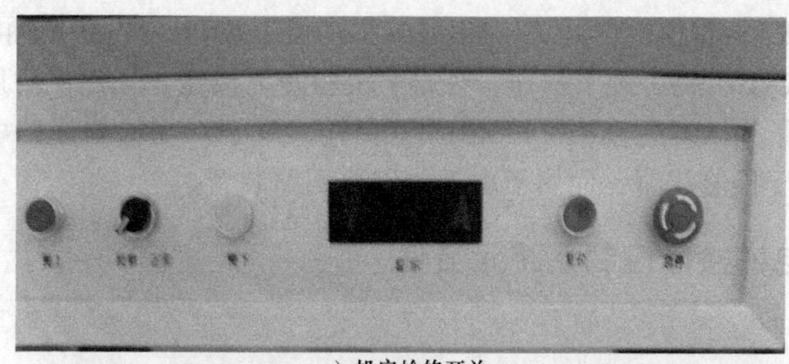
a) 机房检修开关

b) 轿内检修开关

c) 轿顶检修开关

图 6-22　电梯检修开关

在电梯系统中，检修开关一般都设在电梯机房、轿顶及轿内，但三者有一定的检修操作优先权，它们的顺序为轿顶——轿内——机房，三个位置在同一时间内只能对一个位置进行检修操作，并且各自互锁。

只要电梯切换到检修运行状态时，正常运行、紧急电动操作、对接操作全部失效。在检修运行状态下，工作人员可以放心作业，不用担心锁梯钥匙的关断造成电梯的运行，因为检修运行是最高级别。只有撤销检修运行，才能使电梯转入其他运行状态。

在检修运行状态下，电梯只能慢车上、下运行。只有同时按下慢下和中间按钮时，电梯才能向下慢行。同理，慢速上行。这是为了防止检修开关的误动作。有机房电梯的急停开关一般都安装在曳引机附近，方便出问题时以最快的速度按下急停开关，使曳引机迅速抱闸，所有电路断电。无机房电梯的急停开关一般都在控制柜中，原理是一样的，一般都离抱闸扳手不远。

当轿厢或机房检修开关处于检修位置时，按上、下行按钮可使电梯以检修速度运行。检修为点动运行，持续按下按钮电梯运行，松开按钮即停止运行。同样，检修时，电梯在门区内的开关门按钮也为点动开关门。

2. 认识电路符号

在图 6-21 中，主要的设备为检修面板和开关。其中，JXK10-机房检修开关，JXKA9-轿厢检修开关，JXKA8-轿顶检修开关，MSA10-机房慢上按钮，MSA9 轿厢慢上按钮，MSA8 轿顶慢上按钮，MXA10′-机房慢下按钮，MXA9′轿厢慢下按钮，MXA8′轿顶慢下按钮，对应的 PLC 相应输入端子为 X013，X014 和 X015 三个输入端子。在检修线路中没有停止装置，因为停止装置不属于检修线路，而属于电梯的安全回路装置。

二、认识电梯检修控制系统元器件

1. 按钮

在电梯系统中，电梯的复位、慢上、慢下开关都是按钮的形式。不同颜色的按钮代表的意义不同，见表 6-11。按钮的安装应布置整齐、排列合理，接线时要进行测量，判断其是常开触点还是常闭触点，并结合电路图进行接线，避免接错发生事故。

表 6-11　按钮颜色和功能对照表

颜色	颜色的含义	典型应用
红	急停或停止	急停、总停、部分停止
黄	干预	循环中途的停止
绿	起动或接通	总起动、部分起动
蓝	未赋予	复位
黑	未赋予	点动
白	起动或接通	部分起动

本控制柜所用的按钮实物如图 6-23 所示。

2. 转换开关

电梯的钥匙开关和检修开关就是转换开关，开关的外形如图 6-24 所示。电梯用的检修开关是一种双稳态开关，当使用者用手拨动此开关后，该开关将不能自动复位，要通过人为地拨动开关，才能撤消信号的输入。

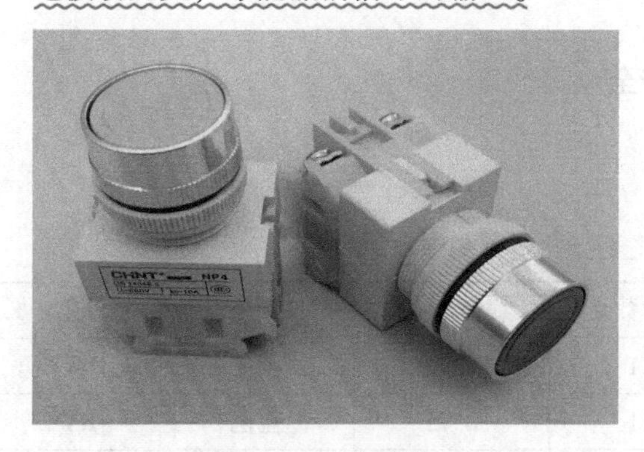

图 6-23　按钮实物

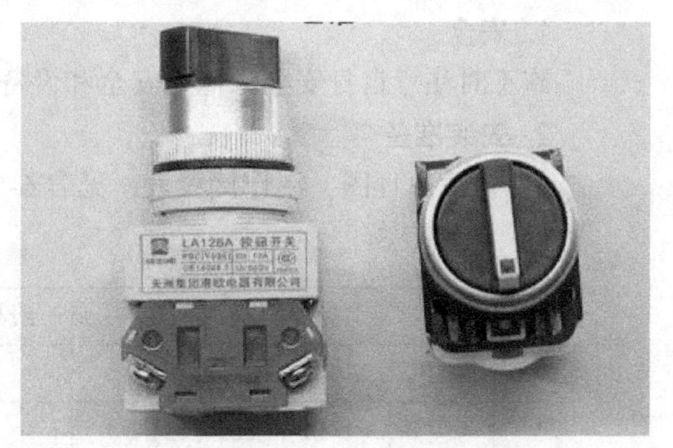

图 6-24　转换开关

3. 通风开关

通风开关用来控制轿内的风扇。轿内无人时，应将风扇开关关闭，以防通电时间过长烧坏风扇或引起火灾。

4. 直驶按钮

按下直驶按钮，厅外招呼停层即告无效，电梯只按轿内指令停层。尤其在满载时，通过轿厢满载装置，将直驶电路接通电梯便直达所选楼层。

5. 独立服务按钮（或专用按钮）

当按下此按钮后，只应答轿内指令，外呼无效，即电梯专用。有的电梯在此期间甚至连厅外楼层显示也没有。

6. 检修开关

检修开关也称慢车开关。在检修电梯时，用来断开电气自动回路的一个手动开关。在司机操作时，只可在呼层区域内作慢速对接（调平）操作，不可用于行驶。

7. 急停按钮（安全开关）

按下此按钮或搬动此开关，电梯控制电源即被切断，立即停止运行。当轿厢在运行中突然出现故障或失控现象，为了避免重大事故发生，司机可以按下急停按钮，迫使电梯立即停驶。检修人员在检修电梯时，为了安全，也可以使用它。

8. 开关门按钮

在轿厢停止行驶时，开关门按钮才能起作用，在正常行驶状态下，该按钮将不起作用。

9. 警铃按钮

当电梯运行中突然发生事故停车，司机与乘客无法从轿厢中走出，可按此按钮向外报警，以便及时解除困境。

10. 召唤蜂鸣器

当厅外有人发出召唤信号时，接通装于操纵盘内的蜂鸣器电源，将会发出蜂鸣声，提醒司机及时应答。

任务施工

1. 安全

施工时注意自身安全、他人安全和设备安全。

2. 安装准备

1）识读原理图，制作接线表，见表6-12。

表6-12 检修运行回路接线表

序号	路　　径	线号/数量	线径/mm^2	颜色	线型
1	PLC(X011)~BZC(1/L1)	711	0.75	蓝色	RV
2	BZC(1/L1)~TDD(13)	711	0.75	蓝色	RV
3	BZC(2/T1)~TDD(14)	2402	0.75	蓝色	RV
4	BZC(2/T1)~端子排2402	2402	0.75	蓝色	RV
5	PLC(X012)~MSJ2(1/L1)	712	0.75	蓝色	RV
6	MSJ2(2/T1)~MSJ1(2/T1)	63	0.75	蓝色	RV
7	MSJ1(1/L1)~端子排2402	2402	0.75	蓝色	RV
8	PLC(X014)~端子排718	718	0.75	蓝色	RV
9	PLC(X015)~端子排719	719	0.75	蓝色	RV
10	PLC(X016)~JTJ(2/T1)	720	0.75	蓝色	RV
11	JTJ(1/L1)~端子排2402	2402	0.75	蓝色	RV
12	PLC(X017)~端子排721	721	0.75	蓝色	RV
13	PLC(X018)~端子排722	722	0.75	蓝色	RV
14	PLC(X013)~机房检修713	713	0.75	蓝色	RV
15	机房慢上718~端子排718	718	0.75	蓝色	RV
16	机房慢下719~端子排719	719	0.75	蓝色	RV
17	机房检修715~端子排715	715	0.75	蓝色	RV

2）工具、仪表准备：剥线钳、压线钳、螺钉旋具、万用表等。

3）安装工艺流程，详见项目六的任务一。

4）根据接线表进行接线。

工程验收

一、断电检测

1）检查所接电路，按照电路图从头到尾按顺序检查。

2）用万用表初步测试电路有无短路情况。确保电路未通电的情况下使用万用表欧姆挡检查电路，检测结果见表6-13。

表 6-13　检修运行电路断电检测表

序号	测 量 项 目	测量结果(导通/断开)
1	X011~BZC(1/L1)	通
2	X011~TDD(43)	通
3	BZC(1/L1)~TDD(43)	通
4	BZC(2/T1)~端子排 2402	通
5	TDD(44)~端子排 2402	通
6	BZC(2/T1)~TDD44	通
7	X012~MSJ1(1/L1)	通
8	MSJ2(2/T1)~MSJ1(2/T1)	通
9	MSJ1(1/L1)~端子排 2402	通
10	X016~JTJ(2/T1)	通
11	JTJ(1/L1)~端子排 2402	通
12	X017~端子排 721	通
13	X018~端子排 722	通
14	(按下开门按钮)X017~端子排 2402	通
15	(按下开门按钮)X018~端子排 2402	通
16	(机房检修打到正常)X013~端子排 715	通
17	(轿厢检修打到正常)端子排 715~端子排 716	通
18	(轿顶检修打到正常)端子排 716~端子排 2402	通
19	X014~端子排 718	通
20	X015~端子排 719	通
21	(机房检修打到检修按住慢下或慢上)端子排 718/719~端子排 715	通
22	(轿厢检修打到检修按住慢下或慢上)端子排 718/719~端子排 716	通
23	(轿顶检修打到检修按住慢下或慢上)端子排 718/719~端子排 2402	通

二、通电检测

1）整理试验台多余的导线和工具，避免对电路造成影响。

2）为保证人身安全，在通电检测时，一人操作，一人监护，认真执行安全操作规程的有关规定，由指导教师检查并监护现场。

3）在指导教师检查无误后，经允许后才可以通电检测，通电检测结果见表 6-14。

表 6-14　检修运行回路通电检测表

序号	测量项目	测量结果(电压)
1	端子排 711~端子排 2402	DC24V
2	端子排 712~端子排 2402	DC24V
3	端子排 720~端子排 2402	DC24V
4	端子排 721~端子排 2402	DC24V
5	端子排 722~端子排 2402	DC24V
6	端子排 718~端子排 2402	DC24V
7	端子排 719~端子排 2402	DC24V
8	PLC(X013)~端子排 2402	DC24V

错误情境解析

情境一：轿顶检修盒内的 COM 端子没接线。此时，即使把检修开关拨至“检修”位置，按下“慢上”或“慢下”及公共按钮，电梯也不会检修运行。如果把 718 和 719 的线接反了，将会导致按“慢上”，轿厢下行；按“慢下”，轿厢上行。

情境二：电路接好后，施工人员不知道如何验证轿顶检修优先。正确的做法有两个：①在轿顶使检修装置处于检修状态，其他检修装置检修状态的运行应无效。②令其他检修装置控制电路运行时，将轿顶检修装置拔到检修位置，电梯应立即停止运行。

综合训练

一、判断题(特种设备作业人员考核大纲要求)

(　　) 1. 检修运行时可以设置“应急”运行功能，使电梯能在检修状态下开门运行。

(　　) 2. 当电梯控制柜的检修装置处于检修状态使电梯运行时，将轿顶检修装置搬到检修位置，电梯立即停止运行。

(　　) 3. 可以在层门、轿门开启的情况下，以检修速度作正常行驶。

(　　) 4. 电梯以检修速度运行时，为了方便操作，可以使部分井道限位失效。

(　　) 5. 电梯检修运行时，电梯所有安全装置均起作用，包括层门联锁。

二、选择题

(　　) 1. 机房检修、轿厢检修和轿顶检修哪个最优先?

A. 机房检修　　B. 轿厢检修　　C. 轿顶检修

(　　) 2. 轿顶检修开关在“检修”位置，此时按下机房检修盒上的“慢上”或“慢下”按钮，电梯会动吗?

A. 会　　B. 不会

(　　) 3. 轿顶检修开关在“检修”位置，此时按下轿内检修盒上的“慢上”或“慢下”按钮，电梯会动吗?

A. 会　　B. 不会

(　　) 4. 机房检修开关在“检修”位置，此时按下轿顶检修盒上的“慢上”或“慢下”按钮，电梯会动吗?

A. 会　　B. 不会

(　　) 5. 轿内检修开关在“检修”位置，此时按下机房检修盒上的“慢上”或“慢下”按钮，电梯会动吗?

A. 会　　B. 不会

(　　) 6. 机房检修开关在“检修”位置，此时按下轿内检修盒上的“慢上”或“慢下”按钮，电梯会动吗?

A. 会　　B. 不会

(　　) 7. 轿内检修开关在“检修”位置，此时按下轿顶检修盒上的“慢上”或“慢下”按钮，电梯会动吗？

A. 会　　　　B. 不会

(　　) 8. 若机房、轿顶、轿厢内均有检修运行装置，必须保证____的检修控制“优先”。

A. 机房　　　B. 轿顶　　　C. 轿厢内　　　D. 最先操作

任务五　组装和调试门联锁安全电路

任务描述

某控制柜的电源可以正常使用，现在要求对控制柜内部所涉及的门联锁电路和安全电路进行组装和调试，要求安全电路的每个开关均为串联，门联锁电路的所有轿门门锁触点和层门门锁触点均为串联。通过完成本次任务，使学生掌握此电路的工作原理、功能作用及调试方法，学会排除简单故障。

知识铺垫

电梯安全电路是指串联所有电气安全装置的电路。当一个或几个安全部件开关满足安全电路要求的安全触点，它能够直接切断电梯驱动主机的供电电源。在电梯各安全部件都装有一个安全开关，把所有的安全开关串联，控制一只安全继电器。只有所有安全开关都在接通的情况下，安全继电器吸合，电梯才能得电运行。

一、识读门联锁安全电路原理图

本控制柜的门联锁安全电路原理图如图 6-25 所示。

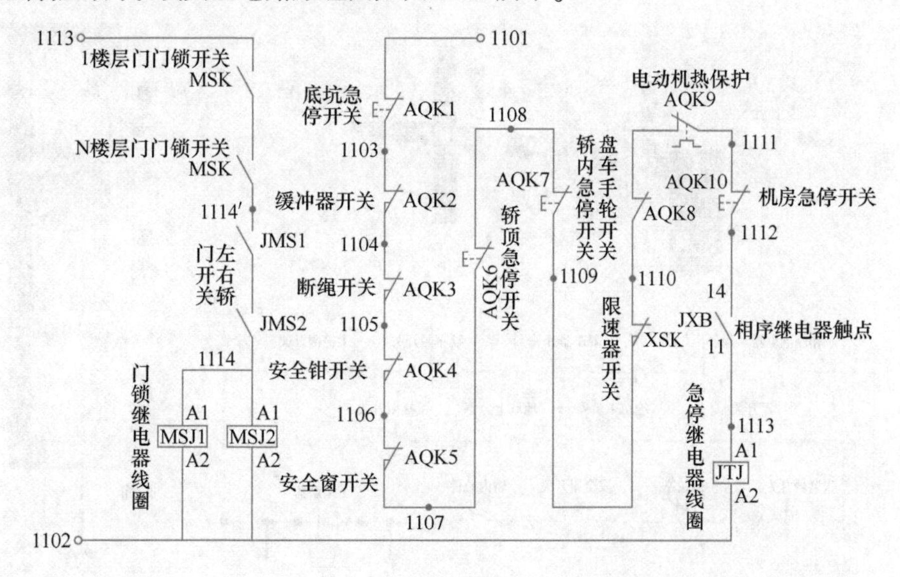

图 6-25　门联锁安全电路原理图

门联锁安全电路串联的开关有：底坑急停开关 AQK1、缓冲器开关 AQK2、断绳开关 AQK3、安全钳开关 AQK4、安全窗开关 AQK5、轿顶急停开关 AQK6、轿内急停开关 AQK7、限速器开关 XSK、盘车手轮开关 AQK8、电动机热保 AQK9、机房急停开关 AQK10、相序继电器触点 JXB，这些开关串联起来控制一个急停（安全）继电器 JTJ。当所有的开关都接通时，安全继电器 JTJ 的线圈得电吸合，只要有一个开关断开，安全继电器 JTJ 的线圈就失电释放。例如：所有安全开关都正常时，安全电路是通电的，电梯能够正常运行，如图 6-26 所示。当张紧轮下降超过 50mm 时，张紧轮开关动作，切断安全电路，电梯停止运行。如图 6-27 所示。

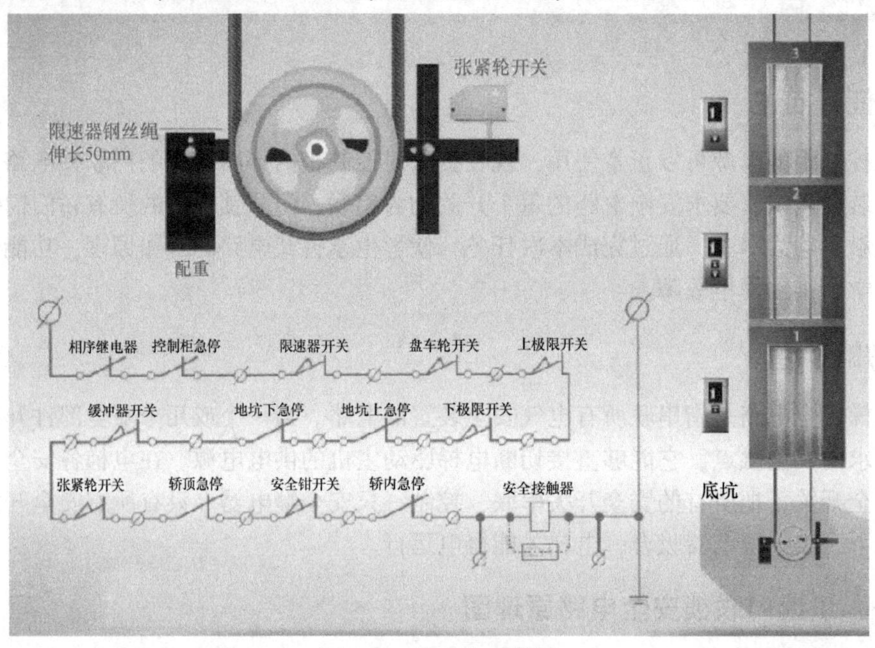

图 6-26　安全电路接通

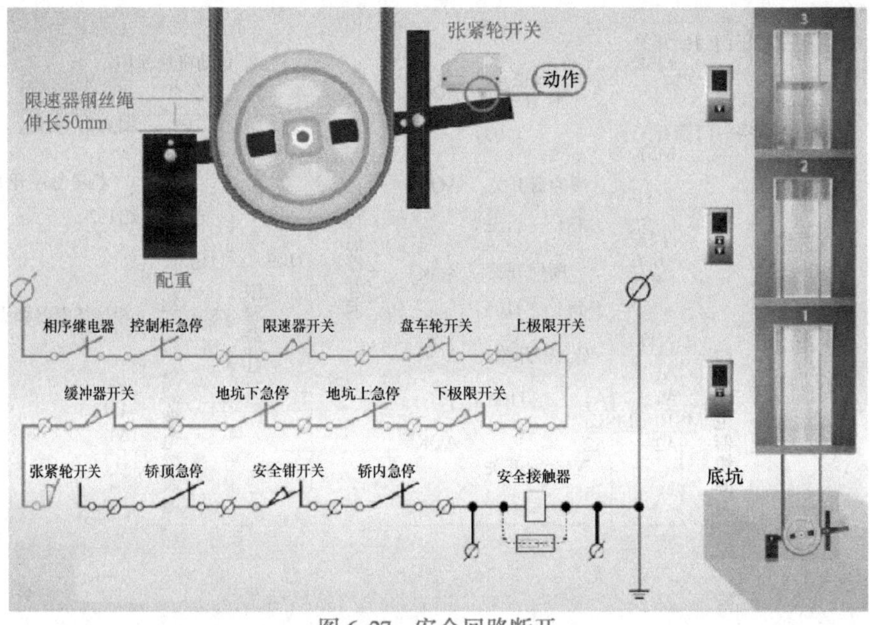

图 6-27　安全回路断开

还有一条门联锁支路，起点是急停（安全）继电器 JTJ 的线圈进线端 A1，也就是说，门联锁支路是受所有安全开关控制的，只要有一个安全开关断开，门联锁支路就没电。门联锁支路串联了所有层门锁电气触点和轿门锁电气触点，这些触点控制着两个门锁继电器 MSJ1 和 MSJ2，只有当所有的安全开关和门锁触点都接通时，MSJ1、MSJ2 才能吸合，同时 JTJ 也吸合，电梯才能起动运行。

二、电梯安全电路的开关

电梯安全电路的开关位置如图 6-28 所示。

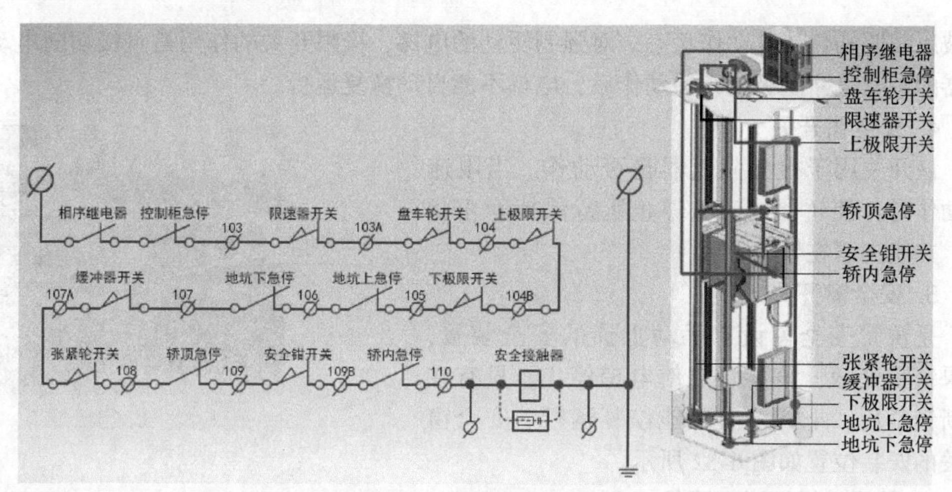

图 6-28　安全开关位置图

1. 限速器开关（包括限速器断绳开关）

限速器开关是当电梯的速度超过额定速度一定值（至少等于额定速度的 115%）时，其动作能导致安全钳起作用的安全装置。

限速器动作速度与联动安全钳型式有关，安全钳制动时，电梯将承受很大的冲击力，严重时会导致部分结构件变形报废，因此，限速器工作的灵敏度在很大程度上决定着有关部件的使用寿命。限速器开关安装位置如图 6-29 所示。

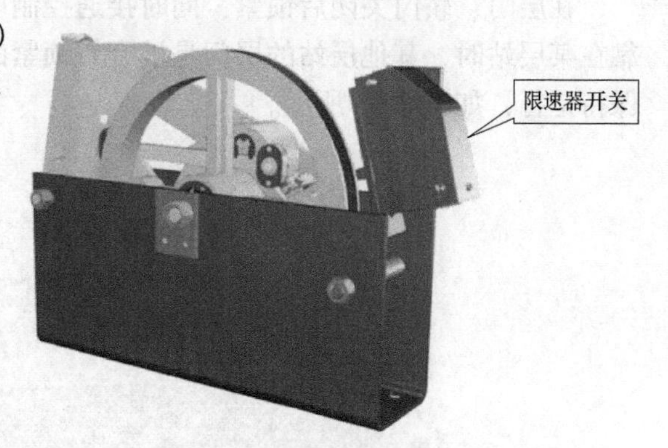

图 6-29　限速器整体结构图

2. 底坑缓冲器开关

该装置位于井道底部，设置在轿厢和对重的行程底部极限位置。在缓冲器动作后恢复至其正常伸长位置后电梯才能正常运行，是检查缓冲器的正常复位所采用的开关装置。图 6-30、图 6-31 所示为两种不同类型缓冲器实物。

3. 上、下极限开关

当轿厢运行至超越端站停止装置时，在轿厢或对重装置未接触缓冲器之前，强迫切断安全电路的非自动复位的安全装置就是上、下极限开关。该装置设置在尽可能接近端站时起作用而无误动作危险的位置上。应在轿厢或对重（如有）接触缓冲器之前起作用，并在缓冲

图 6-30　液压缓冲器

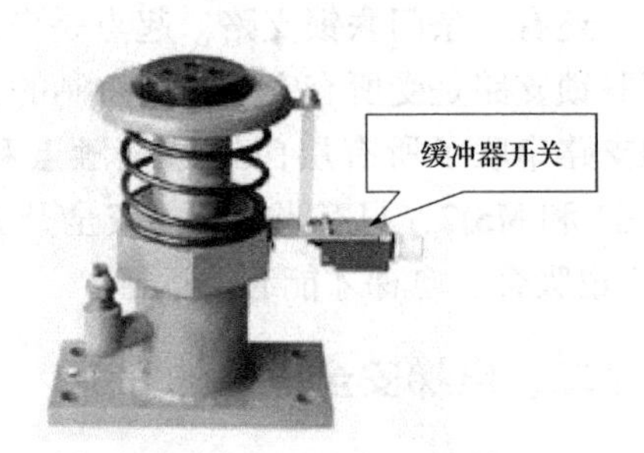

图 6-31　弹簧缓冲器

器被压缩期间保持其动作状态。对强制驱动的电梯，极限开关的作用是直接切断电动机和制动器的供电电路。极限开关动作后，电梯不能自动恢复运行。

4. 安全钳开关

该开关用于检测限速器是否动作。当限速器动作时，使轿厢或对重停止运行保持静止状态，并能夹紧在导轨上。

5. 安全窗开关

是轿厢安全窗设有手动上锁的安全装置，如果锁紧失效，该装置能使电梯停止。只有在重新锁紧后，电梯才有可能恢复运行。安全窗开关的安装位置如图 6-32 所示。

图 6-32　安全窗

6. 层门、轿门联锁开关

在层门、轿门关闭后锁紧，同时接通控制电路，轿厢方可运行。其作用是当电梯轿厢停靠在某层站时，其他层站的层门是被有效锁紧的，如果一旦被开启，电梯则不能正常起动或保持运行，如图 6-33 所示。

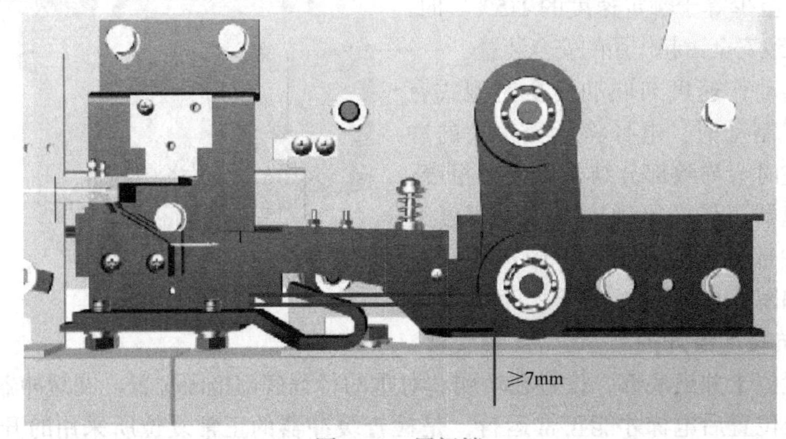

图 6-33　层门锁

在采用钢丝绳驱动门系统中，主动门要有钩子锁，被动门要有副门锁以防止钢丝绳因故断绳被动门打开。主门锁采用机械与电气直接联锁，即在钩子上有一个铜片作为桥接短路板，触点分左、右两个，如图 6-34 所示。当两个触点被桥接板短路时，门锁电路接通，如图 6-35 所示。钩子固定在层门上，锁盒固定在门框上。各层的主动门与副门锁都是串联的，同时接通一个门锁接触器，把门锁信号分配到电梯控制系统中，以表述电梯门的开、关状态。各层门（包括轿门），只要其中一个关不严，电梯就不能运行。并且预防当轿厢不在该层时其层门被打开，在每层的层门上加装层门自闭装置，该装置一般采用重锤和弹簧两种形式。

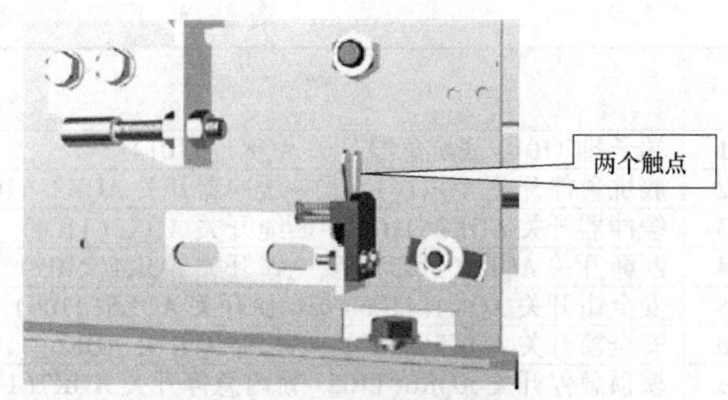

图 6-34 副门锁的两个触点

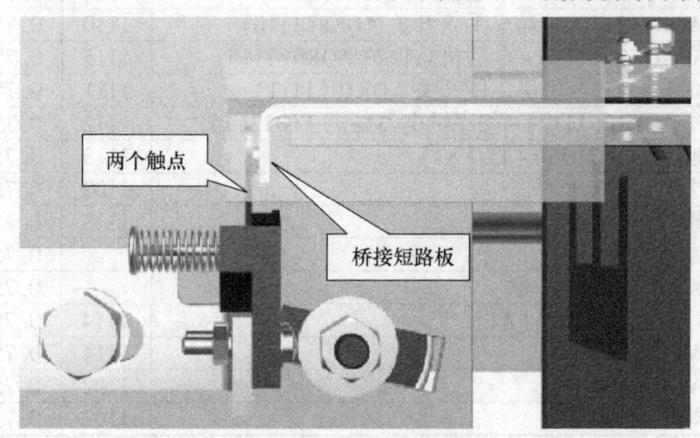

图 6-35 两个触点被桥接板短接

7. 盘手轮开关

当电梯发生故障，轿厢停靠在两层站之间时，切断盘手轮开关，松开安全钳，转动盘手轮，可使轿厢到达较近的层站。

8. 超速保护开关

该开关能检测出上行轿厢的速度失控，并能使轿厢制停，或至少使其速度降低至对重缓冲器的设计范围。

9. 急停按钮

急停按钮是电梯、自动扶梯与自动人行道的一个必需的安全保护装置，其外表面颜色是红色，弹簧下按式，恢复必须顺时针方向旋转。急停按钮串联接入设备的控制电路中，用于紧急情况下直接断开控制电路电源从而快速停止设备避免非正常工作。在电梯出现紧急情况（如事故，故障维修）时，按下急停按钮，控制电路断电，电梯立即制停，实现保护。急停按钮属于主令控制电器的一种，当机器处于危险状态时，可通过急停按钮切断电源，停止设备运转，保护人身和设备的安全。

任务施工

1. 安全

施工时要注意自身安全、他人安全和设备安全。

2. 安装准备

1）识读原理图，制作接线表，见表 6-15。

表 6-15 门联锁安全电路接线表

序号	路 径	线号	线径/mm^2	颜色	线型
1	端子排 1101~底坑急停开关 AQK1(1101)	1101	0.75	紫	RV
2	底坑急停开关 AQK1(1103)~缓冲器开关 AQK2(1103)	1103	0.75	紫	RV
3	缓冲器开关 AQK2(1104)~断绳开关 AQK3(1104)	1104	0.75	紫	RV
4	断绳开关 AQK3(1105)~安全钳开关 AQK4(1105)	1105	0.75	紫	RV
5	安全钳开关 AQK4(1106)安全窗开关 AQK5(1106)	1106	0.75	紫	RV
6	安全窗开关 AQK5(1107)~轿顶急停开关 AQK6(1107)	1107	0.75	紫	RV
7	轿顶急停开关 AQK6(1108~轿内急停开关 AQK7(1108)	1108	0.75	紫	RV
8	轿内急停开关 AQK7(1109)~限速器开关 XSK(1109)	1109	0.75	紫	RV
9	限速器开关 AQK7(1110)~盘车手轮开关 AQK8(1110)	1110	0.75	紫	RV
10	盘车手轮开关 AQK8(1115)~电动机热保护 AQK9(1115)	1115	0.75	紫	RV
11	电机热保 AQK9(1111)~机房急停开关 AQK10(1111)	1111	0.75	紫	RV
12	机房急停开关 AQK10(1112)~相序继电器触点 JXB12(14)	1112	0.75	紫	RV
13	相序继电器触点 JXB12(11)~JTJ(A1)	1113	0.75	紫	RV
14	JTJ(A2) ~端子排 1102	1102	0.75	紫	RV
15	JTJ(A1)~1 楼层门锁触点	1113	0.75	紫	RV
16	所有层门锁触点串联		0.75	紫	RV
17	层门锁触点和轿门锁触点串联		0.75	紫	RV
18	最后一个轿门锁触点~MSJ1(A1)	1114	0.75	紫	RV
19	MSJ1(A1)~MSJ2(A1)	1114	0.75	紫	RV
20	MSJ1(A2)~MSJ2(A2)	1102	0.75	紫	RV
21	MSJ2(A2)~端子排 1102	1102	0.75	紫	RV

2）检测电气元件：安装前应检测元器件的质量。

3）工具、仪表准备：剥线钳、压线钳、螺钉旋具、万用表等。

4）安装工艺流程，同项目六的任务一。

工程验收

一、断电检测

1）检查所接电路，按照电路图从头到尾按顺序检查。

2）用万用表初步测试电路有无短路情况。确保电路未通电的情况下使用万用表欧姆挡检查电路，检测结果见表 6-16。

表 6-16 门联锁安全电路断电检测表

序号	测量项目	导通/断开	序号	测量项目	导通/断开
1	MSJ1(A1)~MSJ2(A1)	通	7	1107~1108	通
2	MSJ2(A1)~JTJ(A1)	通	8	1108~1109	通
3	MSJ1(A2)~1102	通	9	1109~1111	通
4	MSJ2(A2)~1102	通	10	1111~1112	通
5	JTJ(A2)~1102	通	11	1112~相序 14	通
6	1101~1107	通	12	相序 11~JTJ(A1)	通

二、通电检测

1）整理试验台多余的导线和工具，避免对电路造成影响。

2）为保证人身安全，在通电检测时，一人操作，一人监护，认真执行安全操作规程的有关规定，由指导教师检查并监护现场。

3）在指导教师检查无误后，经允许后才可以通电检测，检测结果见表6-17。

表6-17　门联锁安全电路通电检测表

序号	测量项目	测量结果(电压)	说明电路状态是否正常
1	MSJ1(A1)~MSJ1(A2)	AC110V	正常
2	MSJ2(A1)~MSJ2(A2)	AC110V	正常
3	JTJ(A1)~JTJ(A2)	AC110V	正常
4	按下轿顶急停开关	现象:MSJ1、MSJ2、JTJ 三个接触器释放	
5	按下轿内急停开关	现象:MSJ1、MSJ2、JTJ 三个接触器释放	
6	按下机房急停开关	现象:MSJ1、MSJ2、JTJ 三个接触器释放	

错误情境解析

情境一：通电后，门锁继电器KA1、KA2的其中一个不吸合，可能是线圈的线没接好，或者接触器本身有问题。KA1、KA2、KP继电器均不吸合，可能是安全电路的开关有断开的。

情境二：把继电器线圈1102（交流）的线接到1202（直流）端子上了。通电后，会出现接触器的高频振动声，此时应当立即按下急停开关或者断开电源，然后修改电路。

情境三：当电梯处于停止状态，所有信号不能登记，快车、慢车均无法运行。首先应怀疑安全电路故障，应该到机房控制柜观察安全继电器的状态，如果安全继电器处于释放状态，则判断安全电路故障。

综合训练

一、判断题(特种设备作业人员考核大纲要求)

（　　）1. 电梯安全钳动作后，其电气开关连锁应保证电梯可以向上运行，以便恢复电梯。

（　　）2. GB 7588—2003规定：盘车手轮盘车时，必须由一电气安全装置保证电梯无法运行。

（　　）3. 门锁的电气触点是验证锁紧状态的重要安全装置，普通的行程开关和微动开关是不允许用的。

（　　）4. 电梯检修运行时，电梯所有安全装置均起作用，包括层门联锁。

二、选择题

（　　）1. 各层层门门锁的电气触点是如何连接的？

A. 串联　　B. 并联

（　　）2. 层门锁电气触点与轿门锁电气触点是如何连接的？

A. 串联　　B. 并联

（　　）3. 所有急停开关都是如何连接的？

A. 串联　　B. 并联

(　　) 4. 电梯安全电路安全开关动作断开，在不停电的情况下，选择万用表______测量安全开关动作断开点。

A. 电阻挡　　B. 蜂鸣器挡　　C. 二极管挡　　D. 电压挡

三、简答题

1. 认知安全电路并说出原理。
2. 认知层门、轿门连锁电路并说出原理。
3. 简述门锁装置的原理、作用及结构。

任务六　组装和调试 PLC 强电输出电路

任务描述

某控制柜的电源电路和所有输入信号的电路均已组装调试完成，可以正常使用，现在需要对控制柜的PLC强电输出电路进行组装和调试，要求正确连接开门和关门继电器、变频器的输入和输出接触器、抱闸继电器等的电路。通过完成本次任务，使学生掌握此电路的工作原理、调试方法，并进行简单故障的排除。

知识铺垫

一、识读电梯 PLC 强电输出电路

本次任务的电路如图6-36所示。

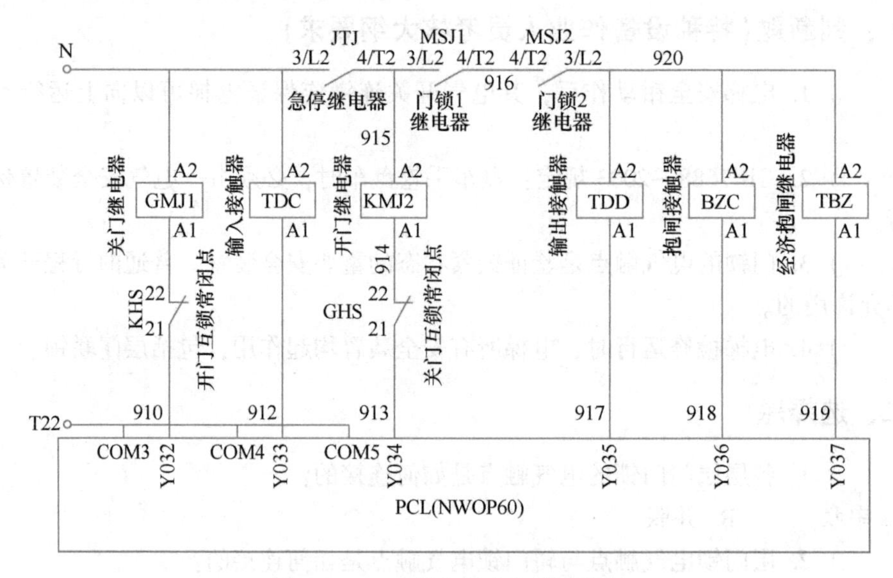

图6-36　PLC强电输出电路原理图

本电路所有的元器件均在控制柜内部，本电路采用的是AC220V电压供电。

开门继电器控制电梯开门电路，关门继电器控制电梯关门电路，开、关门继电器是互锁的，保证在同一时间内只能有一个电路接通。从图6-36可以看出，开门继电器的吸合比关门继电器的吸合多一个条件，即急停继电器的常开触点，这是因为，开门后可能出现的危险比关门要大一些。

输入接触器TDC用于控制变频器输入电源的通断，输出接触器TDD用于控制变频器输出电压和负载之间的通断。输出接触器的吸合比输入接触器的吸合条件多三个常开触点，这三个常开触点都是由安全电路的继电器控制的，因为只有当安全电路完全正常时，变频器才能有输出，电梯才能安全运行。

抱闸继电器BZC用于控制制动器电路的通断，电梯停车时，抱闸继电器释放，电梯运行时，抱闸继电器吸合。经济抱闸继电器用于节约能源。

二、电梯开、关门控制

电梯门的控制电路由控制和驱动两个部分组成。门的开与关对乘客和电梯安全运行十分重要，当门在关闭过程中遇有障碍物时，应停止关门，重新开门。当电梯因故中途停止运行，电梯还没有进入开门区时，电梯门不应打开。

1. 开门控制

(1) 基站开门

当电梯开始使用时，司机合上基站钥匙开关，电梯开门到位时，停止开门动作。

(2) 手动开门

按下开门按钮，开门指令继电器吸合，关门继电器释放，因为电梯是停着的，运行继电器释放，开门继电器吸合，电梯门打开，开门到位后，开门限位开关动作，开门继电器释放。

(3) 重新开门

当门在关闭过程中遇到障碍物时，由于安全触板动作，微动开关闭合，开门继电器吸合，开门过程同上所述。

(4) 消防开门

当消防队员在基站合上消防开关后，电梯在基站选层器上的基站位置开关闭合，消防继电器吸合并自锁。关门继电器释放，开门继电器吸合，电梯门打开。如果电梯停在其他层站时进入消防状态，消防继电器处在释放状态，由于消防继电器的吸合，关门延时继电器吸合，电梯关门。

(5) 本层呼叫开门

若电梯停在某层站时，只要按厅外顺向呼叫按钮，就可以开门。

(6) 电梯超载不关门

当超载开关动作后，超载继电器吸合，关门继电器释放，其常闭触点接通开门继电器，电梯门重新打开。

2. 关门控制

(1) 手动关门

按下关门按钮，关门继电器吸合，电梯门关好后，关门限位开关动作，关门继电器

释放。

(2) 自动关门

在电梯处在无司机运行状态时，无司机开关闭合，无司机继电器吸合。在关门延时继电器电路中，开门继电器断开一次或电梯由运行停一次车，运行继电器断开一次。关门延时继电器延时 3~5s，接通关门继电器，使电梯门关闭。

(3) 消防服务强迫关门

当电梯进入消防状态时，电梯停在任一层站，如果门是开着的，则必须立即强迫关闭。通过消防继电器的吸合，使关门继电器吸合，电梯门关闭。

(4) 基站钥匙关门

当电梯服务运行完毕后，电梯服务人员将基站钥匙关断，中间继电器释放。总电源延时断电，基站电源继电器常闭触点接通关门继电器，令其吸合，电梯门关闭，总电源断电。

任务施工

1. 安全

施工时要注意自身安全、他人安全和设备安全。

2. 安装准备

1) 识读原理图，制作接线表，见表 6-18。

表 6-18 PLC 强电输出电路接线表

序号	路　径	线号	线径/mm²	颜色	线型
1	COM3~COM4	T22	0.75	橙	RV
2	COM4~COM5	T22	0.75	橙	RV
3	COM5~T22	T22	0.75	橙	RV
4	Y032~KMJ(21)	910	0.75	橙	RV
5	KMJ(22)~GMJ(A1)	911	0.75	橙	RV
6	GMJ(A2)~N	N	0.75	浅蓝	RV
7	Y033~TDC(A1)	912	0.75	橙	RV
8	TDC(A2)~GMJ(A2)	N	0.75	浅蓝	RV
9	Y034~GMJ(21)	913	0.75	橙	RV
10	GMJ(22)~KMJ(A1)	914	0.75	橙	RV
11	KMJ(A2)~TJT(4/T2)	915	0.75	橙	RV
12	Y035~TDD(A1)	917	0.75	橙	RV
13	TDD(A2)~MSJ2(3/L2)	920	0.75	橙	RV
14	Y036~BZC(A1)	918	0.75	橙	RV
15	Y037~JBZ(A1)	919	0.75	橙	RV
16	BZC(A2)~TDD(A2)	920	0.75	橙	RV
17	JBZ(A2)~BZC(A2)	920	0.75	橙	RV
18	MSJ2(4T2)~MSJ1(4/T2)	916	0.75	橙	RV
19	MSJ1(3/L2)~JTJ(4/T2)	915	0.75	橙	RV
20	JTJ(3/L2)~TDC(A2)	N	0.75	浅蓝	RV

2）检测电气元件：安装前检测元器件的质量。

3）工具、仪表准备：剥线钳、压线钳、螺钉旋具、万用表等。

4）安装工艺流程，详见项目六的任务一。

工程验收

一、断电检测

1）检查所接电路，按照电路图从头到尾按顺序检查。

2）用万用表初步测试电路有无短路情况。确保电路未通电的情况下使用万用表“蜂鸣挡”检查电路，检测结果见表6-19。

表6-19　PLC强电输出电路断电检测表

序号	测 量 项 目	测量结果(导通/断开)
1	PLC(Y032)~开门互锁常闭点21	通
2	开门互锁常闭点22~GMJ(A1)	通
3	GMJ(A2)~端子排N	通
4	PLC(Y033)~TDC(A1)	通
5	TDC(A2)~端子排N	通
6	PLC(Y034)~关门互锁常闭点21	通
7	关门互锁常闭点22~KMJ(A1)	通
8	KMJ(A2)~JTJ(4/T2)	通
9	JTJ(4/T2)~MSJ1(3/L2)	通
10	JTJ(3/L2)~端子排N	通
11	MSJ1(4/T2)~MSJ2(4/T2)	通
12	PLC(Y035)~TDD(A1)	通
13	TDD(A2)~MSJ2(3/L2)	通
14	PLC(Y036)~BZC(A1)	通
15	BZC(A2)~MSJ2(3/L2)	通
16	PLC(Y037)~JBZ(A1)	通
17	JBZ(A2)~MSJ2(3/L2)	通

二、通电检测

1）整理实验台多余的导线和工具，避免对电路造成影响。

2）为保证人身安全，在通电检测时，一人操作，一人监护，认真执行安全操作规程的有关规定，由指导教师检查并监护现场。

3）在指导教师检查无误后，经允许后才可以通电检测。

4）在电路通电情况下，使用数字万用表交流电压挡检测电路是否正常，将检测结果填入表6-20中。

表6-20　PLC强电输出电路通电检测表

序号	测量项目	测量结果	序号	测量项目	测量结果
1	Y032~N	AC220V	8	Y035~N	AC220V
2	Y033~N	AC220V	9	Y036~N	AC220V
3	Y034~JTJ(4/T2)	AC220V	10	Y037~N	AC220V
4	Y035~TDD(A2)	AC220V	11	Y035~MSJ1(4/T2)	AC220V
5	Y036~MSJ2(3/L2)	AC220V	12	Y036~MSJ1(4/T2)	AC220V
6	Y037~TDD(A2)	AC220V	13	JTJ(4/T2)~N	AC220V
7	Y034~N	AC220V			

错误情境解析

情境一：电梯不能自动开门。可能原因有：①开关门的电动机或开门感应器损坏。②开门限位开关未复位。③开门接触器损坏，不能动作。④由于停层感应器触点未断开致使运行继电器未释放。⑤方向运行继电器未动作，使开门继电器未通电。维修方法有：①检修或更换电动机或感应器。②检查排除开门限位开关未复位原因，使其能正常复位。③检修更换开关接触器。④检查停层感应器触点未断开原因，使运行继电器释放。⑤检查有关元件与线路，使开门继电器通电。

情境二：电梯不能自动关门。可能原因有：①开关门电动机或关门接触器损坏。②关门限位开关未复位。③手柄操纵箱中关门接触器和中间继电器不动作。④操纵盘上选层按钮动作，但选层继电器不动作。维修方法有：①检修和更换该电动机或接触器。②检修或更换限位开关，使其能正常复位。③检查更换中间继电器和关门继电器，并检查电路。④检查电路或更换继电器。

情境三：开关门速度明显降低或跳动。可能原因有：①开关门电动机励磁线圈串联电阻值过小或电阻丝折断。②开关门机的胶带轮与胶带打滑。③开关门机钢丝绳与门滑轮打滑使门移动时，出现跳动情况。④吊门滚轮磨损与门导轨偏斜或吊门滚轮下的偏心轴挡轮间隙过大。⑤门地坎滑道积尘过多或卡有异物。⑥开关门速度过快，开关门电动机励磁线圈串接电阻值过大。维修方法有：①适当增大电阻值，更换已断的电阻丝，一般调到原设计全电阻的3/4。②调整开关门柱上胶带轮偏心轴或开关门电动机机座的螺栓。③清除该钢丝绳与滑轮上过多的润滑油加宽滑轮，让钢丝绳在滑轮上绕线圈增大其包角。④更换损坏的吊门滚轮。调整门导轨及门导轨下的偏心轴挡轮间隙。⑤清扫门地坎滑道卡阻异物。

情境四：门安全触板失效，关门时夹人。可能原因有：①安全触板微动开关失效不动作。②安全触板接触短路。③安全触板传动机构损坏。排除方法有：①检修或更换微动开关，使其动作灵活。②检修电路，排除短路。③检修传动机构的链条、转轴等，使其动作灵活。

综合训练

一、选择题

(　　) 1. 关门继电器吸合，开门继电器释放时，电梯____。

A. 开门　B. 关门　C. 不动　D. 都有可能

(　　) 2. 开门继电器吸合，关门继电器释放时，电梯____。

A. 开门　B. 关门　C. 不动　D. 都有可能

(　　) 3. 三相电源线的颜色顺序应该是____。

A. 红黄绿　B. 黄绿红　C. 无所谓

二、简答题

1. 简述本电路的工作原理。

2. 分析电路，开门继电器和关门继电器的动作条件有什么区别？

3. 分析电路，变频器的输入接触器和输出接触器的动作条件有什么区别？

任务七 组装和调试 PLC 显示输出电路

任务描述

某控制柜的电源电路和所有输入信号电路均已组装和调试完成，可以正常使用，现在需要对电梯的显示电路进行组装和调试，包括按钮灯、方向灯和层显的显示电路，要求按下某个按钮时，与其对应的按钮灯点亮，电梯到达某个层站时，层楼显示正确。通过完成本次任务，使学生掌握此电路的工作原理、调试方法，学会排除简单故障。

知识铺垫

一、识读 PLC 显示输出电路图

本电路原理图如图 6-37 所示。

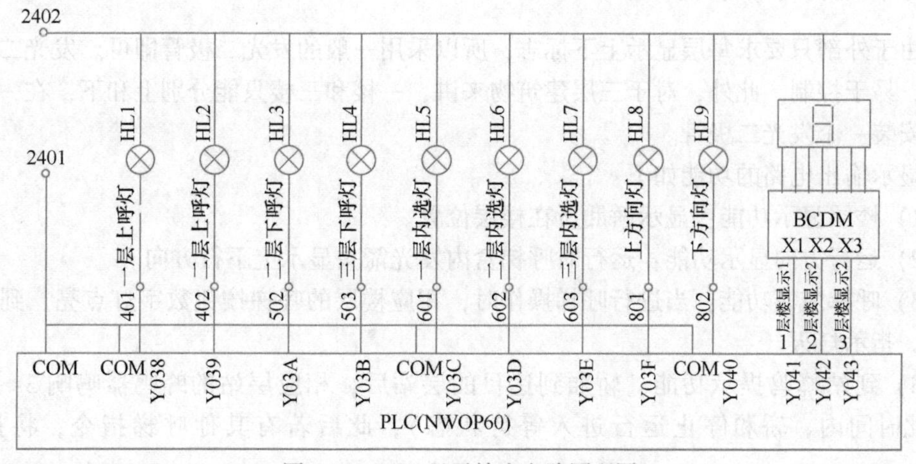

图 6-37 PLC 显示输出电路原理图

本电路使用 DC24V 电源对电梯的楼层、呼梯按钮和运行方向进行显示。是 PLC 的弱电输出电路。显示过程如下：如果乘客按下一层上呼按钮，一层上呼灯就会亮。电流的走向是这样的：从 DC24V 电源的正极 2401 出发，到达 PLC 内部电路，经过 Y038 点，流过一层上呼灯，到达电源负极 2402，形成了闭合的电流回路，一层上呼灯就亮了。其他显示灯的电流走向也是一样的。

本电路的楼层显示采用七段数码管，当电梯在一层时，Y041 有输出，就显示“1”，当电梯在二层时，Y042 有输出，显示“2”，当电梯在三层时，Y043 有输出，显示“3”。

如果电梯正在上行，是 Y03F 有输出，显示上方向灯，如果电梯正在下行，是 Y040 有输出，显示下方向灯。

电梯楼层显示器可以将电梯的运行状态信号（上行、下行、停止、等待、故障报警等五种电梯的运行状态）显示出来。

二、内外呼梯信号的登记、消号及显示

内外呼梯信号处理包括信号的登记、显示及本层消号。信号的登记采用自锁原理，软件上采用逻辑或运算实现。内呼信号不论电梯上行还是下行，当轿厢运行至该楼层时，均要换速停车，并消除登记信号。外呼信号有反向运行保号和直驶保号功能。每一个 PLC 输出点直接驱动一个呼梯信号的指示灯。

三、定向控制

根据电梯的运行方式、各层内选外呼信号的先后以及停车时轿厢所在楼层位置决定电梯的运行方向，在电梯运行过程中，方向保持。有司机操作时，内指令定向；无司机操作自动运行时，内指令和外召唤信号均可定向。程序采用数据比较指令对选层信号通道的内容与轿厢位置通道内容进行数据比较。当前者大于后者时，上行方向继电器为 ON；反之，下行方向继电器为 ON。由于轿厢所处层站呼梯信号不等级，所以，两通道内容不会有相等的情况。

四、电梯外部按键显示

由于外部只要求每层显示上下标志，所以采用一般的发光二极管即可。发光二极管电路简单，易于控制。此外，对于三层建筑物来讲，一楼和三楼只能分别上和下，在一楼和三楼都只安装一个发光二极管。

显示输出电路的功能如下：

1）楼层显示功能：显示轿厢所在楼层位置。

2）运行方向显示功能：运行时呼梯盒内发光箭头显示上下行方向。

3）呼梯应答功能：当进行呼梯操作时，相应楼层的呼梯按钮数字灯点亮，到站后撤消记忆，指示灯灭。

4）到站蜂鸣提示功能：轿厢到达目的层站后，相应层站的蜂鸣器鸣响 3s 并等待 6s（在此时间内，轿厢停止运行进入等待状态），此后若有其他呼梯指令，将执行相应指令。

5）楼层“连选”功能：在基站楼层可依次进行呼梯操作，运行本着“顺向优先”的原则依次停靠。

6）中途截梯功能：在运行过程中，途经的层站可实现不改变运行方向的“中途截梯”。

任务施工

1. 安全

施工时要保证自身安全、他人安全和设备安全。

2. 安装准备

1）识读原理图，制作接线表，见表 6-21。

2）检测电气元件：安装前，检测元器件的质量。

3）工具、仪表准备：剥线钳、压线钳、螺钉旋具、万用表等。

4）安装工艺流程，详见项目六的任务一。

表 6-21　PLC 显示输出电路接线表

序号	路　　径	线号	线径/mm^2	颜色	线型
1	COM6 ~ COM7	2401	0.75	蓝	RV
2	COM7 ~ COM8	2401	0.75	蓝	RV
3	COM6 ~ 2401	2401	0.75	蓝	RV
4	Y038 ~ 端子排 401	401	0.75	蓝	RV
5	Y039 ~ 端子排 402	402	0.75	蓝	RV
6	Y03A ~ 端子排 502	502	0.75	蓝	RV
7	Y03B ~ 端子排 503	503	0.75	蓝	RV
8	Y03C ~ 端子排 601	601	0.75	蓝	RV
9	Y03D ~ 端子排 602	602	0.75	蓝	RV
10	Y03E ~ 端子排 603	603	0.75	蓝	RV
11	Y03F ~ 端子排 801	801	0.75	蓝	RV
12	Y040 ~ 端子排 802	802	0.75	蓝	RV
13	Y041 ~ BCDM(1)	001	0.75	蓝	RV
14	Y042 ~ BCDM(2)	002	0.75	蓝	RV
15	Y043 ~ BCDM(3)	003	0.75	蓝	RV
16	BCDM(A) ~ 端子排 A	A	0.75	蓝	RV
17	BCDM(B) ~ 端子排 B	B	0.75	蓝	RV
18	BCDM(C) ~ 端子排 C	C	0.75	蓝	RV
19	BCDM(D) ~ 端子排 D	D	0.75	蓝	RV
20	BCDM(E) ~ 端子排 E	E	0.75	蓝	RV
21	BCDM(F) ~ 端子排 F	F	0.75	蓝	RV
22	BCDM(G) ~ 端子排 G	G	0.75	蓝	RV

工程验收

一、断电检测

1）检查所接电路，按照电路图从头到尾按顺序检查。

2）用万用表初步测试电路有无短路情况。确保电路未通电的情况下使用万用表蜂鸣挡检查电路，检测结果见表 6-22。

表 6-22　PLC 显示输出电路断电检测表

序号	测量点	测量结果	序号	测量点	测量结果
1	Y038 ~ 端子排 401	通	7	Y03E ~ 端子排 603	通
2	Y039 ~ 端子排 402	通	8	Y03F ~ 端子排 801	通
3	Y03A ~ 端子排 502	通	9	Y040 ~ 端子排 802	通
4	Y03B ~ 端子排 503	通	10	Y041 ~ BCDM(1)	通
5	Y03C ~ 端子排 601	通	11	Y042 ~ BCDM(2)	通
6	Y03D ~ 端子排 602	通	12	Y043 ~ BCDM(3)	通

二、通电检测

1）整理试验台多余的导线和工具，避免对电路造成影响。

2）为保证人身安全，在通电检测时，一人操作，一人监护，认真执行安全操作规程的有关规定，由指导教师检查并监护现场。

3）在指导教师检查无误后，经允许后才可以通电检测，通电检测结果见表6-23。

表6-23 PLC显示输出电路通电检测表

序号	测量点	测量电压	序号	测量点	测量电压
1	Y038~端子排2402	DC24V	6	Y03D~端子排2402	DC24V
2	Y039~端子排2402	DC24V	7	Y03E~端子排2402	DC24V
3	Y03A~端子排2402	DC24V	8	Y03F~端子排2402	DC24V
4	Y03B~端子排2402	DC24V	9	Y040~端子排2402	DC24V
5	Y03C~端子排2402	DC24V			

错误情境解析

情境：接线完全正确，但是有个别按钮灯不亮，可能是按钮背面的插件虚接或脱落。按下三层内选按钮，三层内选灯不亮，二层内选灯点亮，这时应该把二层内选灯的原接线移到三层内选灯上。

综合训练

选择题（特种设备作业人员考核大纲要求）

（　　）1. 从电路图上看，按钮灯使用的电压是什么等级的？

A. AC220V　B. AC24V　C. DC220V　D. DC24V

（　　）2. 到站后，该层已亮的同向按钮灯会____。

A. 亮　B. 灭

（　　）3. 到站后，该层已亮的反向按钮灯会____。

A. 亮　B. 灭

（　　）4. 层站呼梯按钮及层楼指示灯出现故障不影响电梯安全使用。

A. 对　B. 不对

任务八　组装和调试门机电路及制动器电路

任务描述

某控制柜的电源电路和输入电路均已组装和调试完毕，可以正常使用，现在需要对控制柜内部的门机电路和制动器电路进行组装和调试，要求开门继电器吸合时，电梯执行开门动

作；关门继电器吸合时，电梯执行关门动作；电梯运行时，制动器电路通电；电梯停车平层时，制动器电路断电。通过完成本次任务，使学生掌握这两个电路的工作原理、调试方法，学会排除简单故障。

知识铺垫

一、识读门机电路原理图

本控制柜的负载仿真梯所使用的门机电路如图 6-38 所示。

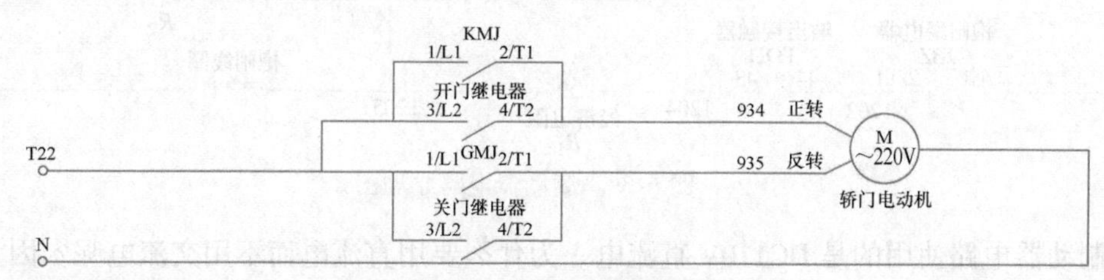

图 6-38　门机电路原理图

电梯门机是安装在电梯门上的控制电梯门开、关的一个传动装置。有些门机本身没有控制功能，需要借助变频器和编码器实现运转。现在生产的电梯大多都采用 VVVF 变频门机系统。在一般的变频门机系统中，控制柜提供给门机系统电源，一个开门信号和一个关门信号。变频门机系统也有减速开关和终端开关，大多采用双稳态磁开关。当门机终端开关动作时，返回控制屏一个终端信号，用来控制开关门继电器。

一般变频门机可以进行开关门速度、转矩、减速点位置等的设定，具体要参考生产方提供的门机系统说明书或电梯调试资料进行调节。

有的变频门机系统除了受控制柜开关门信号控制外，自身有力限计算功能，当在关门过程中力限超过设定值时，即向反方向开启。当关门终端开关动作后，这个力限计算才失效。对于这种门系统，关门终端的位置一定要设置在轿门锁之前，否则，门锁接通后电梯即可运行，如果这个力限计算还有效的话，可能会引起电梯在运行中出现开门现象，应特别注意。

电梯门机系统是整个系统中动作最频繁的部件，其性能直接影响到整梯的性能。

二、门机分类

现在市场上存在三种形式的电动机，直流门机、交流异步门机和永磁同步门机。近两年，永磁同步电动机逐渐取代其他两种电动机。

1. 直流门机

由于直流门机的体积大，安装方式复杂，因而故障率较高，已逐渐被市场淘汰。

2. 交流异步门机

交流异步门机是市场上普遍采用的一种门机，安装比直流门机简单，在精确程度上相比直流门机有较大幅度的提高，故障率也相对较低，但是相比永磁同步门机控制精度仍然不高，并且耗能较高。

3. 永磁同步门机

永磁同步门机目前的转矩都在 1.8~2.6N·m，对于大型的货梯门和重型门都有局限性，

尤其是不能在高温环境下长时间工作。

门机用交流永磁同步电动机可实现电梯门、自动门的直接驱动，不需要使用减速齿轮器或减速轮，具有体积小、结构紧凑、低转速、转矩大、运行曲线完美等特点。

三、识读制动器电路

本套控制系统中的制动器电路如图 6-39 所示。

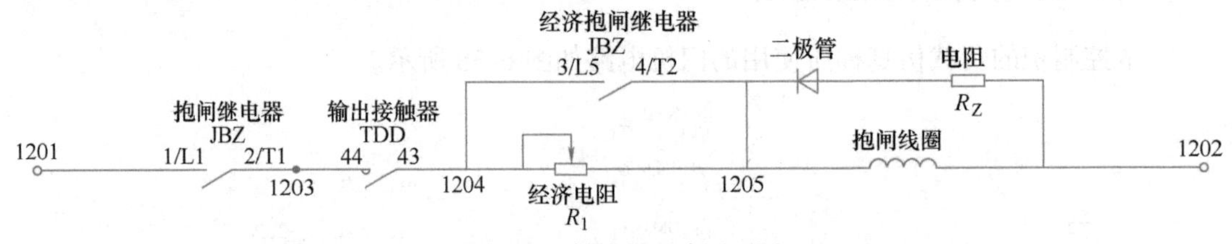

图 6-39　制动器电路原理图

制动器电路使用的是 DC110V 直流电。为什么要用直流电而不用交流电呢？因为如果制动器线圈里通过直流电，它产生的磁场是恒定的，产生的磁力也是恒定的，制动器工作就会平稳。如果制动器线圈里通过交流电，因为交流电的大小和方向是变化的，产生的磁力也是变化的，制动器工作就会不稳定，可能会产生振动，从而影响制动效果。

四、制动器

制动器是具有使运动部件（或运动机械）减速、停止或保持停止状态等功能的装置。制动器主要由制动架、制动件和操纵装置等组成。有些制动器还装有制动件间隙的自动调整装置。为了减小制动力矩和结构，制动器通常装在设备的高速轴上，但对安全性要求较高的大型设备（如矿井提升机、电梯等）则应装在靠近设备工作部分的低速轴上。它主要与系列电机配套。

1. 安全

施工时要注意自身安全、他人安全和设备安全。

2. 安装准备

1）识读门机回路原理图，制作接线表，见表 6-24。

表 6-24　门机电路接线表

序号	路　　径	线号	线径/mm²	颜色	线型
1	端子排 T22～KMJ(1/L1)	T22	0.75	橙	RV
2	KMJ(1/L1)～KMJ(3/L2)	T22	0.75	橙	RV
3	KMJ(3/L2)～GMJ(1/L1)	T22	0.75	橙	RV
4	GMJ(1/L1)～GMJ(3/L2)	T22	0.75	橙	RV
5	KMJ(2/T1)～KMJ(4/T2)	934	0.75	橙	RV
6	KMJ(4/T2)～端子排 934	934	0.75	橙	RV
7	GMJ(2/T1)～GMJ(4/T2)	935	0.75	橙	RV
8	GMJ(4/T2)～端子排 935	935	0.75	橙	RV

2）识读制动器回路原理图，制作接线表，见表 6-25。

表 6-25　制动器回路接线表

序号	路　　径	线号	线径/mm^2	线色	线型
1	1201～BZC(1/L1)	1201	0.75	蓝	RV
2	BZC(2/T1)～TDD(44)	1203	0.75	蓝	RV
3	TDD(43)～JBZ(3/L5)	1204	0.75	蓝	RV
4	JBZ(4/T2)～1205	1205	0.75	蓝	RV

3）检测电气元件：安装前应检测元器件的质量。

4）工具、仪表准备：剥线钳、压线钳、螺钉旋具、万用表等。

5）安装工艺流程，详见项目六的任务一。

6）根据接线表进行接线。

工程验收

一、断电检测

1）检查所接电路，按照电路图从头到尾按顺序检查。

2）确保电路未通电的情况下使用万用表蜂鸣挡检查门机回路，检测结果见表 6-26。

表 6-26　门机电路断电检测表

序号	测量项目	测量结果（导通/断开）	序号	测量项目	测量结果（导通/断开）
1	端子排 T22～KMJ(1/L1)	通	5	KMJ(2/T1)～端子排 934	通
2	端子排 T22～KMJ(3/L2)	通	6	KMJ(4/T2)～端子排 934	通
3	端子排 T22～GMJ(1/L1)	通	7	GMJ(2/T1)～端子排 935	通
4	端子排 T22～GMJ(3/L2)	通	8	GMJ(4/T2)～端子排 935	通

3）断电检测制动器回路，见表 6-27。

表 6-27　制动器电路断电检测表

序号	触点	线号	是否对应	序号	触点	线号	是否对应
1	BZC(1/L1)	1201	是	4	TDD(43)	1204	是
2	BZC(2/T1)	1203	是	5	JBZ(5/L3)	1204	是
3	TDD(44)	1203	是	6	JBZ(4/T2)	1205	是

二、通电检测

1）整理试验台多余的导线和工具，避免对电路造成影响。

2）为保证人身安全，在通电检测时，一人操作，一人监护，认真执行安全操作规程的有关规定，由指导教师检查并监护现场。

3）在指导教师检查无误后，经允许后才可以通电检测，检测结果见表 6-28。

表 6-28　门机回路通电检测表

序号	测量点	交流电压挡	序号	测量点	交流电压挡
1	KMJ(1/L1)～KMJ(3/L2)	0V	5	KMJ(2/T1)～KMJ(4T2)	0V
2	KMJ(3/L2)～GMJ(1/L1)	0V	6	KMJ(4T2)～934	0V
3	GMJ(3/L2)～GMJ(1/L1)	0V	7	GMJ(2/T1)～GMJ(4/T2)	0V
4	KMJ(3/L2)～T22	0V	8	GMJ(4/T2)～935	0V

4）通电检测制动器回路，检测结果见表 6-29。

表 6-29 制动器回路通电检测表

序号	测量点	直流电压挡	序号	测量点	直流电压挡
1	BZC(1/L1)~1201	0V	3	TDD(43)~JBZ(5/L3)	0V
2	BZC(2/T1)~TDD(44)	0V	4	JBZ(4/T2)~1205	0V

错误情境解析

情境一：接线时，把线号为 934（开门信号）与 935（关门信号）的线接反了。此时，如果电梯已经开门到位，控制系统给出关门信号，但是接收信号的却是开门，导致电梯继续开门动作，发出“咔咔”声响；反之亦然。

情境二：把制动器电路的 1202 端子线接在 1102 上。在本控制柜中，1202 的线号是 DC110V 电源的负极，而 1102 的线号是 AC110V 的一端。如果把 1202 和 1102 互接，将会导致交直流电源互接，制动器的接触器将会很快地吸合与释放，造成噪声和故障。

综合训练

一、选择题

（　　）1. 此轿门电动机使用何种类型的电压？

A. AC220V　　B. AC110V　　C. AC380V　　D. DC110V

（　　）2. 抱闸回路用的直流电还是交流电？

A. 直流电　　B. 交流电

二、简答题

1. 简述门机回路的工作原理。
2. 简述抱闸回路的工作原理。

任务九　组装和调试变频器电路

任务描述

某控制柜的电源电路、所有 PLC 的输入电路和输出电路均已安装完毕，可以正常使用，现在要求对控制柜内部的变频器电路进行组装和调试。要求变频器的输入端子和外部电源之间使用输入接触器的主触点进行隔离，变频器的输出端子和曳引电动机的进线端子之间使用输出接触器的主触点进行隔离，变频器的主电路使用 $4mm^2$ 的硬线进行连接，注意导线的颜色。变频器的控制电路使用 DC24V 电源，使用 $1.5mm^2$ 的多股软铜线进行连接。通过完成本任务，使学生掌握安装控制柜内变频器主电路和控制电路的工作原理、调试方法，学会排除简单故障。

知识铺垫

一、识读变频器主电路原理图

本控制柜中变频器主电路原理图如图 6-40 所示。

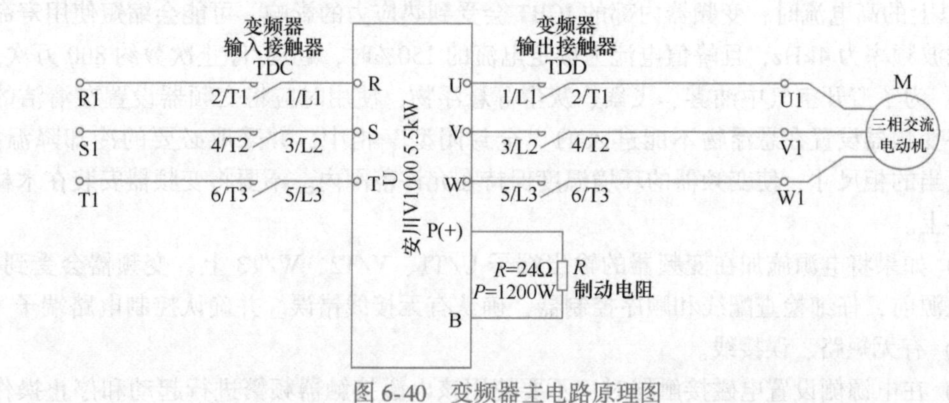

图 6-40 变频器主电路原理图

输入接触器 TDC 用于控制变频器输入电源的通断，变频器的输入电源是 AC380V。输出接触器 TDD 用于控制变频器的输出电压和负载之间的通断，变频器的输出电压是不恒定的，可根据负载需要的大小来调整。

本控制柜变频器采用安川变频器，其内部接线如图 6-41 所示。

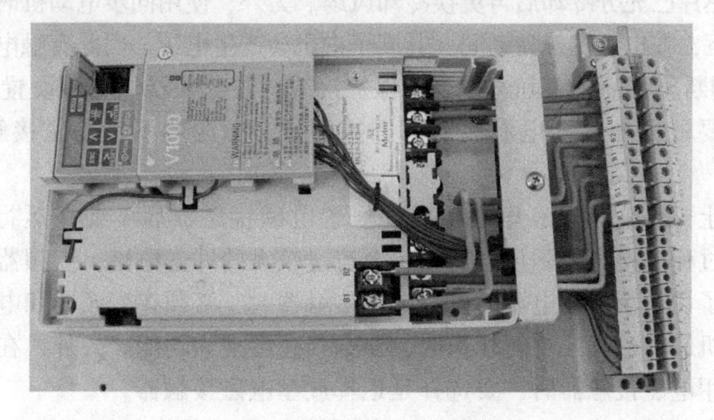

图 6-41 安川 V1000 变频器

V1000 变频器可适应各类电机，除了感应电机，还可驱动以往一直使用专用变频器的同步电动机（IPM 电动机、SPM 电动机）。因此，该变频器通用性强，实现了变频器备件的通用化。

二、变频器应用注意事项

1）用一台变频器并联运行特殊电动机和多台电动机时，要选择适当容量的变频器，以满足电动机额定电流总值的 1.1 倍小于变频器的额定输出电流的条件。

2）用变频器驱动的电动机的起动、加速特性受到接入变频器过载电流额定值的制约。

与通用电源起动时相比较，一般转矩特性值较小。需要较大起动转矩时，要选择更高一级容量的变频器或同时提高电动机和变频器的容量。

3）变频器发生故障时，保护装置动作并停止输出，此时，电动机不能紧急停止。因此，对于必须紧急停止的机械设备要设置机械式停止、保持机构。

4）在承受往复性负载的用途（起重机、升降机、冲压器、洗衣机等）中，反复流过150%以上的高电流时，变频器内部的IGBT会受到热应力的影响，可能会缩短使用寿命。基准是载波频率为4kHz，且峰值电流为额定电流的150%时，起动/停止次数约800万次。

5）为了避开空气中油雾、飞絮、灰尘等悬浮物，使用时应将变频器设置在清洁的环境中或将变频器设置在悬浮物不能进入的“全封闭型”柜中，并采取必要的冷却降温措施，选择适当的柜尺寸，使变频器的环境温度保持在允许范围内。不要将变频器安装在木材等易燃材料上。

6）如果将电源施加在变频器的输出端子U/T1、V/T2、W/T3上，变频器会受到损坏，接通电源前，仔细检查配线和顺序控制器，确认有无接线错误。并确认控制电路端子（+V、AC等）有无短路、误接线。

7）在电源侧设置电磁接触器时，不要使用该电磁接触器频繁进行起动和停止操作，否则将会导致变频器的故障。用电磁接触器进行ON/OFF切换时的频率最高为30min/次。

8）即使变频器断路，其内置电容器也需要一定的时间来放电，检查时，必须在充电指示灯熄灭时进行。否则，电容器内残存的电压会导致触电事故的发生。变频器的散热片会产生高温，为了防止烫伤，在变频器刚开始断路的一段时间内不要触摸。在切断变频器电源15min以上，并确认散热片已充分冷却后再更换冷却风扇。另外，使用同步电动机时，即使在变频器电源切断的状态下，在电动机旋转期间，其端子中也会产生电压，因此有触电的危险。

9）接线用断路器的设置和选择为了保护接线，在变频器电源侧设置接线用断路器。选择断路器时，要根据变频器电源侧功率因数而定。电源侧不带电磁接触器时也可使用变频器。

10）原则上，在变频器和电动机之间设置电磁接触器后不要在运行中进行开关操作。在变频器运行过程中接通电磁接触器时，会流过较大的冲击电流，变频器的过电流保护装置将会动作。为了切换至商用电源而设置电磁接触器时，必须在变频器和电动机停止运行后再进行。在电动机旋转过程中进行切换时，要选择速度搜索功能。另外，在采取瞬间停电应对措施而必须使用电磁接触器时，要选择延迟释放型电磁接触器。

11）为避免电动机发生过热事故，变频器应具有电子热保护功能。用一台变频器运行多台电动机或多极电动机时，在变频器和电动机之间要设置热动型热敏继电器或热敏保护器。

12）变频器和电动机间的接线距离较长时（特别是低频输出），电缆的电压降会引起电动机转矩下降，所以接线时要使用足够粗的导线。

三、安装注意事项

进行安装作业时，请用布或纸等遮住变频器的上部，以防止钻孔时的金属屑、油、水等进入变频器内部，否则会导致变频器故障。作业结束后，请拿掉这些布或纸。如果继续盖在上面，则会使通风性变差，导致变频器异常发热。操作变频器时，请遵守静电防止措施

(ESD20.20) 规定的步骤。否则会因静电而损坏变频器内部电路。如果将多台变频器垂直安装在控制柜内，则可能很难进行冷却风扇的检查和更换。应确保变频器上部留有足够的空间，以便更换冷却风扇。变频器低速运行时，电动机冷却效果会下降，随着温度的升高，会因过热而导致电动机发生故障。使用标准（通用）电动机时，应降低低速域的电动机转矩。需要在低速下保持100%转矩时，应考虑使用专用电动机或矢量电动机。勿超出额定转速的最大值而运行电动机，否则会导致电动机不良。

四、安装要求

1. 单机安装

为了确保变频器冷却所需的通气空间及接线空间，请务必遵守图 6-42 中所示的安装条件。将变频器背面紧贴墙壁安装，以使散热片周围的冷却风流动顺畅，确保冷却效果。

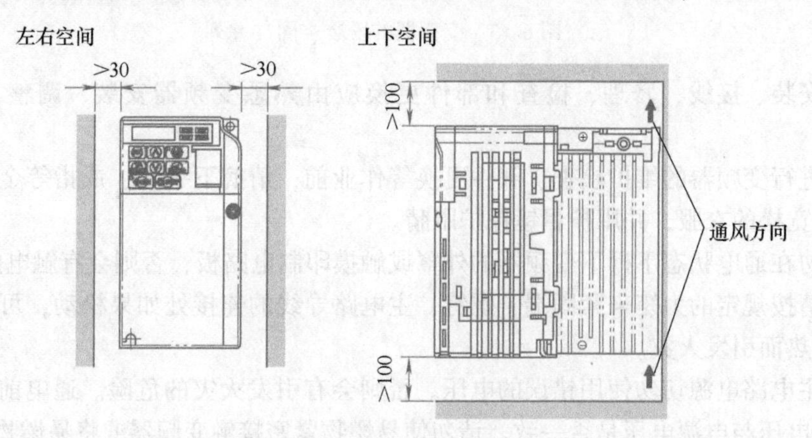

图 6-42　变频器的安装空间（单机）

2. 并列安装多台变频器

在控制柜内安装多台变频器时，请确保以下安装空间，并将参数 L8-35（装置安装方法选择）设定为 1（有效）。

1）柜内安装型（IP20）和封闭壁挂型（NEMA Type 1）所需的上下、左右空间均相同。

2）并列安装大小不同的变频器时，请对齐各变频器的上部位置再进行安装，如图6-43所示。否则，更换冷却风扇时将无法拆下风扇。

五、安全注意事项

1）不要在拆下变频器外罩的状态下运行变频器，否则会有触电的危险。

2）务必将电动机侧的接地端子接地，否则会因与电动机机壳的接触而导致触电或火灾。

3）在进行变频器端子的接线之前，请切断所有机器的电源，即使切断电源，内部电容器中还有残余电压。当主电路直流电压降至 50V 以下时，变频器的充电指示灯将熄灭。为了防止触电，请在确认所有指示灯均已熄灭且主电路直流电压已降至安全水平后，再等待5min 以上，否则会有触电的危险。

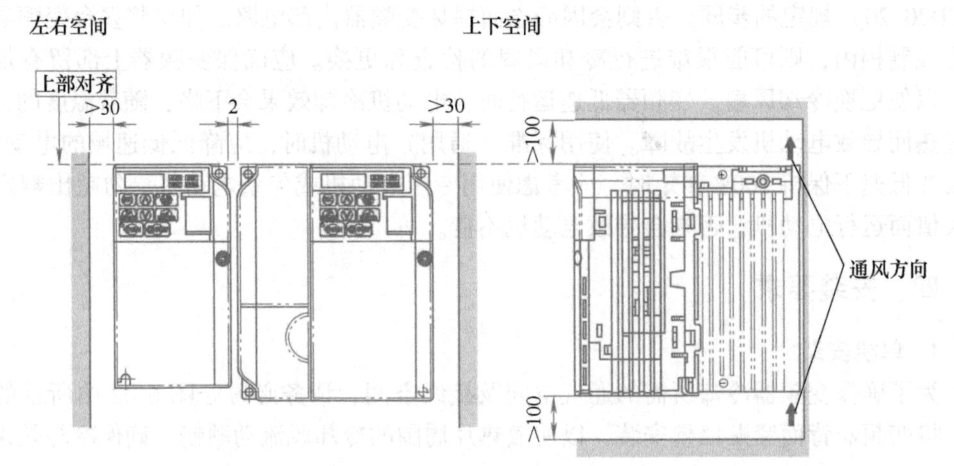

图 6-43　变频器的安装空间（并列）

4）安装、接线、修理、检查和部件更换应由熟悉变频器安装、调整、修理的专人进行。

5）进行变频器的维护检查、部件更换等作业前，请摘下手表、戒指等金属物品。请尽量不要穿宽松的衣服，并用护目镜保护眼睛。

6）勿在通电状态下拆下变频器的外罩或触摸印制电路板，否则会有触电的危险。

7）请按规定的力矩来紧固端子螺钉，主电路导线的连接处如果松动，可能会因导线连接处的过热而引发火灾。

8）主电路电源切勿使用错误的电压。否则会有引发火灾的危险。通电前，应确认变频器的额定电压与电源电压是否一致。请勿使易燃物紧密接触变频器或将易燃物附带在变频器上，否则会有引发火灾的危险。应将变频器安装在金属等阻燃物体上。

六、识读变频器控制电路原理图

本控制柜中变频器控制电路原理图如图 6-44 所示。

1. 控制电路端子的功能

多功能接点输入（S1～S7）、多功能接点输出（MA、MC）、多功能光电耦合器输出（P1、PG）为了使变频器能够安全而迅速地执行停止动作，需要设置紧急停止电路。紧急停止电路接线完毕后，务必检查其动作是否正常，否则会有人身事故的危险。

2. 接线的要求

下面对在端子排上接线时的正确步骤和准备工作进行说明。

1）控制电路接线请与主电路接线（端子 R/L1，S/L2，T/L3，B1，B2，U/T1，V/T2，W/T3，-，+1，+2）及其他动力线或电力线分开，否则会导致变频器动作不良。

2）多功能接点输出端子 MA、MB、MC 应与其他控制电路分开接线，否则会导致变频器和机器的误动作或发生跳闸。

3）与控制电路连接的电源应使用第 2 类（UL 标准）电源，否则会导致变频器的动作性能降低。

4）为了防止屏蔽线与其他信号线或机器接触，请用绝缘胶布进行绝缘，否则会因电路

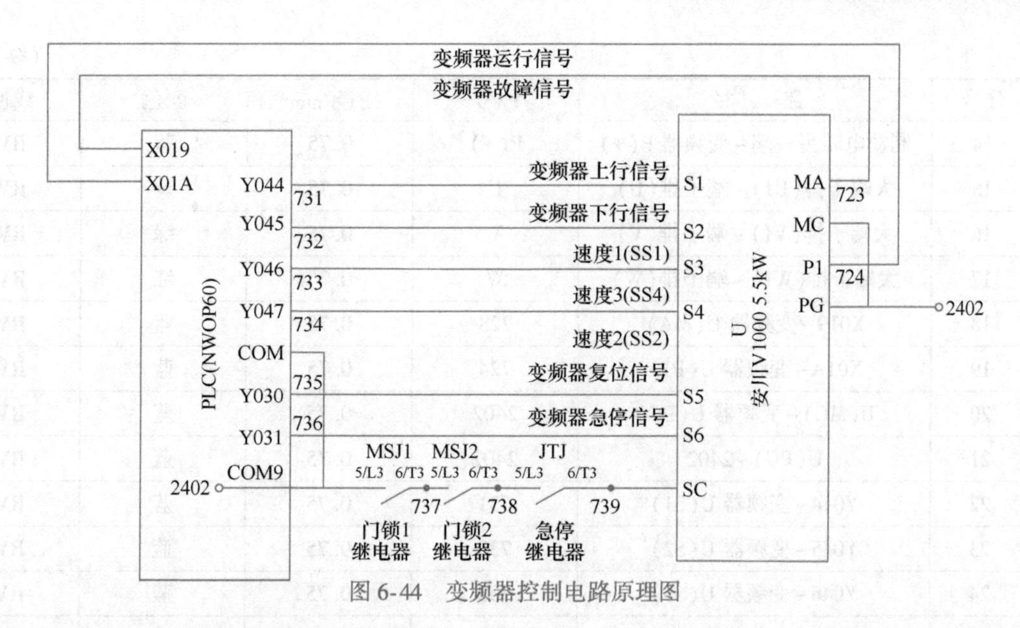

图6-44 变频器控制电路原理图

短路而导致变频器或机器的动作不良。

5）请在变频器的接地端子上连接屏蔽线，否则会导致变频器和机器的误动作或发生故障。

任务施工

1. 安全

施工时要注意自身安全、他人安全和设备安全。

2. 安装准备

1）识读原理图，制作接线表，见表6-30。

表6-30 变频器主电路接线表

序号	路　　径	线号	线径/mm^2	颜色	线型
1	JXC(1/L1)~TDC(2/T1)	R1	4	黄	BV
2	JXC(3/L2)~TDC(4/T2)	S1	4	绿	BV
3	JXC(5/L3)~TDC(6/T3)	T1	4	红	BV
4	变频器U(U)~TDD(1L1)	R2	4	黄	BV
5	变频器U(V)~TDD(3L2)	S2	4	绿	BV
6	变频器U(W)~TDD(5L3)	T2	4	红	BV
7	TDD(2/T1)~大端子排(U1)	R2	4	黄	BV
8	TDD(4/T2)~大端子排(V1)	S2	4	绿	BV
9	TDD(6/T3)~大端子排(W1)	T2	4	红	BV
10	TDC(1/L1)~变频器U(R)	R1	4	黄	BV
11	TDC(3/L2)~变频器U(S)	S1	4	绿	BV
12	TDC(5/L3)~变频器U(T)	T1	4	红	BV
13	制动电阻一端~变频器U(B)	B1	0.75	蓝	RV

（续）

序号	路　　径	线号	线径/mm²	颜色	线型
14	制动电阻另一端～变频器 P(+)	P(+)	0.75	蓝	RV
15	大端子排(U1)～端子排(U)	U	0.75	黄	RV
16	大端子排(V1)～端子排(V)	V	0.75	绿	RV
17	大端子排(W1)～端子排(W)	W	0.75	红	RV
18	X019～变频器 U(MA)	723	0.75	蓝	RV
19	X01A～变频器 U(P1)	724	0.75	蓝	RV
20	U(MC)～变频器 U(PG)	2402	0.75	蓝	RV
21	U(PG)～2402	2402	0.75	蓝	RV
22	Y044～变频器 U(S1)	731	0.75	蓝	RV
23	Y045～变频器 U(S2)	732	0.75	蓝	RV
24	Y046～变频器 U(S3)	733	0.75	蓝	RV
25	Y047～变频器 U(S4)	734	0.75	蓝	RV
26	Y030～变频器 U(S5)	735	0.75	蓝	RV
27	Y031～变频器 U(S6)	736	0.75	蓝	RV
28	MSJ1(5/L3)～2402	2402	0.75	蓝	RV
29	MSJ1(6/T3)～MSJ2(5/L3)	737	0.75	蓝	RV
30	MSJ2(6/T3)～JTJ(5/L3)	738	0.75	蓝	RV
31	JTJ(6/T3)～变频器 U(SC)	739	0.75	蓝	RV
32	COM2～2402	2402	0.75	蓝	RV
33	COM1～COM2	2402	0.75	蓝	RV

2）安装前应检测元器件的质量。

3）工具、仪表准备：剥线钳、压线钳、螺钉旋具、万用表等。

4）安装工艺流程，详见项目六的任务一。

工程验收

一、断电检测

1）检查所接电路，按照电路图从头到尾按顺序检查。

2）用万用表初步测试电路有无短路情况。确保电路未通电的情况下使用万用表蜂鸣挡检查电路，检测结果见表 6-31。

二、通电检测

1）整理试验台多余的导线和工具，避免对电路造成影响。

2）为保证人身安全，在通电检测时，一人操作，一人监护，认真执行安全操作规程的有关规定，由指导教师检查并监护现场。

表 6-31　变频器主电路断电检测表

序号	测量项目	导通/断开	序号	测量项目	导通/断开
1	JXC(1/L1)~TDC(2/T1)	通	20	PLC(X01A)~变频器 U(P1)	通
2	JXC(3/L2)~TDC(4/T2)	通	21	变频器 U(MC)~端子排 2402	通
3	JXC(5/L3)~TDC(6/T3)	通	22	变频器 U(PG)~端子排 2402	通
4	TDC(1/L1)~变频器 U(R)	通	23	变频器 U(SC)~JTJ(6/T3)	通
5	TDC(3/L2)~变频器 U(S)	通	24	JTJ(5/L3)~MSJ2(6/T3)	通
6	TDC(5/L3)~变频器 U(T)	通	25	MSJ2(5/L3)~MSJ1(6/T3)	通
7	变频器 U(U)~TDD(1/L1)	通	26	MSJ1(5/L3)~端子排 2402	通
8	变频器 U(V)~TDD(3/L2)	通	27	X019~变频器 U(MA)	通
9	变频器 U(W) ~TDD(5/L3)	通	28	X01A~变频器 U(P1)	通
10	TDD(2/T1)~端子排 U1	通	29	Y044~变频器 U(S1)	通
11	TDD(4/T2)~端子排 V1	通	30	Y045~变频器 U(S2)	通
12	TDD(6/T3)~端子排 W1	通	31	Y046~变频器 U(S3)	通
13	PLC(Y044)~变频器 U(S1)	通	32	Y047~变频器 U(S4)	通
14	PLC(Y045)~变频器 U(S2)	通	33	Y030~变频器 U(S5)	通
15	PLC(Y046)~变频器 U(S3)	通	34	Y031~变频器 U(S6)	通
16	PLC(Y047)~变频器 U(S4)	通	35	MSJ1(5/L3)~2402	通
17	PLC(Y030)~变频器 U(S5)	通	36	MSJ1(6/T3)~MSJ2(5L3)	通
18	PLC(Y031)~变频器 U(S6)	通	37	MSJ2(6/T3)~JTJ(5L3)	通
19	PLC(X019)~变频器 U(MA)	通	38	JTJ(6/T3)~SC	通

3）在指导教师检查无误后，经允许后才可以通电检测。

4）到此为止，控制柜内部接线均安装完成，检查外围线路是否连接完整正确，检查无误后，对整台控制柜进行通电，检测项目见表 6-32。

表 6-32　变频器电路通电检测表

序号	检 测 项 目
1	变频器上电后显示什么？
2	哪几个接触器吸合？
3	PLC 的输入端哪几个指示灯点亮？
4	PLC 的输出端哪几个指示灯点亮？
5	层楼显示板显示什么？
6	相序继电器的指示灯亮不亮？
7	把机房检修开关拨到“检修”，PLC 的哪几个指示灯点亮？
8	按下机房“慢上”按钮，电梯上行还是下行？
9	如果检修运行方向相反，应该调整哪个线路？
10	把轿厢检修开关拨到“检修”，PLC 的哪几个指示灯点亮？
11	按下轿厢“慢上”按钮，电梯上行还是下行？
12	如果检修运行方向相反，应该调整哪个线路？
13	验证了机房检修和轿厢检修哪个比较优先？
14	把轿顶检修开关拨到“检修”，PLC 的哪几个指示灯点亮？
15	按下轿顶“慢上”按钮，电梯上行还是下行？
16	如果检修运行方向相反，应该调整哪个线路？
17	验证了轿厢检修和轿顶检修哪个更优先？
18	得出什么样的检修优先顺序？

（续）

序号	检 测 项 目
19	把机房检修开关从“检修”恢复到“正常”，一切有变化吗？
20	把轿厢检修开关从“检修”恢复到“正常”，一切有变化吗？
21	把轿顶检修开关从“检修”恢复到“正常”，一切有变化吗？
22	进行外召操作，电梯运行正常吗？
23	电梯开关门动作正常吗？
24	进行内选操作，电梯运行正常吗？

错误情境解析

情境一：安装工人在接线时，把变频器主电路的输入端和输出端接反了，通电时，变频器烧毁了。因为三相电源进入输入端以后就进行整流滤波，再把直流电源转换成不同频率的交流电源然后输出。

情境二：调试人员测得变频器输出电流比输入电流大，所以就认为变频器是增加能量的。其实是变频器提高了功率因数。$P=IU\cos\varphi$。变频器输入端电流和电压存在相位差 φ_1。变频器通过整流、斩波输出，交流电功率因数为 $\varphi_2=0.98$。相当于把变频器输入端的无功功率变为有功功率在变频器输出端输出。所以变频器输出电流比输入电流大。

情境三：变频器的输出端没有连接电抗器。变频器输出端增加输出电抗器，是为了增加变频器到电动机的导线距离，输出电抗器可以有效抑制变频器的 IGBT 开关时产生的瞬间高电压，减少此电压对电缆绝缘和电动机的不良影响。同时，为了增加变频器到电动机之间的距离，可以适当加粗电缆，增加电缆的绝缘强度，尽量选用非屏蔽电缆。

综合训练

一、选择题

（　　）1. 变频器的输入电压是交流还是直流？

A. 交流　　B. 直流

（　　）2. 变频器的输出电压是交流还是直流？

A. 交流　　B. 直流

（　　）3. 变频器上行信号使用何种类型的电压？

A. AC110V　　B. AC220V　　C. DC110V　　D. DC24V

（　　）4. 变频器的输入电压是多少？

A. AC380V　　B. AC220V　　C. AC110V　　D. AC24V

（　　）5. 变频器的输出电压是多少？

A. AC380V　　B. AC220V　　C. AC110V　　D. 不恒定

二、简答题

1. 简述变频器主回路工作原理。
2. 简述变频器控制回路工作原理。

对接国标

《GB 50171—2012 电气装置安装工程盘、柜及二次回路接线施工及验收规范》中的规定：

第 5.0.1 条　柜上电器的安装应符合下列要求：

1. 电器元件质量良好，型号、规格应符合设计要求，外观应完好，且附件齐全，排列整齐，固定牢固，密封良好。

2. 电器应能单独拆、装、更换而不影响其他电器及导线束的固定。

3. 发热元件宜安装在散热良好的地方；两个发热元件之间的连线应采用耐热导线。

第 5.0.2 条　端子排的安装应符合下列规定：

1. 端子排应无损坏，固定牢固，绝缘良好。

2. 端子应有序号，端子排应便于更换且接线方便；离地高度宜大于 350mm。

3. 回路电压超过 400V 者，端子板应有足够的绝缘并涂以红色标识。

4. 交、直流端子应分段布置。

5. 强、弱电端子宜分开布置；当有困难时，应有明显标识，并设空端子隔开或设加强绝缘的隔板。

6. 正、负电源之间以及经常带电的正电源与合闸或跳闸回路之间，宜以一个空端子隔开。

7. 接线端子应与导线截面匹配，不应使用小端子配大截面导线。

第 6.0.1 条　盘、柜的正面及背面各电器、端子排等应标明编号、名称、用途及操作位置，其标明的字迹应清晰、工整且不易脱色。

第 6.0.1 条　二次回路结线应符合下列规定：

1. 应按有效图纸施工，接线正确。

2. 导线与电气元件间采用螺栓连接、插接、焊接或压接等，均应牢固可靠。

3. 盘、柜内的导线不应有接头，导线芯线应无损伤。

4. 电缆芯线和所配导线的端部均应标明其回路编号，编号应正确，字迹清晰且不易脱色。

5. 配线应整齐、清晰、美观，导线绝缘应良好，无损伤。

6. 每个接线端子的每侧接线宜为 1 根，不得超过 2 根。对于插接式端子，不同截面的两根导线不得接在同一端子上；对于螺栓连接端子，当接两根导线时，中间应加平垫片。

第 6.0.4 条　引入盘、柜内的电缆及其芯线应符合下列规定：

2. 电缆应排列整齐，编号清晰，避免交叉，并应固定牢固，不得使所接的端子排受到机械应力。

6. 盘、柜内的电缆芯线，接线应牢固，排列整齐，并应留有适当裕度。应按垂直或水平有规律地配置，不得任意歪斜交叉连接。备用芯长度应留有适当余量。

7. 强、弱电回路不应使用同一根电缆，并应分别成束分开排列。

知识梳理

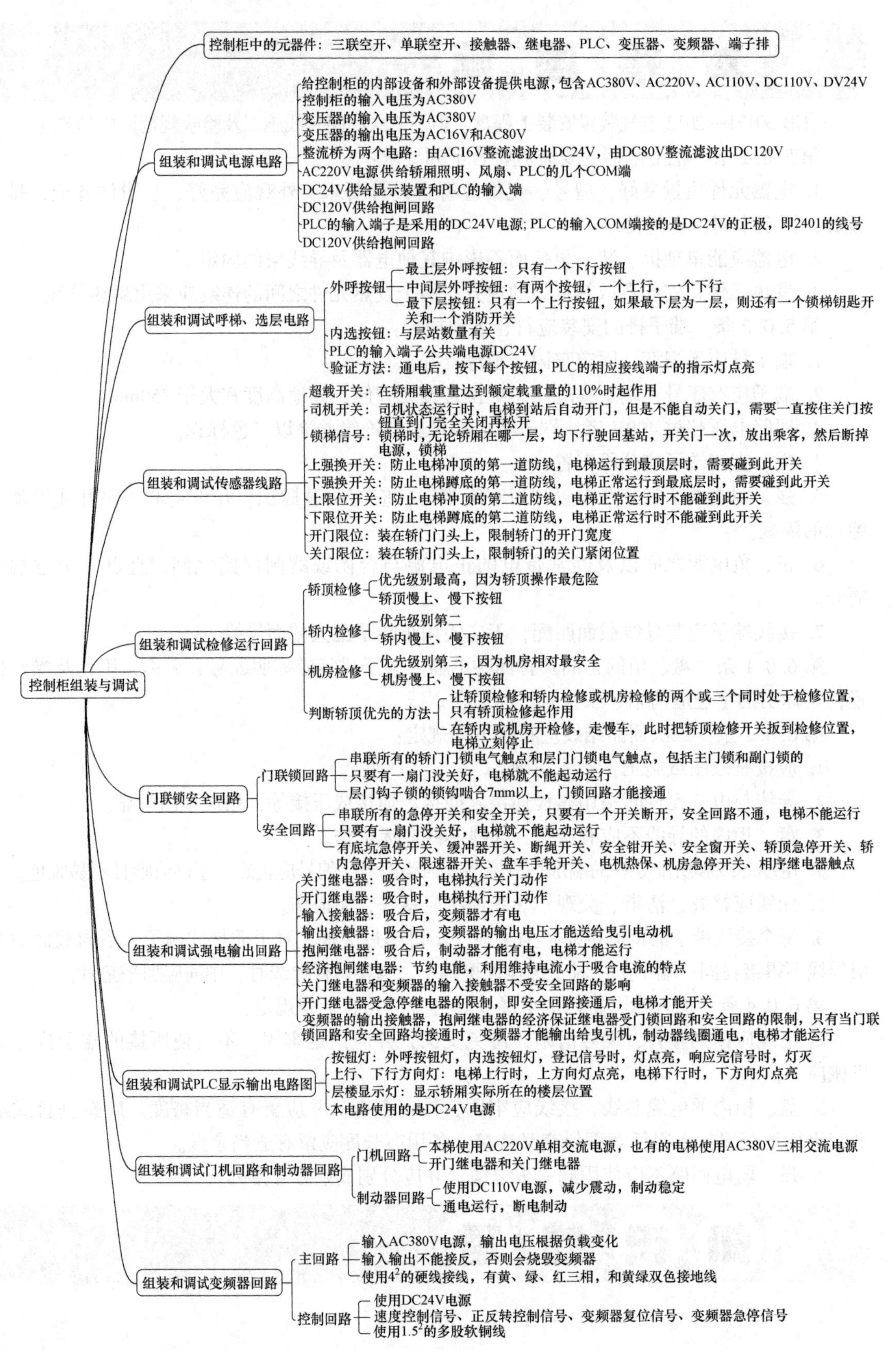

控制柜组装与调试
控制柜中的元器件：三联空开、单联空开、接触器、继电器、PLC、变压器、变频器、端子排
组装和调试电源电路
给控制柜的内部设备和外部设备提供电源，包含AC380V、AC220V、AC110V、DC110V、DV24V
控制柜的输入电压为AC380V
变压器的输入电压为AC380V
变压器的输出电压为AC16V和AC80V
整流桥为两个电路：由AC16V整流滤波出DC24V，由DC80V整流滤波出DC120V
AC220V电源供给轿厢照明、风扇、PLC的几个COM端
DC24V供给显示装置和PLC的输入端
DC120V供给抱闸回路
PLC的输入端子是采用的DC24V电源; PLC的输入COM端接的是DC24V的正极，即2401的线号
DC120V供给抱闸回路
组装和调试呼梯、选层电路
外呼按钮
最上层外呼按钮：只有一个下行按钮
中间层外呼按钮：有两个按钮，一个上行，一个下行
最下层按钮：只有一个上行按钮，如果最下层为一层，则还有一个锁梯钥匙开关和一个消防开关
内选按钮：与层站数量有关
PLC的输入端子公共端电源DC24V
验证方法：通电后，按下每个按钮，PLC的相应接线端子的指示灯点亮
组装和调试传感器线路
超载开关：在轿厢载重量达到额定载重量的110%时起作用
司机开关：司机状态运行时，电梯到站后自动开门，但是不能自动关门，需要一直按住关门按钮直到门完全关闭再松开
锁梯信号：锁梯时，无论轿厢在哪一层，均下行驶回基站，开关门一次，放出乘客，然后断掉电源，锁梯
上强换开关：防止电梯冲顶的第一道防线，电梯运行到最顶层时，需要碰到此开关
下强换开关：防止电梯蹲底的第一道防线，电梯正常运行到最底层时，需要碰到此开关
上限位开关：防止电梯冲顶的第二道防线，电梯正常运行时不能碰到此开关
下限位开关：防止电梯蹲底的第二道防线，电梯正常运行时不能碰到此开关
开门限位：装在轿门门头上，限制轿门的开门宽度
关门限位：装在轿门门头上，限制轿门的关门紧闭位置
组装和调试检修运行回路
轿顶检修
优先级别最高，因为轿顶操作最危险
轿顶慢上、慢下按钮
轿内检修
优先级别第二
轿内慢上、慢下按钮
机房检修
优先级别第三，因为机房相对最安全
机房慢上、慢下按钮
判断轿顶优先的方法
让轿顶检修和轿内检修或机房检修的两个或三个同时处于检修位置，只有轿顶检修起作用
在轿内或机房开检修，走慢车，此时把轿顶检修开关扳到检修位置，电梯立刻停止
门联锁安全回路
门联锁回路
串联所有的轿门门锁电气触点和层门门锁电气触点，包括主门锁和副门锁的
只要有一扇门没关好，电梯就不能起动运行
层门钩子锁的锁钩啮合7mm以上，门锁回路才能接通
安全回路
串联所有的急停开关和安全开关，只要有一个开关断开，安全回路不通，电梯不能运行
只要有一扇门没关好，电梯就不能起动运行
有底坑急停开关、缓冲器开关、断绳开关、安全钳开关、安全窗开关、轿顶急停开关、轿内急停开关、限速器开关、盘车手轮开关、电机热保、机房急停开关、相序继电器触点
组装和调试强电输出回路
关门继电器：吸合时，电梯执行关门动作
开门继电器：吸合时，电梯执行开门动作
输入接触器：吸合后，变频器才有电
输出接触器：吸合后，变频器的输出电压才能送给曳引电动机
抱闸继电器：吸合后，制动器才能有电，电梯才能运行
经济抱闸继电器：节约电能，利用维持电流小于吸合电流的特点
关门继电器和变频器的输入接触器不受安全回路的影响
开门继电器受急停继电器的限制，即安全回路接通后，电梯才能开关
变频器的输出接触器，抱闸继电器的经济保证继电器受门锁回路和安全回路的限制，只有当门联锁回路和安全回路均接通时，变频器才能输出给曳引机，制动器线圈通电，电梯才能运行
组装和调试PLC显示输出电路图
按钮灯：外呼按钮灯，内选按钮灯，登记信号时，灯点亮，响应完信号时，灯灭
上行、下行方向灯：电梯上行时，上方向灯点亮，电梯下行时，下方向灯点亮
层楼显示灯：显示轿厢实际所在的楼层位置
本电路使用的是DC24V电源
组装和调试门机回路和制动器回路
门机回路
本梯使用AC220V单相交流电源，也有的电梯使用AC380V三相交流电源
开门继电器和关门继电器
制动器回路
使用DC110V电源，减少震动，制动稳定
通电运行，断电制动
组装和调试变频器回路
主回路
输入AC380V电源，输出电压根据负载变化
输入输出不能接反，否则会烧毁变频器
使用4²的硬线接线，有黄、绿、红三相，和黄绿双色接地线
控制回路
使用DC24V电源
速度控制信号、正反转控制信号、变频器复位信号、变频器急停信号
使用1.5²的多股软铜线

参考文献

[1] 全国电梯标准化技术委员会. GB/T 10058—2009 电梯技术条件 [S]. 北京：中国标准出版社，2009.

[2] 全国电梯标准化技术委员会. GB/T 10059—2009 电梯试验方法 [S]. 北京：中国标准出版社，2009.

[3] 全国电梯标准化技术委员会. GB/T 10060—2011 电梯安装验收规范 [S]. 北京：中国标准出版社，2011.

[4] 全国电梯标准化技术委员会. GB 7588—2003 电梯制造与安装安全规范 [S]. 北京：中国标准出版社，2003.

[5] 于磊. 电梯安装与保养 [M]. 北京：高等教育出版社，2009.

[6] 白玉岷. 电梯安装调试及运行维护 [M]. 北京：机械工业出版社，2010.

[7] 何峰峰. 电梯基本原理及安装维修全书 [M]. 2版. 北京：机械工业出版社，2009.

[8] 陈继文. 电梯控制原理及其应用 [M]. 北京：北京邮电大学出版社，2012.

[9] 陈家盛. 电梯结构原理及安装维修 [M]. 4版. 北京：机械工业出版社，2012.

[10] 魏孔平. 电梯技术 [M]. 北京：化学工业出版社，2010.